职业技术学院教学用书

加热炉

主　编　戚翠芬
副主编　齐　琳

北　京
冶金工业出版社
2015

内 容 提 要

本书采用了模块结构。其中，基础模块为金属压力加工技术各专业方向共性的内容，包括加热炉的基本结构、燃料及燃烧、气体力学、传热原理、耐火材料、加热炉的生产率及热效率、金属的加热工艺共七章；选用模块可结合各专业方向的特点灵活选取，包括连续加热炉、电加热炉和热处理燃料炉共三章。

本书在具体内容的组织安排上，力求少而精，减少了繁琐的理论推导，通俗易懂，理论联系实际，注重应用。

本书可供高职高专学校教学之用，也可供工程技术人员参考。

图书在版编目(CIP)数据

加热炉/戚翠芬主编．—北京：冶金工业出版社，2004.2（2015.3 重印）

职业技术学院教学用书

ISBN 978-7-5024-3414-4

Ⅰ．加…　Ⅱ．戚…　Ⅲ．热处理炉—高等学校：技术学校—教材　Ⅳ．TG155.1

中国版本图书馆 CIP 数据核字（2007）第 028656 号

出 版 人　谭学余

地　　址　北京市东城区嵩祝院北巷 39 号　邮编　100009　电话　(010)64027926

网　　址　www.cnmip.com.cn　电子信箱　yjcbs@cnmip.com.cn

责任编辑　宋　良　美术编辑　李　新

责任校对　侯　瑂　责任印制　李玉山

ISBN 978-7-5024-3414-4

冶金工业出版社出版发行；各地新华书店经销；三河市双峰印刷装订有限公司印刷

2004 年 2 月第 1 版，2015 年 3 月第 10 次印刷

787mm×1092mm　1/16；15 印张；353 千字；226 页

26.00 元

冶金工业出版社　投稿电话　(010)64027932　投稿信箱　tougao@cnmip.com.cn

冶金工业出版社营销中心　电话　(010)64044283　传真　(010)64027893

冶金书店　地址　北京市东四西大街 46 号(100010)　电话　(010)65289081(兼传真)

冶金工业出版社天猫旗舰店　yjgy.tmall.com

前　言

“加热炉”是职业学院金属压力加工专业的专业课之一。

本书是根据职业教育“加热炉”课程教学大纲编写的，总教学时数70～86学时。教材采用了模块结构，基础模块包括黑色金属压力加工、有色金属压力加工、金属制品等专业方向共性的内容，选用模块可结合各专业方向的特点灵活选取，以适应不同学制、不同地区、不同专业方向的需求。教材内容是根据金属压力加工生产实际情况和各岗位群技能要求确定的。本书注重职业教育的特点，注意融入一些新技术，既包括加热炉的理论知识，又包括典型加热炉的操作技能。作为教学用书，在具体内容的组织安排上，力求少而精，通俗易懂，理论联系实际，注重应用，便于学生掌握加热生产的基本知识。本书对从事加热工作的技术人员、技术工人及技工学校师生也有一定的参考价值。

本书共分10章，第1章、第8章由石家庄钢铁集团公司赵杰编写；绪论、第2章、第3章由河北工业职业技术学院戚翠芬编写；第4章、第7章由山东工业职业学院杨意萍编写；第5章、第6章由北京钢铁学校齐琳编写；第9章、第10章由天津市工业学校张秀芳编写。

本书由河北工业职业技术学院戚翠芬主编，北京钢铁学校齐琳任副主编。本书初稿经北京科技大学袁康教授和葛志祺、宋新南教授审阅，他们对本书提出了许多宝贵意见和建议；同时，在编写过程中参考了大量文献，得到了各有关单位的大力支持，在此一并表示衷心的感谢。

由于编者水平有限，加之完稿时间仓促，书中不当之处在所难免，敬请读者批评指正。

编　者

2004年1月

目　录

绪 论

“加热炉”是金属压力加工专业的专业课程之一。本课程的任务，是使学生具备热能工程方面(燃料燃烧、气体力学和传热原理)的基础理论知识，了解加热炉的基本结构、炉型特点和加热炉节能及加热炉的操作技能等方面的知识，能分析、判断、控制炉况，减少加热事故。

加热炉是工业炉窑的一大类别，是指被加热的物料在炉内基本不发生物态变化和化学反应的炉子。它与熔炼炉的区别在于，在熔炼炉内有物料物态变化和化学反应，比如炼铁用的高炉，炉料在炉内发生了还原反应过程，炼钢用的转炉、电炉、平炉在炉内主要发生了氧化反应。对于冶金行业来说，加热炉是指金属压力加工前的加热和金属制成品及半成品的热处理等用炉。

随着科学技术的不断发展，加热炉的理论和实践在不断深化和日趋完善，加热炉的结构型式也在不断演进。优质、高产、低消耗的新式炉型不断涌现，加热炉的结构目前仍处在不断变革之中，但是，不管加热炉怎么变革，它的目的总是要满足生产工艺对炉子的技术经济要求，即优质、高产、低消耗、炉子寿命长、劳动条件好。应该指出的是，这几方面是对加热炉总的要求，在对待具体的炉子时，还应辨证地看待各项指标之间的关系。

本书共分为十章，主要包括加热炉的基本结构、燃料及燃烧、气体力学、传热原理、加热炉的生产率和热效率、金属的加热工艺、耐火材料、连续式加热炉、电加热炉及热处理燃料炉。

本课程的基本知识教学目标是：

(1)掌握加热炉的基本组成及其各部分的作用；熟悉燃料供应系统、供风系统、排烟系统及冷却系统的组成及结构；了解加热炉余热利用设备的工作原理。

(2)了解金属压力加工企业常用燃料的主要性能和用途；掌握燃烧计算的基本方法；初步掌握对燃料燃烧过程的操作控制及燃烧方法的应用。

(3)了解有关加热炉气体力学的基本概念、基本原理和计算方法；掌握炉内外测点的选择方法及常用温度、压力、流量测量仪器的使用与维护。

(4)能够正确分析炉内的传热过程，理解三种传热方式的基本概念及基本定律，了解传热量的计算方法。

(5)了解金属的加热工艺制度；熟悉炉子热平衡表的编制目的与根据；了解编制炉子热平衡表的方法，能提出降低炉子燃耗、提高炉子热效率的途径。

(6)熟悉耐火材料的分类及常用耐火材料的组成、基本性能及应用领域。

(7)熟悉常用加热炉的炉型特点以及使用、维护与维修知识。

本课程的基本能力教学目标是：

(1)监视和控制燃料的燃烧过程。

(2)执行加热炉的加热制度。

(3)对钢坯、物料的加热温度进行控制和调整。

(4)进行加热炉检修后的烘炉操作。

(5)对炉况进行正确地分析、判断和处理。

(6)使用和维护加热炉的主要设备。

(7)使用和维护加热炉的烧嘴和阀门。

本课程的思想教育目标是：

(1)初步具备辩证思维的能力。

(2)具有热爱科学、实事求是的学风和创新精神。

(3)加强职业道德意识。

(4)具有爱岗敬业精神。

通过本课程的学习，应对加热炉有比较全面的了解，能够初步分析和解决加热炉热工方面的理论和实践问题，掌握加热炉的基本操作、维护、检修技能和常见事故处理方法。

1　加热炉的基本结构

加热炉是一个复杂的热工设备，它由以下几个基本部分构成：炉膛、燃料系统、供风系统、排烟系统、冷却系统、余热利用装置、装出料设备、检测及调节装置、电子计算机控制系统等。本章主要介绍加热炉的基本组成及其作用。

1.1　炉膛与炉衬

炉膛是由炉墙、炉顶和炉底围成的空间，是对金属工件进行加热的地方。炉墙、炉顶和炉底通称为炉衬，炉衬是加热炉的一个关键技术条件。在加热炉的运行过程中，不仅要求炉衬能够在高温和荷载条件下保持足够的强度和稳定性，要求炉衬能够耐受炉气的冲刷和炉渣的侵蚀，而且要求有足够的绝热保温和气密性能。为此，炉衬通常由耐火层、保温层、防护层和钢结构几部分组成。其中耐火层直接承受炉膛内的高温气流冲刷和炉渣侵蚀，通常采用各种耐火材料经砌筑、捣打或浇注形成；保温层通常采用各种多孔的保温材料经砌筑、敷设、充填或粘贴形成，其功能在于最大限度地减少炉衬的散热损失，改善现场操作条件；防护层通常采用建筑砖或钢板，其功能在于保持炉衬的气密性，保护多孔保温材料形成的保温层免于损坏。钢结构是位于炉衬最外层的由各种钢材拼焊、装配成的承载框架，其功能在于承担炉衬、燃烧设施、检测仪器、炉门、炉前管道以及检修、操作人员所形成的载荷，提供有关设施的安装框架。

1.1.1　炉墙

炉墙分为侧墙和端墙，沿炉子长度方向上的炉墙称为侧墙，炉子两端的炉墙称为端墙。炉墙通常用标准直型砖平砌而成，炉门的拱顶和炉顶拱脚处用异型砖砌筑。侧墙的厚度通常为1.5～2倍砖长。端墙的厚度根据烧嘴、孔道的尺寸而定，一般为2～3倍砖长。整体捣打、浇注的炉墙尺寸则可以根据需要随意确定。大多数加热炉的炉墙由耐火砖的内衬和绝热砖层组成。为了使炉子具有一定的强度和良好的气密性，炉墙外面还包有4～10mm厚的钢板外壳或者砌有建筑砖层做炉墙的防护层。

炉墙上设有炉门、窥视孔、烧嘴孔、测温孔等孔洞。为了防止砌砖受损，炉墙应尽可能避免直接承受附加载荷。所以，炉门、冷却水管等构件通常都直接安装在钢结构上。

承受高温的炉墙当高度或长度较大时，要保证有足够的稳定性。增加稳定性的办法是增加炉墙的厚度或用金属锚固件固定。当炉墙不太高时，一般用232～464mm黏土砖和116～232mm绝热砖的双层结构。炉墙较高时，炉底水管以下增加厚度116mm。

1.1.2　炉顶

加热炉的炉顶按其结构分为两种：即拱顶和吊顶。

拱顶用楔形砖砌成，结构简单，砌筑方便，不需要复杂的金属结构。如果采用预制好的拱顶，更换时就更方便。拱顶的缺点是由于拱顶本身的重量产生侧压力，当加热膨胀后侧压力就更大。因此，当炉子的跨度和拱顶重量太大时，容易造成炉子的变形，甚至会使拱顶坍塌。所以，拱顶一般用于跨度小于 3.5～4m 的中小型炉子上，炉子的拱顶中心角一般为 60°。拱顶结构如图 1-1 所示。拱顶的主要参数是：内弧半径(R)，拱顶跨度即炉子宽度(B)，拱顶中心角(α)，弓形高度(h)。

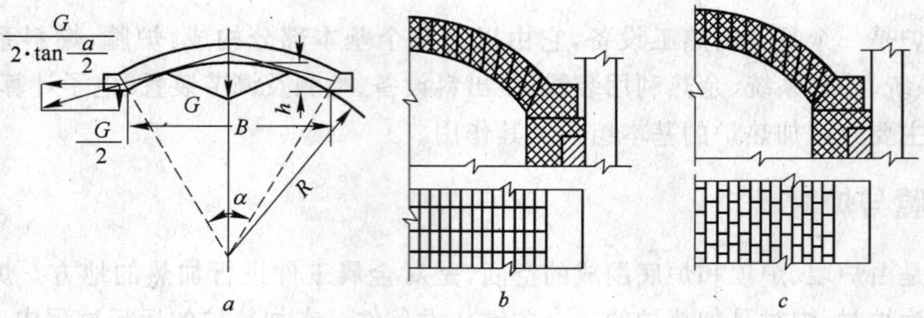

图 1-1　拱顶结构

a—拱顶受力情况；*b*—环砌拱顶；*c*—错砌拱顶

拱顶的厚度与炉子的跨度有关，为了保证拱顶具有足够的强度，炉子的跨度较大时，炉顶的厚度则应相应适当加大。当拱顶跨度在 3.5m 以下时，拱顶的耐火砖层为 230～250mm，绝热层为 65～150mm。当拱顶跨度在 3.5m 以上时，耐火砖层为 230～300mm，绝热层为 120～200mm。

拱的两端支撑在特制的拱角砖上，拱的其他部位用楔形砖砌筑。拱顶可以用耐火砖砌筑，也可用耐火混凝土预制块。炉温为 1250～1300℃以上的高温炉的拱顶采用硅砖或高铝砖，但硅砖仅适合于连续运行的炉子。耐火砖上面可用硅藻土砖绝热，也可用矿渣棉等散料做绝热层。拱顶砌砖在炉长方向上应设置弓形的膨胀缝，若用黏土砖砌筑则每米应设膨胀缝 5～6mm，用硅砖砌筑则每米应设膨胀缝 10～12mm，用镁砖砌筑则每米应设膨胀缝 8～10mm。

拱顶的重量，通过拱角后分解为水平方向的力 $P_{水}$ 及垂直方向的力 $P_{垂}$。拱角砖外侧为槽钢或角钢，它与竖钢柱相接，因为 $P_{垂}$ 由炉墙和钢柱传到炉子基础上，而 $P_{水}$ 由竖钢柱上水平拉杆连接夹紧，如图 1-1 所示。所以拱顶砖要受到压应力，这就是为什么耐火材料在高温下应具有一定结构强度的原因。

当炉子跨度大于 4m 时，由于拱顶所承受的侧压力很大，一般耐火材料的高温结构强度已很难满足，因而大多采用吊顶结构，图 1-2 是常用的几种吊顶结构。吊挂顶是由一些专门设计的异型砖和吊挂金属构件组成。按吊挂形式分可以是单独的或成组的吊挂砖吊在金属吊挂梁上。吊顶砖的材料可用黏土砖、高铝砖和镁铝砖，吊顶外面再砌硅藻土砖或其他绝热材料，但砌筑切勿埋住吊杆，以免烧坏失去机械强度，吊架被砖的重量拉长。

吊挂结构复杂，造价高，但它不受炉子跨度的影响且便于局部修理及更换。

1.1.3　炉底

炉底是炉膛底部的砌砖部分，炉底要求承受被加热物料的重量，高温区炉底还要承

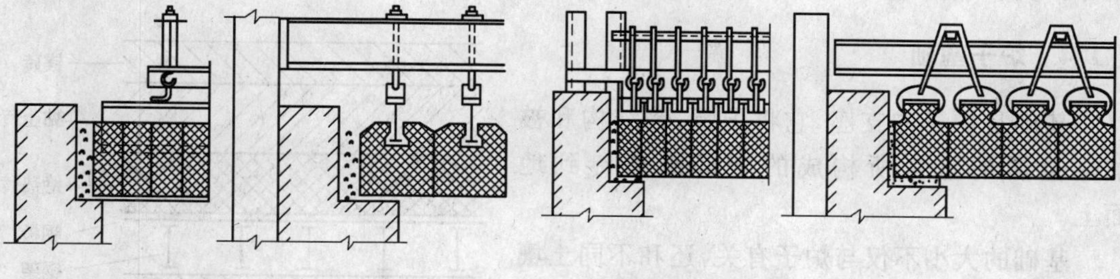

图 1-2　吊顶结构

受炉渣、氧化铁皮的化学侵蚀。此外，炉底还要经常与物料发生碰撞和摩擦。

炉底有两种形式，一种是固定炉底，另一种是活动炉底。固定炉底的炉子，坯料在炉底的滑轨上移动，除加热圆坯料的斜底炉外，其他加热炉的固定炉底一般都是水平的。活动炉底的坯料是靠炉底机械的运动而移动的。图 1-3 是各种加热炉的炉底结构。

单面加热的炉子，其炉底都是实心炉底，两面加热的炉子，炉内的炉底通常分实底段（均热段）和架空段两部分，但也有的炉子的炉底全部是架空的。

炉底的厚度取决于炉子的尺寸和温度，在 200～700mm 之内变动。炉底的下部用绝热材料隔热。由于镁砖具有良好的抗渣性，所以在轧钢加热炉的炉底上用镁砖砌筑，并且为了便于氧化铁皮的清除，在镁砖上还要再铺上一层 40～50mm 厚的镁砂或焦屑。在 1000℃左右的热处理炉或无氧化加热炉上，因为氧化铁皮的侵蚀问题较小，炉底也可以采用黏土砖砌筑。

推钢式加热炉为避免坯料与炉底耐火材料直接接触和减少推料的阻力，在单面加热的连续式加热炉或双面加热的连续式加热炉的实底部分安装有金属滑轨，而双面加热的连续式加热炉则安装的是水冷滑轨。

实炉底一般并非直接砌筑在炉子的基础上，而是架空通风的，即在支承炉底的钢板下面用槽钢或工字钢架空，避免因炉底温度过高，使混凝土基础受损，这是因为普通混凝土温度超过 300℃时，其机械强度显著下降而遭到

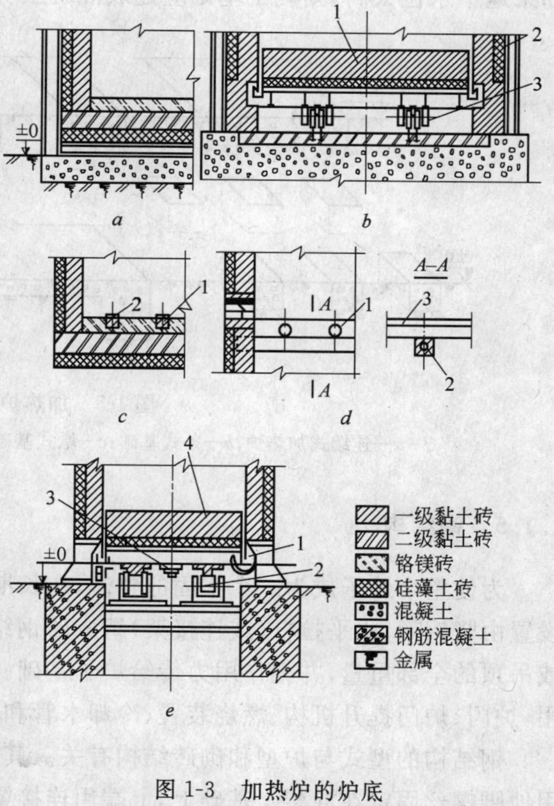

图 1-3　加热炉的炉底

a—固定的室状炉炉底；*b*—车底式炉炉底：
1—活动炉底；2—砂封；3—辊轮；
c—带滑轨的连续加热炉炉底：1，2—滑轨；
d—两面加热的连续加热炉炉底：
1—水冷管；2—水冷管支撑；3—滑轨；
e—环形加热炉炉底：1—砂封；
2—支撑辊；3—环形齿轮；4—炉底

破坏。实炉底高温区炉底结构如图 1-4 所示。

1.1.4 炉子基础

基础是炉子的支座，它将炉膛、钢结构和被加热金属的重量所构成的全部载荷传到地面上。

基础的大小不仅与炉子有关，还和不同土壤的承重能力有关。基础的计算和一般的建筑物的基础设计一样，但如果炉底不是架空通风的，则要考虑受热影响的问题。

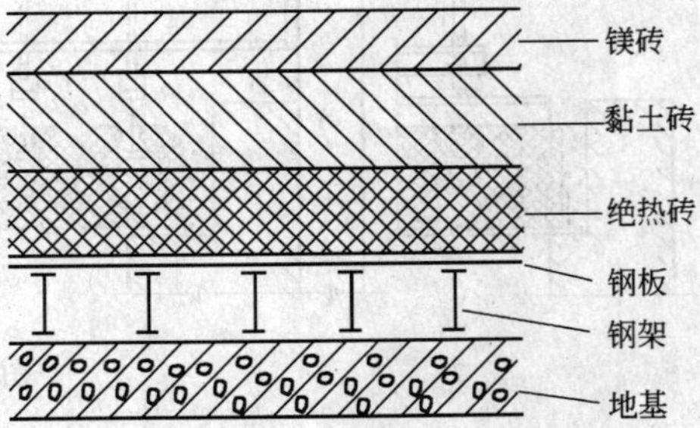

图 1-4 高温区炉底结构

炉子基础的材料可以选择混凝土、钢筋混凝土、红砖、毛石。大中型炉子都是混凝土基础，只有小型加热炉才用砖砌基础。

图 1-5 是各种型式的炉子基础结构。应避免将炉子和其他设备放在同一基础上，以免由于负载不同沉降效果不同而使基础开裂或设备倾斜。基础应尽可能建在地下水位之上，如果地下水位太高，则炉子基础应建成混凝土坑式基础（图 1-5*e*）。

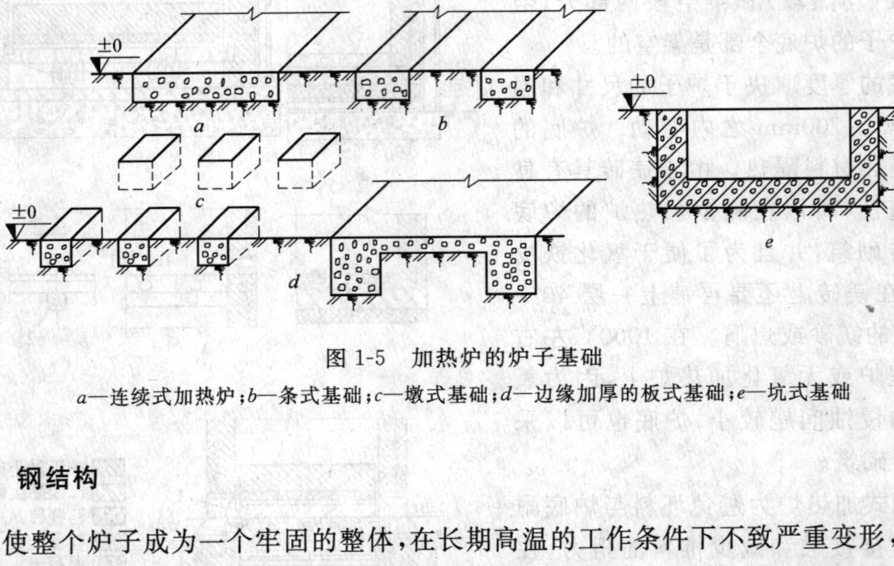

图 1-5 加热炉的炉子基础

a—连续式加热炉；*b*—条式基础；*c*—墩式基础；*d*—边缘加厚的板式基础；*e*—坑式基础

1.1.5 钢结构

为使整个炉子成为一个牢固的整体，在长期高温的工作条件下不致严重变形，炉子必须设置由竖钢架、水平拉杆（或连接架）组成的钢结构。钢结构要能承受炉子拱顶的水平分力或吊顶的全部重量，并把作用力传给炉子基础。此外，炉子的钢结构还起一个安装框架的作用，炉门、炉门提升机构、燃烧装置、冷却水管和其他一些零件都固定在钢结构上。

钢结构的型式与炉型和砌砖结构有关。其主体是竖钢架，可以用槽钢、工字钢等，下端用地脚螺丝固定在混凝土基础上，上端用连接梁连接起来。也可以采用活动连接的方式，即竖钢架的上下端用可调整的拉杆连接起来，开炉时可以根据炉子的膨胀情况，调整螺丝放松拉杆，生产以后就很少再去调整拉杆的松紧。在一些小炉子上，也采用由钢板焊成的一个外壳，然后在里面砌砖。图 1-6 为炉子的钢结构图。

钢结构的计算很复杂，而且在冷态下算出的结果也不准确，因为由于温度的升高砌砖的膨胀应力很难计算得出。所以钢结构的尺寸和材料规格常常是参照经验数据选定的。也可

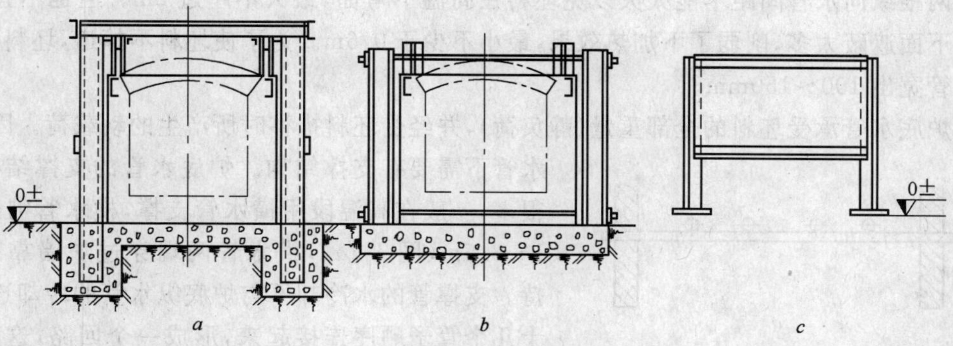

图 1-6 炉子的钢结构

a—固定连接；*b*—活动连接；*c*—小型可移动式炉的钢结构

以参考下列比例来选用：竖钢架钢材断面的高度（指槽钢或工字钢的高）$h=\frac{1}{16}l$，式中 l 是上下拉杆之间的距离。拉杆圆钢的直径 d 与 h 有下列关系，见表 1-1。

表 1-1 拉杆圆钢的直径 *d* 与 *h* 的关系

h/mm	100	120	160	200	300
d/mm	20	22	25	30	45

1.1.6 炉门、观察孔及出渣门

在加热炉中，为了装料、卸料、出渣和观察炉内的工作情况，必须在炉墙上开设炉门孔和观察孔。为了减少高温炉气外逸，同时防止炉外冷空气吸入炉内，从热效率观点出发，炉门观察孔的个数在保证操作方便的情况下，以尽可能减少为佳。如无必要不要经常开启炉门。渣门是为高温段而设置的，其设置原则与炉门相同。

根据不同炉型和操作特点，炉门也有多种类型。炉门的材料通常采用铸铁，内里衬以耐火砖或其他耐火材料，也有采用焊接结构的。采用升降结构的炉门，要求升降结构使用灵活、操作方便、平稳可靠。根据炉子特点、操作需求、炉门大小及重量以及使用能源的不同，炉门升降结构有多种类型。这里不再一一介绍。

1.2 加热炉的冷却系统

加热炉的冷却系统是由加热炉炉底的冷却水管和其他冷却构件组成。冷却方式分为水冷却和汽化冷却两种。

1.2.1 炉底水冷结构

1.2.1.1 炉底水管的布置

在两面加热的连续加热炉内，坯料在沿炉长敷设的炉底水管上向前滑动。炉底水管由厚壁无缝钢管组成，内径 50～80mm，壁厚 10～20mm。为了避免坯料在水冷管上直接滑动时将钢管壁磨损。在和坯料直接接触的纵水管上焊有圆钢或方钢，称为滑轨，磨损以后可以更换，而不必更换水管。

两根纵向水管间距不能太大以免坯料在高温下弯曲，最大不超过 2m。但也不宜太小，否则下面遮蔽太多，削弱了下加热效果，最小不少于 0.6m。为了使坯料不掉道，坯料两端应比水管宽出 100～150mm。

炉底水管承受坯料的全部重量（静负荷），并经受坯料推移时所产生的动载荷。因此，纵水管下需要有支撑结构。炉底水管的支撑结构形式很多，一般在高温段用横水管支撑，横水管彼此间隔 1～3.5m（图 1-7*a*），横水管两端穿过炉墙靠钢架支持。支撑管的水冷却不与炉底纵水管的冷却连通，二十几个管子顺序连接起来，形成一个回路，这种结构只适用于跨度不大的炉子。当炉子很宽，上面坯料的负载很大时，需要采用双横水管，或回线形横支撑管的结构（图 1-7*b*）。管的垂直部分用耐火砖柱包围起来，这样下加热炉膛空间被占去不少。

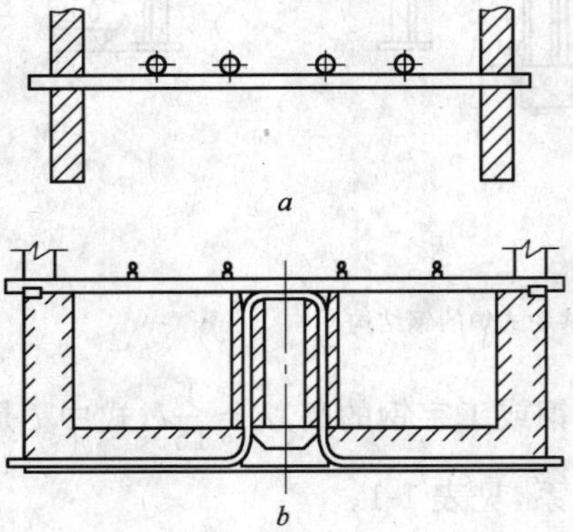

图 1-7　炉底水管的支撑结构

在选择炉底水管支撑结构时，除了保证其强度和寿命外，应力求简单。这样一方面为了减少水管可以减少热损失，另一方面免得下加热空间被占去太多，这一点对下部的热交换和炉子生产率的影响很大。所以在现代加热炉设计中，力求加大水冷管间距，减少横水管和支柱水管的根数。

1.2.1.2　炉底水管的绝热

炉底水冷滑管和支撑管加在一起的水冷表面积达到炉底面积的 40%～50%，带走大量热量。又由于水管的冷却作用，使坯料与水管滑轨接触处的局部温度降低 200～250℃，使坯料下面出现两条水冷“黑印”，在压力加工时对生产带来不利影响。例如，轧制带有黑印的板坯时，温度的不均匀可能导致钢板的薄厚不均匀。为了清除黑印的不良影响，通常在炉子的均热段砌筑实炉底，使坯料得到均热。但降低热损失和减少黑印影响的有效措施，是对炉底水管实行绝热包扎，如图 1-8 所示。实践证明，当炉温为 1300℃时，绝热层外表面温度可达 1230℃，可见，炉底滑管对金属的冷却影响不大。由图 1-9 可看出，水管绝热后，其热损失仅为未绝热水管的 1/4～1/5。

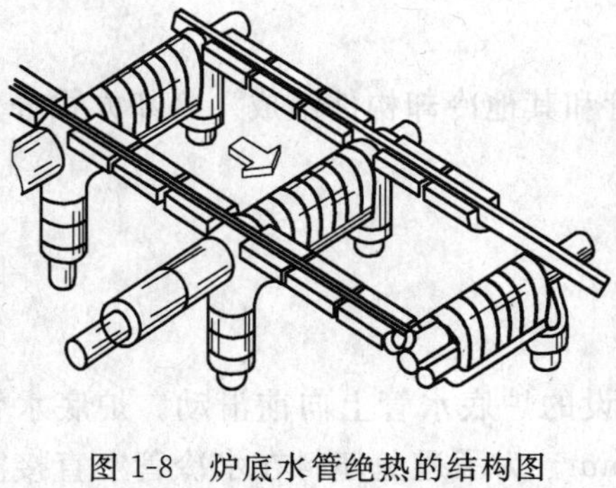

图 1-8　炉底水管绝热的结构图

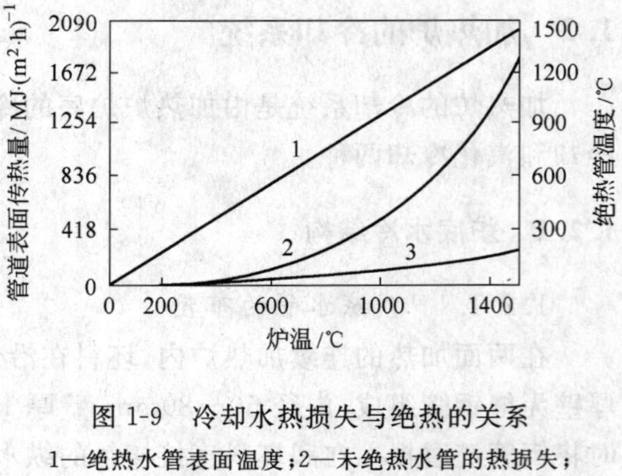

图 1-9　冷却水热损失与绝热的关系

1—绝热水管表面温度；2—未绝热水管的热损失；3—绝热水管的热损失

过去水冷绝热使用异型砖挂在水管上，在使用过程中，由于耐火材料要受坯料的摩擦和振动、氧化铁皮的侵蚀、温度的急冷急热、高温气体的冲刷等，使挂砖的寿命不长，容易破裂剥落。现已普遍采用可塑材料包扎炉底水管。包扎时，在管壁上焊上锚固钉，能将可塑材料牢固地抓附在水管上。它的抗热震性好，耐高温气体冲刷、耐振动、抗剥落性能好，能抵抗氧化铁皮的侵蚀，即使结渣也易于清除，施工比挂砖简单得多，使用寿命至少可达一年。这样包扎的炉底水管，可以降低燃料消耗 15%～20%，降低水耗约 50%，炉子产量提高 15%～20%，减少了坯料黑印的影响，提高了加热质量，并且投资费用不大，但增产收益很高，经济效益显著。所以应在炉子所有水管外面加绝热层。

水冷管最好的包扎方式是复合（双层）绝热包扎，如图 1-10 所示。采用一层 10～12mm 的陶瓷纤维，外面再加 40～50mm 厚的耐火可塑材料（10mm 厚的陶瓷纤维相当于 50～60mm 厚可塑材料的绝热效果）。这样的双层包扎绝热比单层绝热可减少热损失 20%～30%。我国目前复合包扎采用直接捣固法及预制块法，前者要求施工质量高，使用寿命因施工质量好坏而异，后者值得推广。预制块法是用渗铝钢板做锚固体，里层用陶瓷纤维，外层用可塑材料机压成型，然后烘烤到 300℃，再运到现场进行安装，施工时，将金属底板焊压在水管上即可。安装情况如图 1-11 所示。

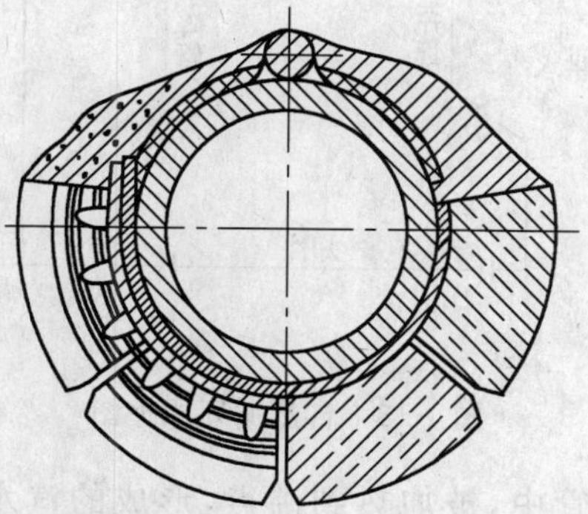

图 1-10 水管的双层绝热

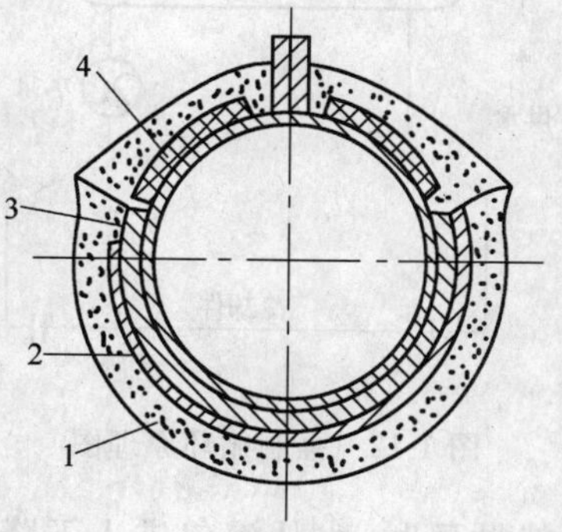

图 1-11 复合预制块结构图

1—可塑料预制块；2—陶瓷纤维；
3—金属底板；4—散料可塑料（人工捣制）

为了进一步消除黑印的影响，长期以来人们都在研究无水冷滑轨。无水冷滑轨所用材质必须能承受坯料的压力和摩擦，又能抵抗氧化铁皮的侵蚀和温度急变的影响。国外一般采用电熔刚玉砖或电熔莫来石砖，在低温段则采用耐热铸钢金属滑轨，但价格很高，而且高温下容易氧化起皮，不耐磨。国内试验成功了棕刚玉-碳化硅滑轨砖，座砖用高铝碳化硅制成，效果较好。棕刚玉（即电熔刚玉）熔点高、硬度大，抗渣性能也好，但抗热震性较差。以 85%的棕刚玉加入 15%碳化硅，在加 5%磷酸铝作高温胶结剂，可以满足滑轨要求。碳化硅的加入提高了制品的导热性，改善了抗热震性。通常 800℃以上的高温区用棕刚玉－碳化硅滑轨砖及高铝碳化硅座砖，800℃以下可采用金属滑轨和黏土座砖，金属滑轨材料可用 ZGMn13 或 1Cr18Ni9Ti。

1.2.2 汽化冷却

加热炉的炉底水管采用水冷却时耗水量大，带走的热量也不能很好利用，采用汽化冷却可以弥补这些缺点。

1.2.2.1　汽化冷却及其循环方式

汽化冷却的基本原理是：水在冷却管内加热到沸点，呈汽水混合物状态进入汽包，在汽包中使蒸汽和水分离。分离出来的水又重新回到冷却系统中循环使用，而蒸汽从汽包中引出可供使用。

由于水的汽化潜热远远大于其显热，水在汽化冷却时吸收的总热量大大超过水冷却时吸收的热量。因此，汽化冷却时水的消耗量可以降到水冷却时的 1/25～1/30，从而节约了软水和供水用电。一般连续加热炉水冷却造成的热损失占热总支出项的 13%～20%，而同样炉子改为汽化冷却时，热损失可降到 10%以下。汽化冷却产生的低压蒸汽可用于加热或雾化重油，也可供生活设施使用。另外，使用软水的管子和汽包很少结垢，寿命可提高一倍以上。

加热炉汽化冷却循环方式分为强制循环和自然循环两种，如图 1-12 和 1-13 所示。

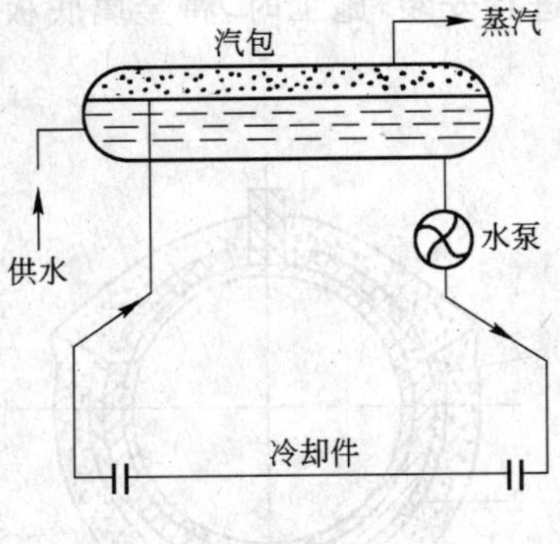

图 1-12　强制循环原理图

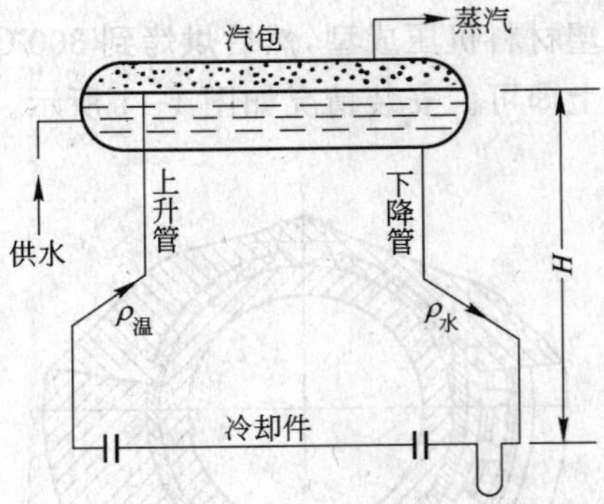

图 1-13　自然循环原理图

自然循环时，水从汽包进入下降管流入冷却水管中，被加热到沸点，形成的汽水混合物再经上升管进入汽包。因汽水混合物的密度 $\rho_{混}$ 比水的密度 $\rho_{水}$ 小，故下降管内水的重力大于上升管内汽水混合物的重力，两者的重力差 $Hg(\rho_{水}-\rho_{混})$，即为汽化冷却自然循环的动力。汽包的位置越高（H 值越大），或汽水混合物密度 $\rho_{混}$ 越小（即其中含汽量越大），则自然循环的动力越大。因此在管路布置上，首先要考虑有利于产生较大的自然循环动力，并尽量减少管路阻力。但汽包位置太高，上升管阻力增加很多，同时循环流速增大，会使汽水混合物中含汽量减少，反过来又影响上升动力。此外，汽包高度太大，还将使建设投资增加。

加热炉自然循环汽化冷却系统的布置有三种形式：(1)下降管和上升管均为集管系统；(2)上升管和下降管均为单回路系统；(3)下降管为集管，上升管为单管的系统。

第一种布置结构简单，但各路之间可能产生干扰；第二种布置安全可靠，管与管之间不发生干扰，但管路多而复杂，投资较高，操作不太方便；第三种布置介于两者之间，自然循环多采用这种系统。有些冷却部件不太多的炉子，也有采用单回路系统的。强制循环的炉子，一般采用第一种，即上升管与下降管都是集管。

强制循环需要额外的电源做动力，增加了能量消耗和运行维护费用，这一点不及自然循环，只有在现场因汽包及管路布置受到限制时才不得不采用强制循环。

1.2.2.2 安全监控附件

汽化冷却系统的运行压力通常远高于大气压力，这种运行压力远高于大气压力的容腔部件称为压力容器。例如汽包、汽化冷却水管等。为了运行监控和保障安全，压力容器上通常还附属有各种安全监控部件，一般包括安全阀、压力表、液位计等，这些附件的使用应符合相应标准的规定。

A 安全阀

安全阀是一种自动泄压报警装置。它的主要作用是：当汽包蒸汽压力超过允许的数值时，能自动开启、排汽泄压，同时能发出音响警报，警告司炉人员，以便采取必要的措施，降低汽包压力，使汽包压力降到允许的压力范围内安全运行，防止汽包超压而引起爆炸。安全阀一般每年至少校验一次，更换期限由使用单位根据本单位的实际情况确定。安全阀的开启压力不得超过压力容器的设计压力。压力容器与安全阀之间不宜装设中间截止阀门。安全阀的装设位置应便于检查和维修。

B 压力表

压力表是一种测量压力大小的仪表，可用来测量汽包内实际的压力值。压力表也是汽包上不可缺少的安全附件。选用压力表时，必须与压力容器内的介质相适应，低压容器使用的压力表精度不应低于 2.5 级，中压及高压容器使用的压力表精度不应低于 1.5 级。压力表盘刻度极限值为最高工作压力的 1.5～3.0 倍，最好选用 2 倍。表盘直径不应小于 100mm。

压力表的校验和维修应符合国家计量部门的有关规定，安装前在刻度盘上应划出指示最高工作压力的红线，压力表校验后应加铅封。

压力表有下列情况之一时，应停止使用：

(1)有限止钉的压力表，在无压力时，指针不能回到限止钉处；无限止钉的压力表，在无压力时，指针距零位的数值超过压力表的允许误差。

(2)表盘封面玻璃破裂或表盘刻度模糊不清。

(3)封印损坏或超过校验有效期限。

(4)表内弹簧管泄漏或压力表指针松动。

(5)其他影响压力表准确指示的缺陷。

C 液位计

液位计是一种反映液位的测量仪器，用来表示汽包内水位的高低，可协助司炉人员监视汽包水位的动态，以便控制汽包水位在正常范围之内。

液位计应安装在便于观察的位置，大型压力容器还应有集中控制设施和警报装置。液位计的最高和最低安全液位，应做出明显的标记。压力容器运行操作人员，应加强液位计的维护管理，经常保持完好和清晰。

液位计有下列情况之一时，应停止使用：

(1)超过校验周期。

(2)玻璃板(管)有裂纹、破碎。

(3)阀件固死。

(4)经常出现假液位。

1.3 燃料的供应系统、供风系统和排烟系统

1.3.1 燃料输送管道

1.3.1.1 炉前煤气管道

A 管道布局

管道布局的要求：

(1)煤气管道一般都架空敷设，特殊情况需要布置在地下时，应设置地沟并保证通风良好，检修方便。

(2)炉前煤气管道一般不考虑排水坡度。但应在水平管段上的流量孔板和主开闭器的前后、分段管的末端和容易积灰的部位设置排水管或水封。当用水封排水时，水封深度要与煤气压力相适应。

(3)积聚冷凝水后，冬天可能会冻结的煤气管道及附件内，要采取保温措施，防止管内水汽结冰。

(4)冷发生炉煤气及其混合煤气的管道要有排焦油装置和不小于0.2%的排油坡度。

(5)为了避免管道内积水流入烧嘴，煤气支管最好从总管的侧面或上面引出。

(6)当煤气管道系统中装有预热器，并考虑预热器损坏检修时炉子要继续工作，应装设附有切断装置的旁通管路。

(7)炉前煤气管道上一般应设有：

1)两个主开闭器或一个开闭器、一个眼镜阀；

2)放散系统；

3)爆发试验取样管；

4)排水及排焦油装置；

5)调节阀门；

6)与自动控制装置和安全装置相适应的附件。

B 放散系统

煤气管道直径小于50mm时一般可不设放散管，管径100mm以下，管道内的体积不超过0.3m^{3}时，一般设放散管但可不用蒸汽吹刷，直接用煤气进行置换放散。将煤气直接放散入大气中时，放散管一般应高出附近10m内建筑物通气口4m，距地面高度不低于10m，放散一般与煤气同一流向进行。放散管应置于两个主闸阀之间，各段煤气管的末端及管道最高点引出，并须考虑各主要管段均能受到吹刷。吹刷用蒸汽接点设在炉前煤气总管第二个主闸阀和各段闸阀之后并靠近闸阀，吹刷时用软管与供气点连接。吹刷放散时间，大型炉子约需30min到1h，小炉子约需15min。

C 管道绝热

为了减少管道的散热损失，热煤气管道必须敷设绝热层，管道绝热方式有管外包扎和管内砌衬两种工艺，根据管道内介质温度和管径大小确定。金属钢管壁的工作温度不宜超过300℃，当管内气体温度低于350℃，管径小于700mm时，可用管外包扎绝热。管内气体温度高于400℃或管径较大时，可用管内砌衬绝热，但衬砖后内径不应小于500mm，且每隔15～20m要留设人孔。

1.3.1.2　燃油输送管道

A　重油管道

敷设重油管道的要求：

(1)炉前油管可固定在钢结构上。支管一般由下向上与喷嘴相接，敷设管道时向油罐方向留一定的坡度，最低点设排油口，最高点设放气阀。

(2)重油管路要有蒸汽吹扫系统，以便停炉时清扫管路内的残油。

(3)每个喷嘴前或分段支管上要装设工作可靠的油过滤器和油压稳定装置，以保证喷嘴前油质清洁、油压稳定。调节油流量要采用具有较好调节性能的调节阀，重油含硫较高时不能采用铜质或带铜质密封圈阀门。

(4)油管弯头除局部范围内可采用带丝扣的管件弯头外，一般都用冷弯或热弯制作，以免积渣堵塞。

B　油管的保温

为了使经过加热器后的重油在输送过程中不致降温，炉前重油管道要用蒸汽进行保温，常用的保温方式有伴管和套管两种。

1.3.2　空气管道

空气管道一般都架空敷设，需敷设在地下时，直径较小的可以直接埋入地下，但表面应涂防腐漆，热空气管道应放在地沟内。

空气管道一般应采用碟阀调节，亦可采用焊接的闸板阀；空气压力较高或者要求严密时，也可采用闸阀。

为了减少管道的散热损失，热空气管道也要包敷绝热层。

1.3.3　排烟系统

为了使加热炉能正常工作，需要不断供给燃料所用的空气，同时又要不断地把燃烧后产生的废烟气排出炉外，因此，炉子设有排烟系统。

1.3.3.1　烟道

A　烟道布置

对烟道布置的要求：

(1)地下烟道不会妨碍交通和地面上的操作，因此一般烟道都尽量布置在地下。

(2)要求烟道路程短，局部阻力损失小。

(3)烟道较长时，其底部要有排水坡度，以便集中排出烟道积水。

(4)当烟道中有废热回收装置时，一般要设置旁通烟道和相应的闸板、人孔等，以便在废热回收装置检修时可不影响炉子的生产操作。

(5)烟道要与厂房柱基、设备基础和电缆保持一定距离，以免受烟道温度影响。

B　烟道断面

烟道一般采用拱顶角为 60°或 180°的烟道断面。烟气温度较高、地面载荷较大、烟道断面较大或受振动影响大的烟道，一般用 180°拱顶。同样烟道断面积时，60°拱顶的烟道高度可小些，但应注意防止因拱顶推力而使拱脚产生位移。

烟道内衬黏土砖的厚度与烟气温度有关。当烟气温度为 500～800℃，烟道内宽度小于

1m 时，一般用 113mm 厚的黏土砖，大于 1m 时，用 230mm 厚黏土砖；烟气温度低于 500℃时可用 100 号机制红砖砌筑内衬。当烟道没有混凝土外框时，外层用红砖砌筑，其厚度应能保证烟道结构稳定。

1.3.3.2　烟道闸板和烟道人孔

A　烟道闸板

为了调节炉膛压力或切断烟气，每座炉子一般都要设置烟道闸板，其要求如下：

(1)闸板的位置应便于操作和维修，有条件时，闸板要尽可能安装在室内不妨碍交通的地方。

(2)装在预热器前后的闸板，其位置和结构要尽量避免烟气通过预热器时产生偏流。

(3)烟道闸板的断面可以适当小于主烟道断面，以利于改善闸板的调节功能。

B　烟道人孔

烟道上一般都要开设人孔，以便于清灰、检修和开炉时烘烤，布置人孔时应考虑以下几个方面：

(1)一般每隔 20～30m 设置一个人孔，烟气含尘量大时(如用粉煤为燃料)，要适当缩短人孔之间的距离。

(2)人孔的设置要使维修工人能达到烟道的各个部位，例如预热器等维修工人不能通过的设备前后都要设置人孔。

(3)几座炉子共用一座烟囱时，一般在每座炉子的调节闸板和炉尾排烟口之间，都设置人孔。

(4)位于露天地段的人孔，其顶部高度一般应高出周围地平面 150mm 以上，以免地表水灌入烟道，这种人孔的位置要尽量不妨碍交通。

1.3.3.3　烟囱

加热炉的排烟一般都用烟囱，因为它不需要消耗动力，维护简单，只有当烟囱抽力不足时，才采用引风机或喷射管来帮助排烟。

烟囱是最常用的排烟装置，它不仅起排烟作用，而且也有保护环境的作用。烟囱有砖砌、混凝土以及金属三种。

金属烟囱寿命低，易受腐蚀，但它建造快，造价低。当烟温高于 350℃时，金属烟囱要砌内衬，衬砖厚度一般为半块砖。烟温达到 350～500℃时用红砖砌筑，高度为烟囱的 1/3，烟温为 500～700℃时烟囱全高衬砌红砖，700℃以上时烟囱全高衬砌耐火砖。

工业炉用烟囱在投入使用前一般要进行烘烤。烘烤方法一般是在烟道或烟囱底部烧木柴或煤炭，随着抽力的形成气流逐渐与炉子接通。烟囱烘干后如出现裂纹，应及时进行修补。烘烤烟囱的最高温度为：

有耐火砖内衬的红砖烟囱——300℃；

无耐火砖内衬的红砖烟囱——250℃；

有耐火砖内衬的钢筋混凝土烟囱——200℃；

有耐火砖内衬的金属烟囱——200℃。

1.4　余热利用装置

1.4.1　余热利用的意义

由加热炉排出的废气温度很高，带走了大量余热，使炉子的热效率降低，为了提高热效率，节约能源，应最大限度地利用废气余热。余热利用的意义是：

(1)节约燃料。排出废气的能量如果用来预热空气(煤气)，由空气(煤气)再将这部分热量带回炉膛，这样就达到了节约燃料的目的。

(2)提高理论燃烧温度。对于轧钢加热炉来说，高温段炉温一般在1250～1350℃左右，如果使用的燃料发热量低，那就不可能达到那样高的温度，或者需要很长的时间才能使炉子的温度升起来。而采取预热空气和煤气的办法就可以解决这个问题。

(3)保护排烟设施。炉子的排烟设施包括烟囱、引风机、引射器，都有耐受温度的极限。在回收利用烟气余热的同时，可以降低烟气的温度，保护排烟设施。

(4)减少设备投资。通过回收利用烟气余热降低烟气的温度，从而可以采用耐高温等级较低的排烟设施，减少设备的投资。

(5)保障环保设施运行。通过回收利用烟气余热，降低烟气的温度，使得净化烟气的环保设施可以运行。

目前余热利用主要有两个途径：

(1)利用废气余热来预热空气或煤气，采用的设备是换热器或蓄热室。

(2)利用废气余热产生蒸汽，采用的设备是余热锅炉。

1.4.2 换热器

换热器按材质来分有金属换热器及黏土换热器两种，其中金属换热器较为常用。

1.4.2.1 金属换热器

A 金属换热器的材质

对金属换热器来说，主要矛盾是材质问题不易解决。因为一般材料不耐高温，使用寿命低，而耐高温材料价格昂贵，可加工性能差，又不容易供应。目前我国在耐热钢生产方面已经取得了很大的成绩，研制出许多新型的耐热钢，为冶金炉在选材方面创造了条件。在上述金属材料中尤其应该着重指出的是碳素钢渗铝技术，它能大大提高材料的抗氧化性能，低合金钢表面渗铝后能代替高合金耐热钢。这可节约大量合金材料，而价格也便宜得多。

B 金属换热器的主要类型

金属换热器根据其结构不同可分为管状换热器、片状换热器、针状换热器和辐射换热器。

管状换热器如图1-14所示，换热器有许多根钢管组成，且安放在烟道里面，空气(煤气)在管子里流动，废气在管子外流动，通过热交换使空气(煤气)温度升高。当废气温度为700～750℃以下时，可将空气预热到300℃以下。这种预热器工作温度不能太高，否则管子容易变形，造成焊缝开裂漏气。

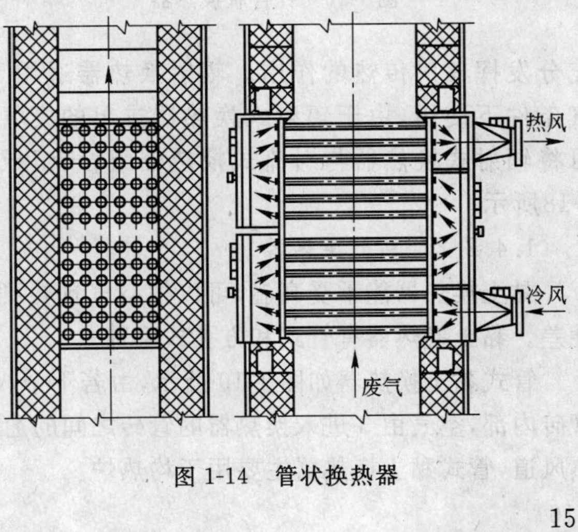

图1-14 管状换热器

片状换热器和针管状换热器如图1-15和1-16所示。这两种换热器都是在扁形铸管的内外两面铸有翅针或翅片，用以增加热交换面积，提高传热效率。这两种换热器工作时，废气从管外通过，空气从管内通过。如果废气含尘较多，通过废气的一面，可以不做成翅片与翅针。这两种换热器由于用法兰连接，气密性不好，所以不能用来预热煤气或天然气，对管端带膨胀器的，其气密性较好。片状和针状换热器在中小型加热炉上用得较多。

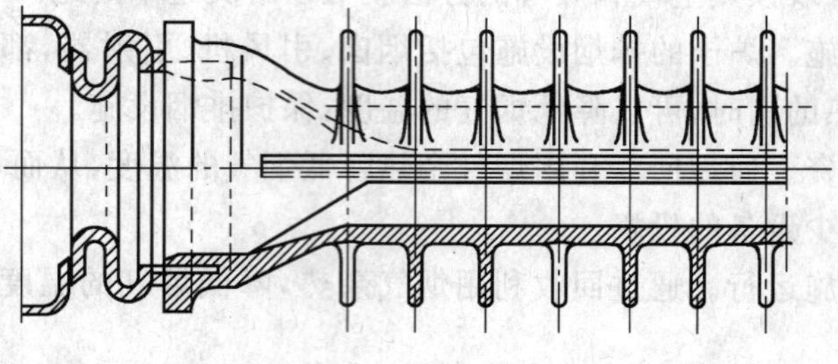

图 1-15　片状换热器

辐射换热器如图 1-17 所示。这种换热器的空气通道较窄，废气通道直径很大，以

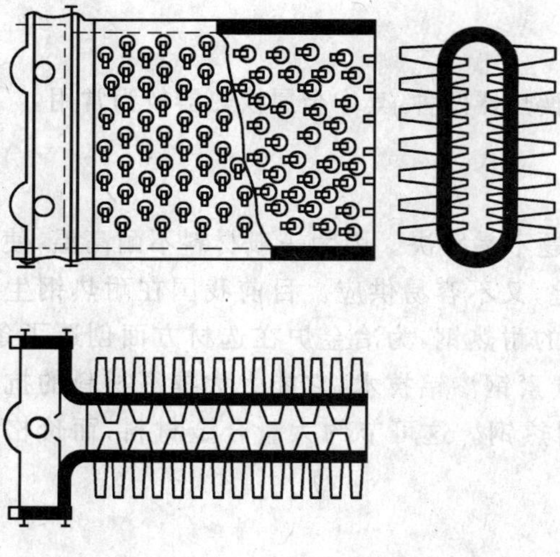

图 1-16　针管状换热器

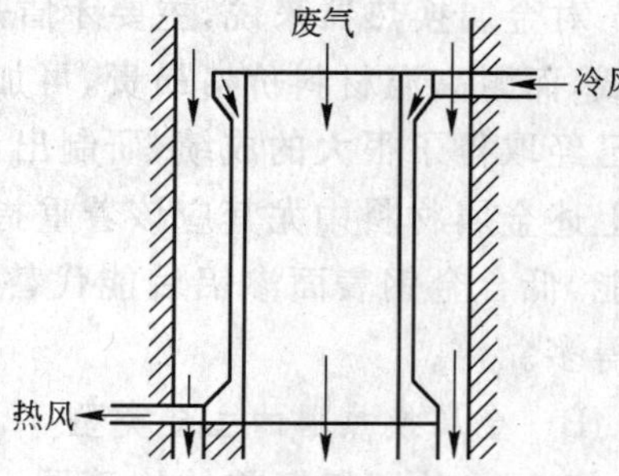

图 1-17　辐射换热器示意图

充分发挥辐射传热的作用。辐射换热器适用于高温烟气，特别是在含尘量大的高温烟气条件下使用，由于辐射式换热器排出的废气温度还很高，为了进一步利用废气余热，可将辐射式换热器与对流式换热器组合，组成辐射对流换热器，以提高预热温度，如图 1-18所示。

1.4.2.2　黏土换热器

黏土换热器能承受高温，可以把空气预热到 800～1000℃，寿命长，最大的缺点是气密性差。黏土换热器有管式和方孔式两种。

管式黏土换热器如图 1-19 所示，由若干个八角形或圆形耐火管砖砌成。废气由 2 进入管砖内部，空气由 3 进入换热器的管砖之间的通道，经过几个来回拐弯，最后由 1 流出进入热风道，管式黏土换热器主要用于均热炉。

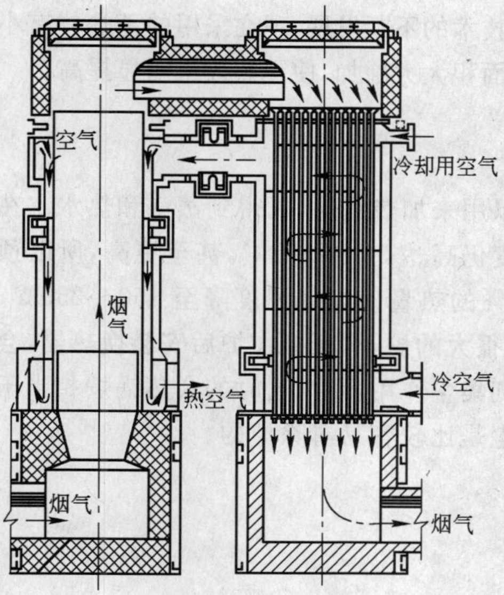

图 1-18　辐射对流换热器(分列式)

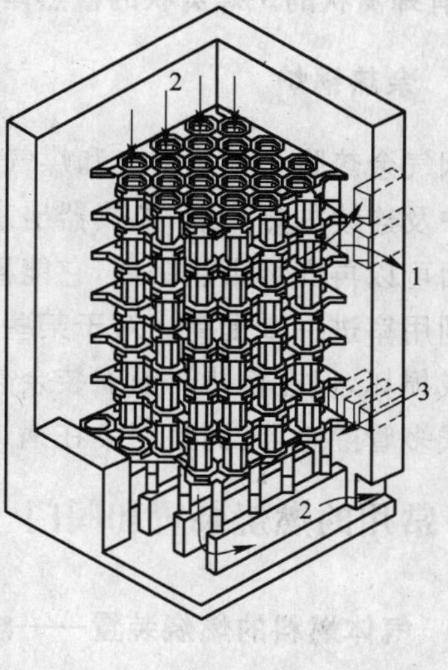

图 1-19　管式黏土换热器

方孔式黏土换热器如图 1-20 所示，由四个方孔的异型耐火砖砌成，每层砖的方孔上下对准形成垂直通道，空气从方孔中流过，废气从两块方孔砖之间的通道流过。这种换热器由于体积很大，炉子必须位于较深的地下，所以必须要有防水与排水的措施。方孔式黏土换热器多用于大型连续式加热炉。

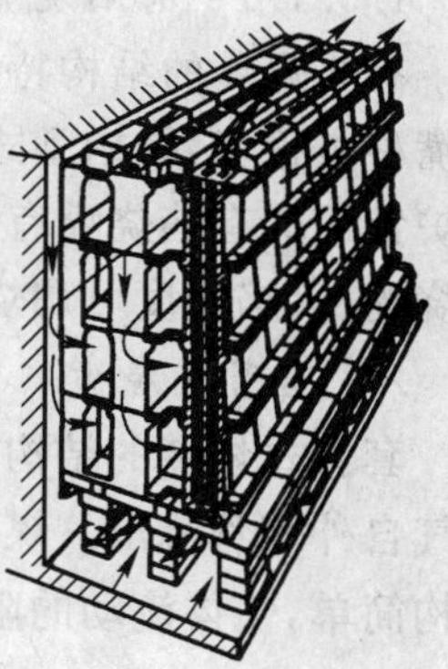

图 1-20　方孔式黏土换热器

1.4.3　蓄热室

当空、煤气预热温度比较高时(大于 600℃)可以采用另外一种预热装置，即蓄热室。

A　蓄热室和换热器的比较

蓄热室预热温度高，它可将空气预热到 600～1200℃，甚至更高的温度，而金属换热器一般只能预热至 600℃以下。在蓄热室内也可以预热煤气，而且使用寿命较长，大修也比较方便。

蓄热室中的格子砖是进行热工作的中间介质，在加热阶段，高温废气由上而下经过蓄热室将格子砖加热。经过一定时间以后，将废气通路切断，改为由蓄热室下部通入冷空气，冷空气经过被加热好的格子砖后得到热量，最后热空气从蓄热室引出供入燃烧设备使用。冷空气通了一段时间以后再将其切断改为废气加热，这种操作过程不断循环下去，从开始通入废气加热格子砖到下一次再通入废气加热这一段时间叫做一个周期。

蓄热室与换热器相比较也有它的特殊性，亦即任一位置气体介质(废气、空气或煤气)及格子砖的加热及冷却温度是随时间而变化的，因此属于不稳定态传热的范畴，而换热器中任一部位介质及管壁的温度则都是不随时间而变化的。

B　蓄热室格子砖

蓄热室格子砖孔的大小对热交换系数有着很大的影响，由于在蓄热室内流体介质和格子砖间主要是对流交换，故缩小格子砖的尺寸可以提高对流热交换系数，但这样阻力会增加，并且容易被废气中灰尘堵塞。近几年来，随着蓄热技术的不断发展，现在采用的蓄热体有小球状的、也有蜂窝状的。蜂窝状的蓄热体可以使比表面积大大增加，使预热效果明显提高。

1.4.4 余热锅炉

烟气余热除了预热空气和煤气之外，还可以用来加热锅炉，以得到蒸汽和热水。在大型均热炉及连续加热炉上，换热器出来的烟气温度仍高达500～600℃，甚至更高，所以预热设备后面可以再安装余热锅炉，它能再回收约50%的热量使烟气温度降至150～250℃，使总的热利用率进一步提高。对于某些烟气含尘量很大的炉子，直接在炉后安装换热器，会很快堵塞或损坏，但在换热器前安装余热锅炉会起到集尘作用，因为这时的余热锅炉相当于一个撞击式多管除尘器，而且聚集在锅炉管上的灰尘是比较容易清除掉的。

1.5 常用的燃烧装置和阀门

1.5.1 气体燃料的燃烧装置——烧嘴

煤气的燃烧方法分为有焰燃烧和无焰燃烧两种，因此烧嘴也有有焰烧嘴和无焰烧嘴之分。

1.5.1.1 有焰烧嘴

有焰烧嘴的结构特征在于：燃料和空气在入炉以前是不混合的(高速烧嘴例外)。有焰烧嘴种类很多，结构型式各不相同，它主要根据煤气的种类、火焰长度、燃烧强度来决定。加热炉常用的有焰烧嘴有套管式烧嘴、低压涡流式烧嘴、扁缝涡流式烧嘴、环缝涡流式烧嘴、平焰烧嘴、火焰长度可调烧嘴、高速烧嘴等。

A 套管式烧嘴

套管式烧嘴的结构如图1-21所示。烧嘴有两个同心的套管，煤气一般由内套管流出，空气自外套管流出。煤气与空气平行流动，所以混合较慢，是一种长火焰烧嘴。它的优点是结构简单，气体流动的阻力小，因此所要求的煤气与空气的压力比其他烧嘴都低，一般只要784～1470Pa。

B 低压涡流式烧嘴(DW-Ⅰ型)

低压涡流式烧嘴的结构如图1-22所示。这种烧嘴的结构也比较简单，它的特点是煤气与空气在烧嘴内部就开始混合，并在空气和燃气通道内均可安装有涡流叶片，所以混合条件

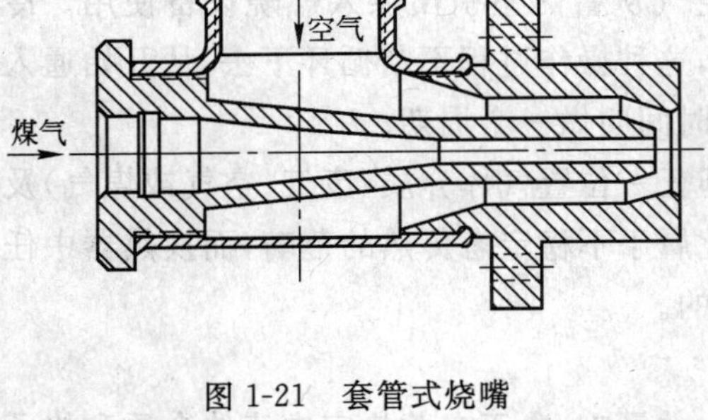

图1-21 套管式烧嘴

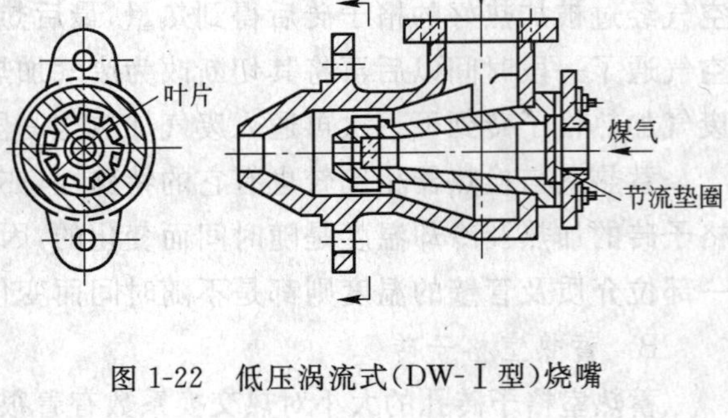

图1-22 低压涡流式(DW-Ⅰ型)烧嘴

较好，火焰较短。要求煤气的压力不高，但因为空气通道的涡流叶片增加了阻力，因此所需空气压力比套管式烧嘴大一些，约为1960Pa。当空气预热时，烧嘴的结构不变，但烧嘴的燃烧能力有所降低，欲使烧嘴保持原有燃烧能力，必须相应提高预热气体的压力。

这种烧嘴用途比较广泛，可以用于发生炉煤气、混合煤气、焦炉煤气，也可以用于天然气。燃烧天然气时只需在煤气喷口中加一涡流片或将喷口直径缩小，使煤气量与空气量相适应，并改善燃料与空气的混合。

C 扁缝涡流式烧嘴（DW-Ⅱ型）

扁缝涡流式烧嘴的结构如图1-23所示。这种烧嘴的特点是在煤气通道内安装一个锥形的煤气分流短管，空气则自煤气管壁上的若干扁缝沿切线方向进入混合管。空气与煤气在混合管内就开始混合，混合条件较好，火焰较短。它是有焰燃烧烧嘴中混合条件最好、火焰最短的一种。适用于发生炉煤气和混合煤气，扩大缝隙后，也可用于高炉煤气，这种烧嘴要求煤气与空气压力为1470～1960Pa。

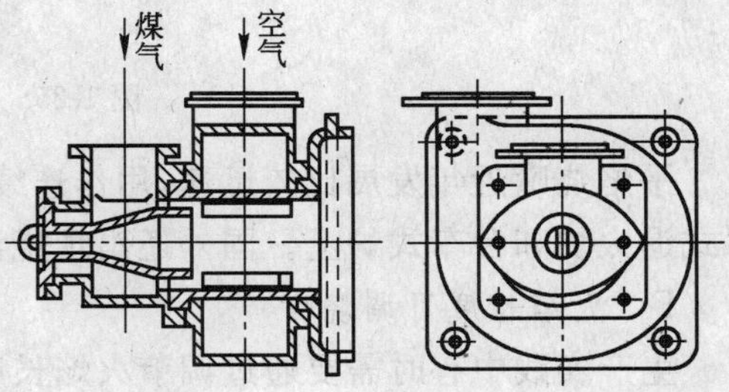

图1-23 扁缝涡流式（DW-Ⅱ型）烧嘴

由于火焰较短，这种烧嘴主要用在要求短火焰的场合，如大型锻造室状炉及热处理炉。

D 环缝涡流式烧嘴

环缝涡流式烧嘴的结构如图1-24所示。

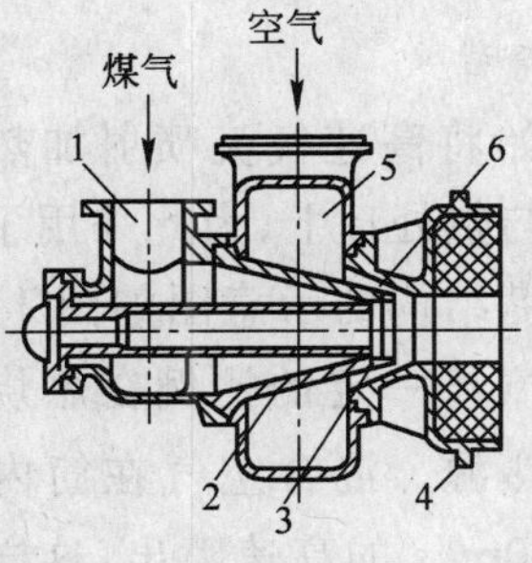

图1-24 环缝涡流式烧嘴

1—煤气入口；2—煤气喷口；3—环缝；4—烧嘴头；5—空气室；6—空气环缝

环缝涡流式烧嘴也是一种混合条件较好的有焰烧嘴，火焰也较短。但是煤气要干净，否则容易堵塞喷口。这种烧嘴主要用来烧混合煤气和净发生炉煤气。当煤气喷口缩小后，也可以烧焦炉煤气和天然气。

这种烧嘴有一个圆柱形煤气分流短管，煤气经过喷口的环状缝隙进入烧嘴头，空气从切线方向进入空气室，经过环缝出来在烧嘴头与煤气相遇而混合。由于气流阻力较大，这种烧嘴要求的煤气及空气压力比一般有焰烧嘴稍高，约为1960～3920Pa。

E 平焰烧嘴

以上介绍的几种烧嘴都是长的直流火焰，这对多数炉子都是适应的。但有时希望烧嘴出口距加热物较近而火焰不要直接冲向被加热物，一般烧嘴就难以满足要求，需要采用平焰烧嘴。平焰烧嘴气流的轴向速度很小，得到的是径向放射的扁平火焰，这样火焰就不直接冲击被加热物，而是靠烧嘴砖内壁和扁平火焰辐射加热。

平焰烧嘴的示意图见图1-25。煤气由直通管流入，煤气压力约为980～1960Pa，也属于低压煤气烧嘴。空气从切向方向进入，造成旋转气流，空气与煤气在进入烧嘴砖以前有一小段混合区，进入烧嘴砖后可以迅速燃烧。烧嘴砖的张角呈90°～120°扩张的圆锥形，这样沿烧嘴砖表面形成负压区，将火焰引向砖面而沿径向散开，形成圆盘状与烧嘴砖平行的扁平火焰，提高了火焰的辐射面积，径向的温度分布比较均匀。

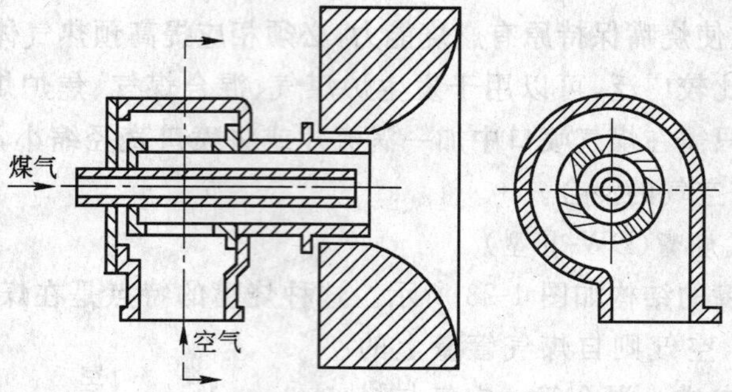

图 1-25　平焰烧嘴示意图

平焰烧嘴近年发展比较迅速，用作连续加热炉均热段或锻造室状炉的炉顶烧嘴，也用于罩式退火炉和台车式炉上。国外还出现烧油或油气混烧的平焰烧嘴。

F　火焰长度可调烧嘴

生产实践中有时需要通过调节火焰长度来改变炉内的温度分布，火焰长度可调烧嘴就可以满足这一需要。为了达到改变火焰长度的目的，可以采取不同的措施。图 1-26 是一种可调焰烧嘴的示意图，一次煤气是轴向煤气，二次煤气是径向煤气，通过调节一次及二次煤气量和空气量，可以改变火焰的长度。

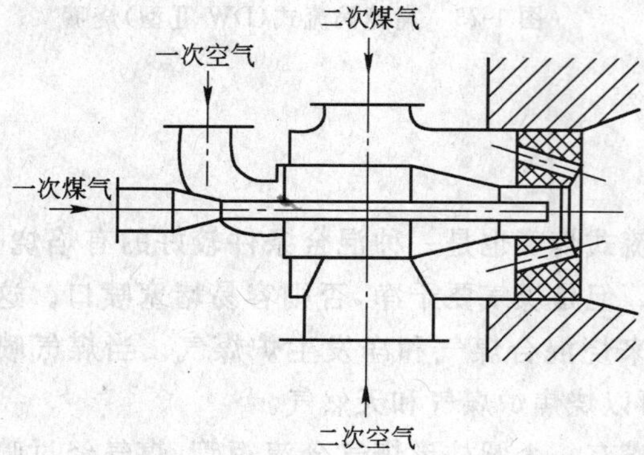

图 1-26　可调焰烧嘴示意图

G　高速烧嘴

近年来开始将高速气流喷射加热技术用于金属加热与热处理上，为此采用了高速烧嘴。高速烧嘴结构的示意图如图 1-27 所示。煤气与空气按一定的比例在燃烧筒内流动混合，经过内筒壁的电火花点火而燃烧，形成一个稳定热源。混合空气在筒内燃烧 80%～95%，其余在炉膛内完全燃烧。大量热气体以 100～300m/s 的高速喷出，这样在炉

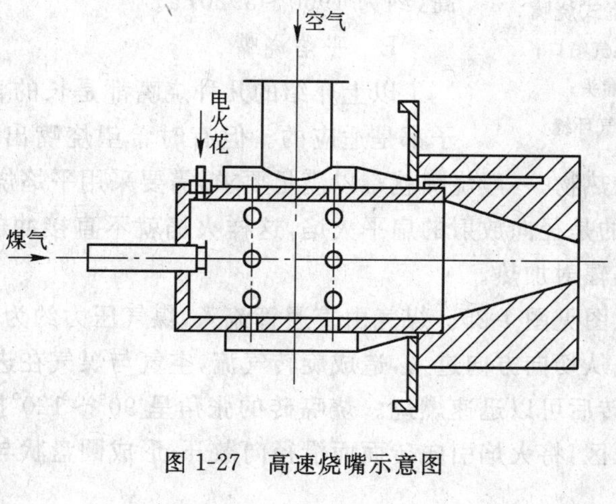

图 1-27　高速烧嘴示意图

内产生了强烈的对流传热，并由于大量气体的强烈搅拌，使炉内温度达到均匀。采用高速烧嘴的炉子对炉体结构的严密性有特殊要求，并要注意采取措施控制噪声。

1.5.1.2　无焰燃烧器

无焰燃烧器是气体燃料与空气先混合然后再燃烧的燃烧装置。这类燃烧器由于预先混合故燃烧火焰短，但要有压力较高的煤气（＞10kPa），且助燃空气不能预热到高温。工业上常用喷射式无焰燃烧器，由于其结构简单，不用鼓风机，所以在加热炉上亦常被使用。

这种烧嘴以煤气为喷射介质，自动按比例吸入燃烧所需空气量，并经过充分混合后喷出燃烧。其结构如图 1-28 所示。各组成部分用途及特点如下：

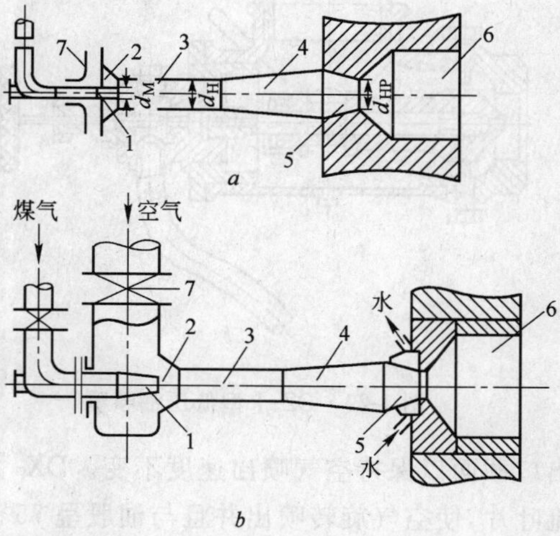

图 1-28　喷射式无焰燃烧器

a—空气不预热；*b*—空气预热

1—煤气烧嘴；2—空气吸入口；3—混合管；4—扩张管；5—烧嘴喷头；6—燃烧坑道；7—风阀

（1）喷射管。高压介质由此喷出，为了增大喷出速度积，促使径向速度均匀，将喷射管出口做成收缩形。

（2）吸入管。空气在此处因高速喷射介质所造成负压而被自动吸入。为了减小吸入空气的阻力，而将吸入管做成喇叭形，并在喷射管上安装可移动的调节阀，通过改变间隙大小来适当调节空气吸入量。

（3）混合管。吸入空气与煤气在此管混合，为了使混合气体流速分布均匀，一般将混合管前半部做成微收缩形。

（4）扩张管。主要是将一部分动压头转变为静压头以减少喷射介质所需的初始静压头，另外也有助于浓度及速度的均匀化。

（5）烧嘴喷头。出口做成收缩形以使喷出速度增加且更加趋向均匀化以免火焰沿着管壁窜入速度较小的地方造成回火现象。对燃烧能力较大的烧嘴（$d>60$mm）并于其上安装散热片或用冷却水冷却以防回火。

（6）燃烧坑道。用以加热混合物保证稳定燃烧。

这类烧嘴视空气预热与否分为冷风和热风喷射式烧嘴两种。又可根据煤气发热量的高低分为低热值及高热值两种烧嘴。

喷射式无焰燃烧器在我国已标准化、系列化了，使用时只需根据燃烧能力选用即可。

最后应明确一点，任何形式的烧嘴都不是万能的，在选用时，必须根据炉子结构的特点、加热工艺的要求、燃料条件等综合考虑之。

1.5.2　液体燃料的燃烧装置

加热炉用液体燃料主要是重油。从资源利用角度考虑，将重油烧掉是很大的浪费。我国目前烧重油的炉子不多，此处只简单介绍几种最常用的重油烧嘴。

重油的燃烧过程分为雾化、混合、加热着火、燃烧四个过程，其中雾化是关键。按雾化方法分为机械雾化及雾化剂雾化烧嘴。前者靠高速喷出的油与烧嘴的摩擦冲击等作用来雾化；后者用雾化剂与油的相对速度来雾化，它可分为蒸汽雾化及空气雾化两种，又可按雾化剂的压力分为低压油烧嘴及高压油烧嘴两类。

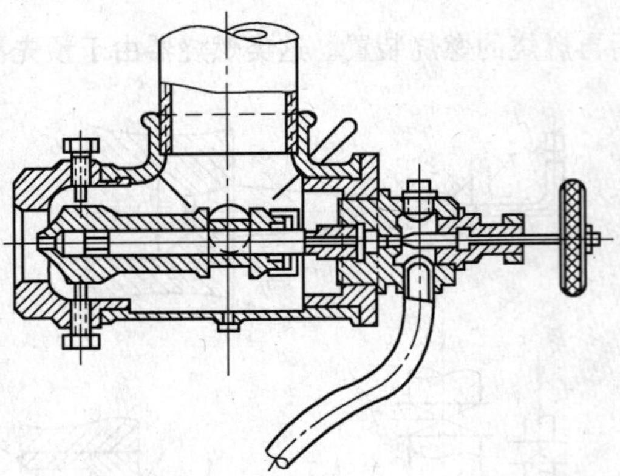

图 1-29　DZ-Ⅰ型低压油喷嘴

1.5.2.1　低压油烧嘴

这类烧嘴用空气做雾化剂，此处空气又是助燃气体，因此要求油量变化时，空气也要自动地按比例变化。由于空气量变化，空气喷出速度改变从而影响雾化质量，所以还要求空气喷出口的断面积是可以调节的，以保持空气喷出速度在较小范围内变化而不致恶化雾化质量。

图 1-29 所示为 DZ-Ⅰ型（C 型）低压油烧嘴。它的空气与油都以直流形式喷出而不旋转。用针阀调节油量时，借助于偏心轮的作用使油管外套管前后移动改变空气喷出口截面以保持空气喷出速度不变。DX-Ⅰ型（K 型）油烧嘴的特点是空气喷出口前装有涡流叶片，使空气旋转喷出并且与油股呈 75°～90°交角，这就使雾化质量有较大改善，其结构如图 1-30 所示。

还有一种 DB-Ⅰ型（R 型）低压油烧嘴。其结构如图 1-31 所示。它是一种能够自动保持油量与空气量比例的三级雾化重油烧嘴。空气分三级与重油流股相遇以加强雾化与混合。空气量的改变是靠改变二级及三级空气喷出口断面积来实现的。当转动操作杆 6 时，可以使风嘴 1、2 前后移动。向后移动时，内层与外层风嘴之间和风嘴与油嘴旋塞 3 之间的出口截面积增加，这样增加二次空气与三次空气之间的流量，油量调节盘 8 与空气调节盘 11 是用螺帽 9 连接的，当转动 8 时，3 上油槽的可通面积改变，油量也随之改变；与此同时风嘴也前后移动，达到改变风量之目的。

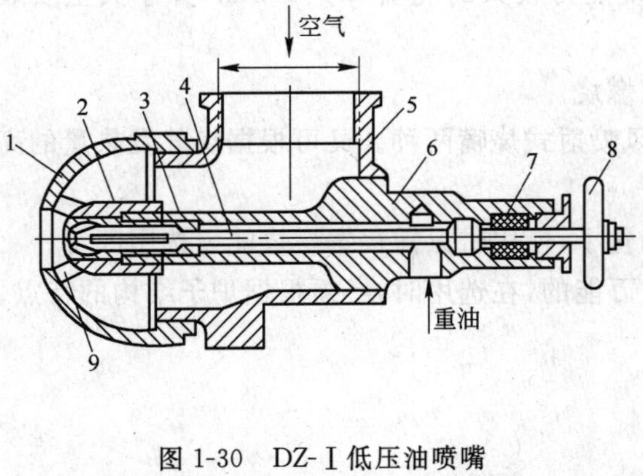

图 1-30　DZ-Ⅰ低压油喷嘴

1—喷嘴帽；2—空气喷头；3—油分配器；
4—针阀；5—外壳；6—喷油管；7—密封填料；
8—针阀调节手轮；9—涡流叶片

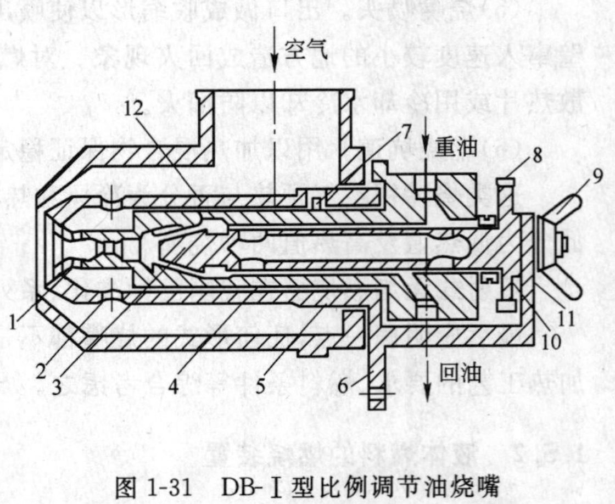

图 1-31　DB-Ⅰ型比例调节油烧嘴

1—一次空气入口；2—二次空气入口；3—油嘴旋塞；
4—回油通路；5—离合器联接；6—操纵杆；
7—导向销；8—调节油量手柄；9—螺旋；
10—油量调节盘；11—空气调节盘；12—风嘴

总体来讲，低压油烧嘴雾化所消耗的能量小、费用低；燃烧易调节，雾化效果较好；噪声小；维护简单；火焰短而软；适用于钢坯加热炉及锻造炉。但是其外形尺寸较大、燃烧能力比较低，空气预热温度不能高于 300℃。这类烧嘴前油压约为 0.05～0.1MPa；空气压力为 3～7kPa。

1.5.2.2 高压油烧嘴

高压油烧嘴是用压缩空气(0.3～0.8MPa)和高压蒸汽(0.2～1.2MPa)做雾化剂。用压缩空气雾化时，90％的助燃空气需另外供给；而用蒸汽雾化时，全部空气由鼓风机供给。蒸汽雾化会降低燃烧温度并增加金属的氧化及脱碳，但成本比压缩空气雾化低些。从结构上讲，两者没有多大区别。

高压雾化时，雾化质量高，空气的预热温度不受限制，设备结构紧凑，燃烧能力强，火焰的方向性强，刚性和铺展性好且容易自动化；但是成本高，噪声大，目前不如低压油烧嘴使用普遍。

高压油烧嘴有 GZP 型、GW-Ⅰ型及带拉瓦尔管的两级雾化高压油烧嘴等型式。这里介绍 GW-Ⅰ型，如图 1-32 所示，其他形式的油烧嘴可参考有关资料。

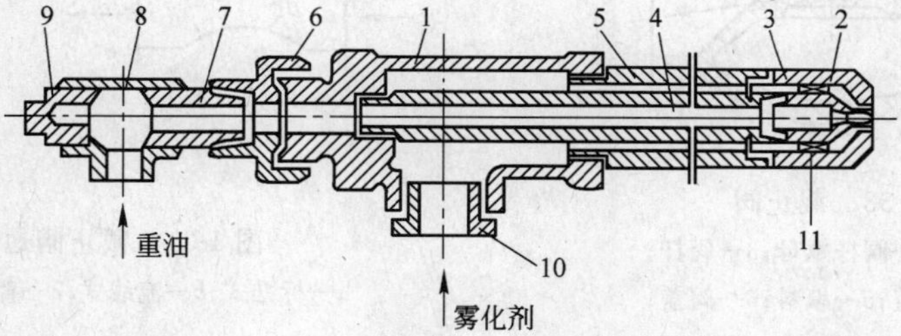

图 1-32 GW-Ⅰ型高压雾化油烧嘴

1—喷嘴体；2—喷油嘴；3—喷嘴盖；4—喷嘴内管；5—喷嘴外管；
6—管接头；7—螺纹接套；8—三通；9—塞头；
10—衬套；11—导向涡流叶片

这种烧嘴属于外混旋流式，结构简单，使用维修方便，点火容易，燃烧稳定，喷油孔不易堵塞，有利于烧劣质油，雾化剂用量少，适于长期连续运行。

1.5.2.3 机械雾化油烧嘴

机械雾化油烧嘴的特点是不用雾化剂。有一种是利用高压的重油通过小孔喷出，因为油的喷出速度很高，并产生高速旋转，由于离心力的作用而雾化，这种油烧嘴因为流速决定于油压，也叫油压式油烧嘴。还有一种是靠高速旋转的杯把重油甩出去，也是由于离心力的作用而雾化，叫转杯式油烧嘴。

机械雾化油烧嘴的优点是不需要雾化剂，动力消耗少；设备简单，操作方便；预热温度不受限制；没有噪声。其缺点是雾化颗粒直径比高压或低压油烧嘴都大；燃烧能力小的烧嘴由于出口孔径小，容易堵塞；在加热炉上应用不及低压或高压油烧嘴广泛。

1.5.3 管道阀门

管道上常用的阀门有截止阀、闸阀、止回阀、球阀、旋塞阀、碟阀、盲板阀等。

1.5.3.1　截止阀

截止阀主要由阀杆、阀体、阀芯和阀座等零件组成。如图 1-33 所示。

截止阀按截止流动方向可分为标准式、流线式、直流式和角式等数种，如图 1-34 所示。截止阀阀芯与阀座之间的密封面形式通常有平形和锥形两种。平形密封面启闭时擦伤少，容易研磨，但启闭时力大多用在大口径阀门中，锥型密封面结构紧密，启闭力小，但启闭时容易擦伤。研磨需要专门工具，多用在小口径阀门中。

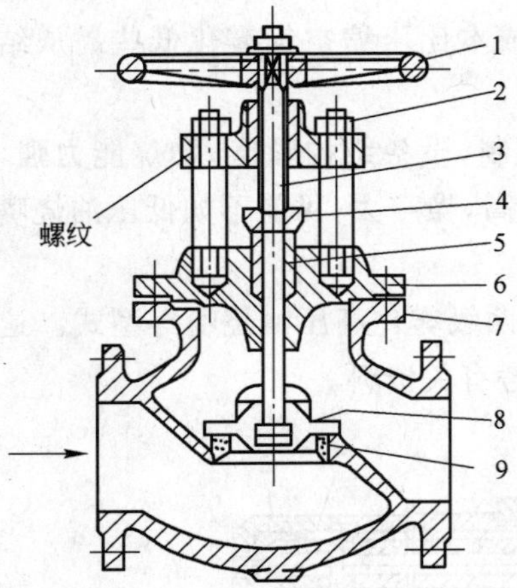

图 1-33　截止阀

1—手轮；2—阀杆螺母；3—阀杆；4—填料压盖；5—填料；6—阀盖；7—阀体；8—阀芯；9—阀座

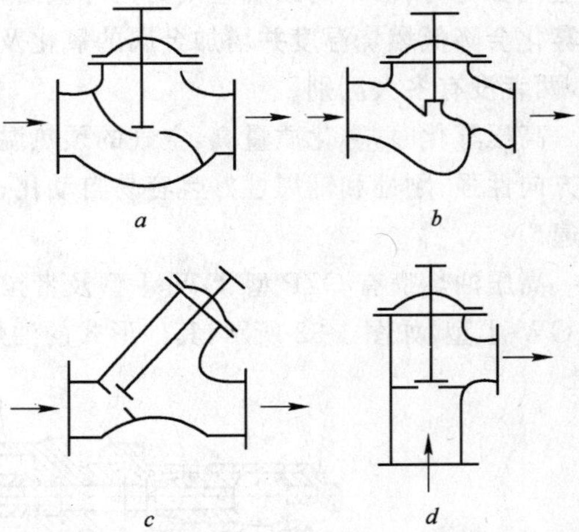

图 1-34　截止阀通道形式

a—标准式；*b*—流线式；*c*—直流式；*d*—角式

安装截止阀时，必须使介质由下向上流过阀芯与阀座之间的间隙，如图 1-34 所示，以减少阻力，便于开启。并且要在阀门开闭后，填料和阀杆不与介质接触，不受压力和温度的影响，防止汽、水侵蚀而损坏。

截止阀的优点是：结构简单，密封性能好，制造和维护方便，广泛用于截断流体和调节流量的场合。缺点是：流体阻力大，阀体较长，占地较大。

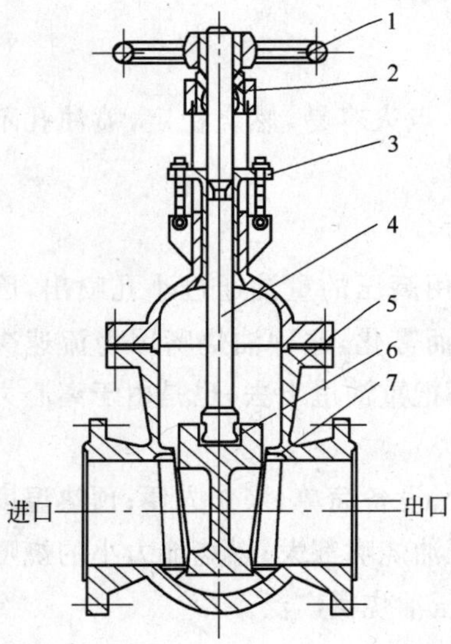

图 1-35　楔式单闸板闸阀

1—手轮；2—阀杆螺母；3—压盖；4—阀杆；5—阀体；6—阀板；7—密封面

1.5.3.2　闸阀

闸阀主要由手轮、填料、压盖、阀杆、闸板、阀体等零件组成。

闸阀按闸板形式可分为楔式和平行式两类。楔式大多制成单闸板，两侧密封面成楔形。平行式大多制成双闸板，两侧密封面是平行的。如图1-35所示为楔式单闸板闸阀，闸板在阀体内的位置与介质流动方向垂直，闸板升降即是阀门启闭。

闸阀在锅炉上使用很广泛，如用做供汽和排污等。但它仅可用于截断汽、水通路（阀门全开或全闭），而不宜用做调节流量（阀门部分开闭）。否则容易使闸板下半部(未提起部分)长期受介质磨损与腐蚀,以致在关闭后接触面不严密而泄漏。

闸阀的优点是:介质通过阀门为直线运动,阻力小,流势平稳,阀体较短,安装地位紧凑。缺点是:在阀门关闭后,闸板一面受力较大容易磨损,而另一面不受力,故开启和关闭需用较大的力量。为此,常在高压或大型闸阀的一侧加装旁通管路和旁通阀,在开启主阀门前,先开启旁通阀,既起预热作用,又可减少主阀门闸板两侧的压力差,使开启阀门省力。

1.5.3.3 止回阀

止回阀又称逆止阀或单向阀,是依靠阀前、阀后流体的压力差而自动启闭,以防介质倒流的一种阀门。止回阀阀体上标有箭头,安装时必须将箭头的指示方向与介质流动方向一致。

给水止回阀按阀芯的动作分为升降式和摆动式两种。这里主要讲升降式。

升降式止回阀又称截门式止回阀,主要由阀盖、阀芯、阀杆和阀体等零件组成。如图 1-36 所示。在阀体内有一个圆盘形的阀芯,阀芯连着阀杆(也可用弹簧代替),阀杆不穿通上面的阀盖,并留有空隙,使阀芯能垂直于阀体做升降运动。这种阀门一般应安装在水平管道上。例如安装在给水管路上的止回阀,当给水压力比汽包压力低时,由于阀芯的自重,再加上汽包内压力的作用,将阀芯压在阀座上,阻止水倒流。升降式止回阀的优点是:结构简单,密封性较好,安装维修方便。缺点是:阀芯容易被卡住。

1.5.3.4 球阀

球阀的结构如图 1-37 所示,在球形的阀芯上有一个与管道内径相同的通道,将阀芯相对阀体转动 90°,就可使球阀关闭或开启。球心上下有阀杆和滑动轴承。阀座密封圈采用高分子材料(尼龙、聚四氟乙烯等),阀座与球心配合形成密封。阀体与球心为铸铁结构。球阀按阀芯的安装方式分为浮动式与固定式,浮动结构的密封座固定在阀体上,球心可自由向左右两侧移动,这种结构一般用于小口径球阀。关闭时,在介质压力作用下,球心向低压移动,并与这一侧的阀座形成密封。这种结构属于单面自动密封,开启力矩大。固定结构与浮动结构相反,它把阀芯通过上下阀杆和径向轴承固定在阀体上,而令阀座和密封圈在管道和阀体腔的压差作用下(或采用外加压力的方式),紧压在球体密封面上。它可以实现球体两侧的强制密封。固定结构动作时,球体上的介质压力由上下轴承承受,外加密封压力还可暂时卸去,因此启动力矩小,适用于高压大口径球阀。

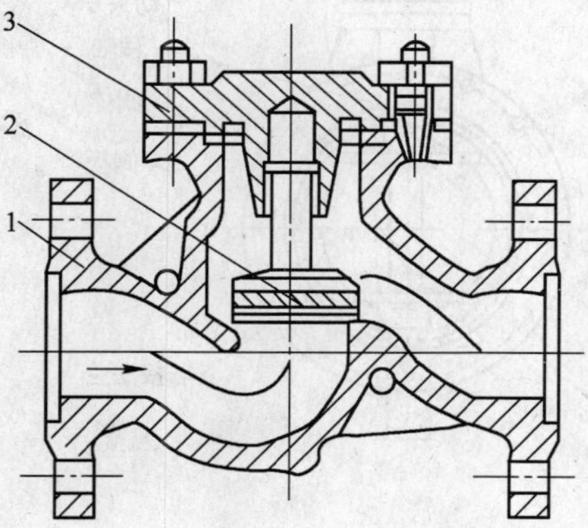

图 1-36 升降式止回阀

1—阀体;2—阀芯;3—阀盖

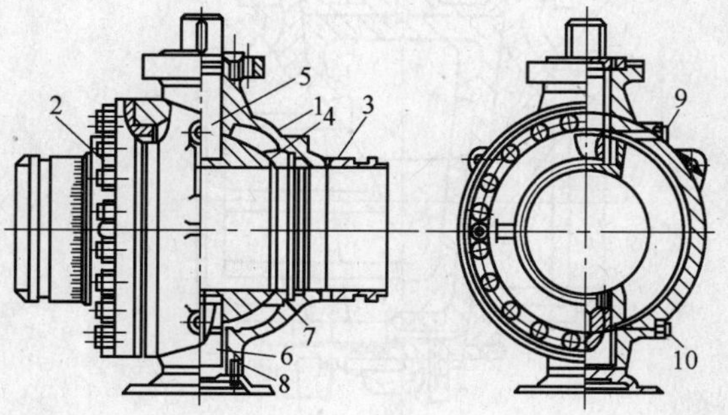

图 1-37 球阀结构示意图

1—阀体;2—阀体盖;3—短节;4—阀芯;
5—上阀杆;6—下阀杆;7—阀座与密封圈;
8—轴承;9、10—密封油注入口

球阀的结构比较复杂，体积和宽度较大，但高度较低；球阀的动作力矩大，动作时间短，开关速度快，全启时压力损失小，密封条件好；而且近年来结构上有很多发展，已经适于制成高压大口径的规格。

球阀的驱动方式有电动、气动、电液联动和气液联动等类型，这些驱动装置上往往同时配有手动机构，以备基本驱动机构失灵时使用。

1.5.3.5 旋塞阀

旋塞阀广泛用于小管径的燃气管道，动作灵活，阀杆旋转 90°即可达到完全启闭的要求，可用于关断管道，也可以调节燃气量。无填料旋塞是利用阀芯尾部螺栓的作用，使阀芯与阀体紧密接触，不致漏气。这种旋塞只允许用于低压管道上。

填料旋塞阀是利用填料填塞阀体与阀芯之间的间隙而避免漏气。这种旋塞可以用在中压管道上。

油密封旋塞阀的结构如图 1-38 所示，油密封保证阀芯的严密性，提高抗腐蚀能力，减小密封面的磨损，并使阀芯转动灵活。润滑油充满在阀芯尾部的小沟内，当拧紧螺母时，润滑油压入阀芯上特制的小槽内，并均匀地润滑全部密封表面。这种旋塞阀可以使用在压力较高的燃气管道上，并且有启闭灵活、密封可靠的特点。

1.5.3.6 碟阀

碟阀的操作元件是一个垂直于管道中心线的、能够旋转的圆板，通过调整该圆板与管道中心线的夹角，就能控制阀门的开度。碟阀按驱动方式可以分为手动碟阀、电动碟阀与气动碟阀三种，其中气动碟阀的结构如图1-39所示。碟阀可以单独操作，也可以集中控制，有体

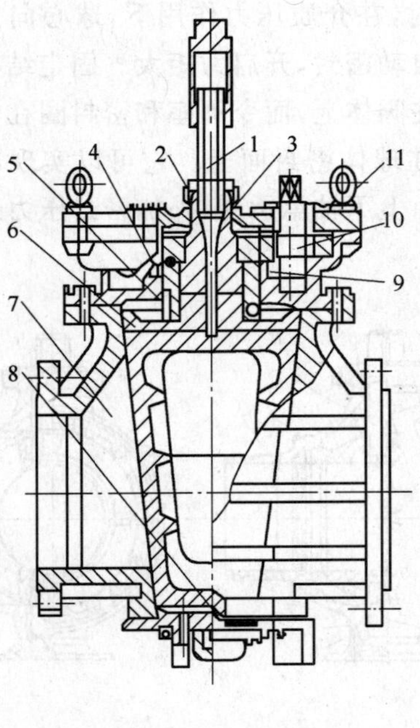

图 1-38 油封旋塞阀结构图

1—送油装置；2—指针；3—单向阀；4—O 形密封；
5—轴承；6—阀塞；7—阀体；8—阀塞调整
9—阀塞法兰；10—传动装置；11—吊环

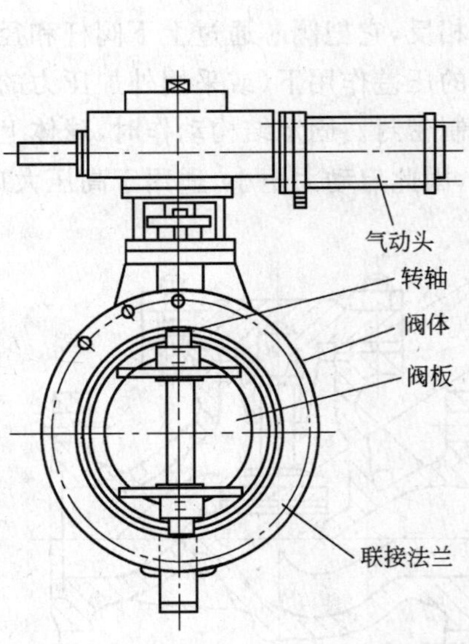

图 1-39 气动碟阀结构图

积小、重量轻、结构简单、容易拆装和维护、开关迅速,操作扭矩小的优点。对于干净的气体,碟阀基本上也可以做到完全密封,但密封性能不如球阀、平板阀和旋塞阀,因而大多数碟阀用于流体流量的调节。

1.5.3.7 盲板阀

盲板阀也称为眼镜阀,主要用于大直径燃气管道的切断操作,用来实现燃气管道的切断、隔离、调配等功能。盲板阀的阀板与管道中心线垂直,并且垂直于管道中心线动作。盲板阀的阀板通常做成扇形,其上有一个盲孔和一个通孔。当阀板围绕扇形中心旋转时,盲孔置于管道内就将管道切断,通孔置于管道内就将管道接通。

盲板阀按驱动方式可以分为手动、电动、液压和气动几种方式,按安装方式可以分为正装和倒装两种方式。图 1-40 示出了正装的液压盲板阀的结构图。

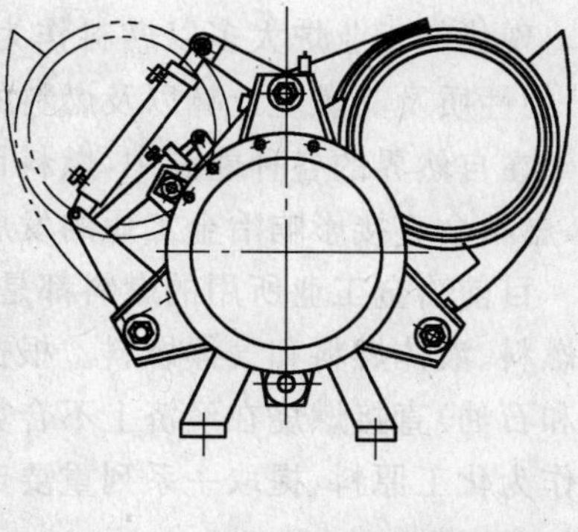

图 1-40 液压盲板阀结构图

值得指出的是,盲板阀的开闭必须有三个动作才能完成,即:夹持环松开—盲板就位—夹持环夹紧。在大口径管道上使用的盲板阀,通常还需要与其他阀门、放散装置等相配合使用,共同组成阀门组才能实现开闭管道的工艺目的。

复习思考题

1-1 一般加热炉的炉衬由哪几部分组成,各用什么材质,起什么作用?

1-2 炉底水管支撑结构的型式有哪几种,其绝热包扎的方法有哪些?

1-3 加热炉的滑道对坯料加热的质量及节能有何影响?

1-4 说明汽化冷却的工作原理,汽化冷却自然循环的动力是怎样产生的?

1-5 简述换热器的工作原理。换热器和蓄热室有何区别,各有何优缺点?

1-6 一般烟囱在使用前要注意哪些事项?

1-7 布置及选用燃料输送、供风系统及排烟系统时应注意哪些问题?

1-8 气体燃料燃烧所用的烧嘴有何特点,选择烧嘴时应注意哪些问题?

1-9 绘制一幅加热炉构造示意草图,要求包括炉子的各个组成部分,并加以说明。

2 燃料及燃烧

现代的工业炉大多以燃料作为炉子热能的来源。本章主要讨论燃料(气体、液体和固体)的性质及其燃烧计算以及燃料的燃烧机理。

在自然界的各种能源中,燃料目前仍占最重要的地位。冶金工业是燃料消耗巨大的行业,燃料会直接影响冶金工业的发展。

目前冶金工业所用的燃料都是碳氢类燃料。碳氢类燃料根据其物质形态,可以分为固体燃料、液体燃料和气体燃料。根据其来源又可分为天然燃料和加工燃料。天然燃料(如煤炭和石油)直接燃烧在经济上不合算,在技术上也不合理,应当开展综合利用,把天然燃料首先作为化工原料,提取一系列重要产品后再当做燃料使用。现代冶金联合企业主要使用各类加工燃料。

一些主要碳氢类燃料的分类见表 2-1。

表 2-1 碳氢类燃料的一般分类

燃料的物态	来源	
	天然燃料	加工燃料
固体燃料	木柴、泥煤、褐煤、烟煤、无烟煤	木炭、焦炭、粉煤、型煤、型焦
液体燃料	石油	汽油、煤油、柴油、重油、焦油、煤水浆
气体燃料	天然气	高炉煤气、焦炉煤气、发生炉煤气、水煤气、石油裂化气、转炉煤气

2.1 燃料的一般性质

各种燃料的性质是比较复杂的。这里重点是要了解那些和炉子热工过程有关的性质,即燃料的化学组成及其成分换算和表示方法,燃料发热量计算等。

2.1.1 燃料的化学组成及成分表示方法

2.1.1.1 气体燃料的化学组成及成分表示方法

A 气体燃料的化学组成

气体燃料由 CO、H_2、CH_4、C_2H_4、C_mH_n、H_2S、CO_2、N_2、O_2、H_2O 等简单的化合物和单质混合组成,其中主要的可燃成分是 CO、H_2、CH_4、C_2H_4、C_mH_n 等,它们在燃烧时能放出热量。CO_2、N_2、O_2、H_2O 等是不可燃成分,它们在燃烧时不能放出热量,故其含量希望不要过高。H_2S 的燃烧产物 SO_2 有毒性,对人身和设备都有害,所以应视为煤气中的有害成分。此外煤气中还含有少量灰尘,这些不可燃成分的增加会使得煤气中的可燃成分减少,从而使其发热量有所降低。

由于气体燃料是由各单一化学成分所组成的机械混合物,可采用吸收法进行化学成分分析，同时分析的结果能够确切地说明燃料的化学组成和性质。因为在做煤气成分分析时总是先把煤气中的水分吸收掉以后才进行成分分析，所以吸收法分析所得到的结果是不包括水分在内的“干成分”，但在实用中的煤气成分都含有一定的水分在内。因此做燃烧计算时应以“湿成分”为基准。气体燃料中的水分含量是单独测量的，通常以 $1m^3$ 干煤气中吸收进去水分的质量，并用符号 $g_{H_2O}^{干}$(g/m^3)来表示。

B　气体燃料成分表示方法及成分换算

煤气成分就是用上述各单一气体在煤气中所占的体积分数来表示。由于煤气的分析成分是干成分，而实际生产中煤气燃烧时又是以湿成分作为基准，所以要求掌握干成分和湿成分之间的换算方法。

(1)湿成分。指包括水分在内的煤气成分，其表示方法为：

$$CO^{湿}+H_2^{湿}+CH_4^{湿}+\cdots+N_2^{湿}+CO_2^{湿}+H_2O^{湿}=100\% \quad (2\text{-}1)$$

式中　$CO^{湿}$、$H_2^{湿}$、…、$H_2O^{湿}$——分别表示 CO、H_2、…、H_2O 等成分在湿煤气中所占的体积分数。

(2)干成分。指不包括水分在内的煤气成分，其表示方法为：

$$CO^{干}+H_2^{干}+CH_4^{干}+\cdots+N_2^{干}+CO_2^{干}=100\% \quad (2\text{-}2)$$

式中　$CO^{干}$、$H_2^{干}$、…、$CO_2^{干}$——分别表示 CO、H_2、…、CO_2 等成分在干煤气中所占的体积分数。

(3)干、湿成分间的换算。从定义知干、湿成分之间的差别仅在于 $H_2O^{湿}$ 的含量是否计算到100%之中的问题。水的含量可以实测，在计算煤气中水分含量时一般都采用煤气在某温度下的饱和水蒸气含量，当温度变化时，饱和水蒸气含量也发生变化。所以，$H_2O^{湿}$ 是煤气在一定温度下的水分含量，应在分析结果中注明温度。但湿成分又是实际应用时的成分，在计算时常常需要进行干湿成分的换算，如

$$CO^{湿}=CO^{干}\times\frac{100-H_2O^{湿}}{100} \quad (2\text{-}3)$$

式中　$CO^{湿}$——气体燃料中 CO 气体的湿成分；

$CO^{干}$——气体燃料中 CO 气体的干成分；

$H_2O^{湿}$——每 $100m^3$ 湿气体燃料中水分的体积。

其余成分均照此类推。

用上式换算时需要知道某温度下的水分含量($H_2O^{湿}$)，附表 6 中能查到的是 $1m^3$ 干气体在某温度下所能吸收的饱和水蒸气量，即 $g_{H_2O}^{干}$ g/m^3。在标准状态下，1kmol 水蒸气的体积为 22.4m^3，质量为 18kg，所以 1kg 水蒸气体积为 22.4/18=1.24m^3/kg，所以 $1m^3$ 干煤气变为湿煤气时的总体积将是：$1+0.00124g_{H_2O}^{干}$(m^3)

$$H_2O^{湿}=\frac{0.00124\ g_{H_2O}^{干}}{1+0.00124g_{H_2O}^{干}}\times100\% \quad (2\text{-}4)$$

[例 2-1]　某天然气的干成分为 $CH_4^{干}=90.50\%$，$C_2H_6^{干}=5.78\%$，$C_2H_4^{干}=2.30\%$，$CO_2^{干}=0.30\%$，$N_2^{干}=1.12\%$，求 30℃时湿成分。

解：由附表 6 查出 30℃时的饱和水蒸气量 $g_{H_2O}^{干}=35.1g/m^3$，根据式 2-4 得：

$$H_2O^{湿}=\frac{0.00124\times35.1}{1+0.00124\times35.1}\times100\%=4.17\%$$

$$CH_4^{湿}=CH_4^{干}\times\frac{100-H_2O^{湿}}{100}=90.50\%\times\frac{100-4.17}{100}=90.50\%\times0.9583=86.73\%$$

$$C_2H_6^{湿}=5.78\%\times0.9583=5.54\%$$

$$C_2H_4^{湿}=2.30\%\times0.9583=2.20\%$$

$$CO_2^{湿}=0.30\%\times0.9583=0.29\%$$

$$N_2^{湿}=1.12\%\times0.9583=1.07\%$$

$$CH_4^{湿}+C_2H_6^{湿}+C_2H_4^{湿}+CO_2^{湿}+N_2^{湿}+H_2O^{湿}$$

$$=86.73\%+5.54\%+2.20\%+0.29\%+1.07\%=100\%$$

2.1.1.2 液体和固体燃料的化学组成及成分表示方法

A 液体和固体燃料的化学组成

自然界中的液体和固体燃料都是来源于埋藏地下的有机物质。它们是古代植物和动物在地下经过长期物理和化学的变化而生成的。所以它们都是由有机物和无机物两部分组成。有机物主要由C、H、O及少量的N、S等构成。这些复杂的有机化合物，分析十分困难，所以一般只测定C、H、O、N、S元素的百分含量，与燃料的其他特性配合起来，帮助我们判断燃料的性质和进行燃烧计算。燃料的无机物部分主要是水分(W)和矿物质(Al_2O_3、SiO_2、MgO等)，其中矿物质又称之为灰分，用符号A表示。

B 固、液体燃料成分表示方法

固、液体燃料的组成通常以其各组成物的质量分数表示。冶金燃料基于不同的分析基准，常用的成分表示方法有三种：应用成分、干燥成分和可燃成分。

应用成分反映了燃料在实际应用时的组成，包括全部C、H、O、N、S和灰分(A)、水分(W)，以上述组成的总和为100%，即

$$C^{用}+H^{用}+O^{用}+N^{用}+S^{用}+A^{用}+W^{用}=100\% \tag{2-5}$$

式中 $C^{用}$、$H^{用}$、$O^{用}$、……——代表C、H、O、…这些组成在应用成分中的质量分数。

燃料中的水分受外界条件影响很大，因此应用成分常常不能正确反映燃料的本性。为了便于比较，在工程上有时用干燥成分表示。

$$C^{干}+H^{干}+O^{干}+N^{干}+S^{干}+A^{干}=100\% \tag{2-6}$$

灰分往往受到运输和贮存条件的影响而波动。为了更确切地反映燃料的性质，有时还采用无水无灰基准，以这种方式表达的质量分数组成，称为燃料的可燃成分，即

$$C^{燃}+H^{燃}+O^{燃}+N^{燃}+S^{燃}=100\% \tag{2-7}$$

对于上述几种成分表示方法而言，由于任何一种组成成分在试样中所占的绝对含量相同，不同表示方法中各成分只是所占的相对百分数有差别，因此很容易找到它们的换算关系。各成分进行换算的换算系数见表2-2。

表2-2 固、液体燃料成分的换算系数

已知成分	要换算的成分		
	可燃成分	干燥成分	应用成分
可燃成分	1	$\frac{100-A^{干}}{100}$	$\frac{100-(A^{用}+W^{用})}{100}$
干燥成分	$\frac{100}{100-A^{干}}$	1	$\frac{100-W^{用}}{100}$
应用成分	$\frac{100}{100-(A^{用}+W^{用})}$	$\frac{100}{100-W^{用}}$	1

［例 2-2］ 已知煤的下列成分：$C^{燃}=85.22\%$，$H^{燃}=4.33\%$，$O^{燃}=8.47\%$，$N^{燃}=1.35\%$，$S^{燃}=0.63\%$，$A^{干}=10.73\%$，$W^{用}=8.34\%$。试确定煤的应用成分。

解：由表 2-2 可求出灰分的应用成分为

$$A^{用}=\left(\frac{100-W^{用}}{100}\right)A^{干}=\left(\frac{100-8.34}{100}\right)\times 10.73\%=9.84\%$$

再根据表 2-2 确定各元素的应用成分

$$C^{用}=\left[\frac{100-(A^{用}+W^{用})}{100}\right]C^{燃}$$

$$=\left[\frac{100-(9.84+8.34)}{100}\right]\times 85.22\%$$

$$=0.8182\times 85.22\%=69.73\%$$

同理可得：

$$H^{用}=0.8182\times 4.33\%=3.54\%$$

$$O^{用}=0.8182\times 8.47\%=6.93\%$$

$$N^{用}=0.8182\times 1.35\%=1.10\%$$

$$S^{用}=0.8182\times 0.63\%=0.52\%$$

2.1.2 燃料的发热量

燃料发热量的高低是衡量燃料质量和热能价值高低的重要指标，也是燃料的一个重要特性。在实际生产中，知道燃料的发热量将有助于正确地评价燃料质量的好坏，以此指导现场操作。

2.1.2.1 燃料发热量的概念

单位质量或体积的燃料完全燃烧后所放出的热量称为燃料的发热量。对于固、液体燃料，其发热量的单位是 kJ/kg，气体燃料发热量的单位是 kJ/m^3。燃料完全燃烧后放出的热量还与燃烧产物中水的状态有关，基于燃烧产物中水的状态不同，可以把燃料的发热量分为高发热量和低发热量。当燃烧产物的温度冷却到参加燃烧反应物质的原始温度 20℃，同时产物中的水蒸气冷凝成为 0℃的水时，所放出的热量称为燃料的高发热量，用 $Q_{高}$ 表示。当燃烧产物中的水分不是呈液态，而是呈 20℃的水蒸气存在时，由于水分的汽化热没有放出而使发热量降低，这时得到的热量称为燃料的低发热量，用 $Q_{低}$ 表示。

在实验室条件下测定发热量时，燃烧产物中的水被冷却成液态水，故可得到高发热量。而在实际的加热炉上，燃烧产物出炉时不可能使水冷凝成为液态水，所以实际生产上用的都是低发热量。

对于固、液体燃料，高发热量与低发热量之间的换算关系如下：

水在恒压下由 0℃的水变为 20℃蒸汽的汽化热近似地为 2512kJ/kg，设 100kg 燃料中的氢为 H kg，水为 W kg，则燃烧后总的水质量为 $9H+W$ kg，故高发热量与低发热量之间的差额为

$$2512(9H+W)100kJ/kg=25.12(9H+W)(kJ/kg)$$

所以

$$Q_{高}=Q_{低}+25.12(9H+W) \tag{2-8a}$$

同理，对于气体燃料，高发热量与低发热量之间的换算关系应为：

$$Q_{高}=Q_{低}+\left[19.59\left(H_2^{干}+\sum\frac{n}{2}C_mH_n^{干}+H_2S^{干}\right)+2352g_{H_2O}^{干}\right]\cdot\frac{1}{1+0.00124g_{H_2O}^{干}}$$

$$=Q_{低}+19.59\left(H_2^{湿}+\sum\frac{n}{2}C_mH_n^{湿}+H_2S^{湿}+H_2O^{湿}\right) \tag{2-8b}$$

2.1.2.2 燃料发热量的计算

A 气体燃料

气体燃料通常由若干单一的可燃成分所组成，每种可燃成分的发热量可以精确测定。所以只需把各可燃成分的发热量加起来即可，其计算公式为：

$$Q_{低}=127.7CO^{湿}+107.6H_2^{湿}+358.8CH_4^{湿}+599.6C_2H_4^{湿}+231.1H_2S^{湿}+712C_mH_n^{湿} \tag{2-9}$$

式中 $CO^{湿}$、$H_2^{湿}$、…——100m³ 气体燃料中各成分的体积，m³；

127.7、107.6、…——每 1/100m³ 各组成气体的发热量。

B 固、液体燃料

对于固、液体燃料，由于燃料中化合物的组成和数量很难分析，加上 C 和 H 存在的状态非常复杂并且难以确定，所以根据燃料成分计算燃料发热量的方法，通常得不到准确的结果。目前工业炉上广泛应用的近似计算公式是门捷列夫经验公式。

$$Q_{低}=339.1C^{用}+1256H^{用}-108.9(O^{用}-S^{用})-25.12(9H^{用}+W^{用}) \tag{2-10}$$

式中 $C^{用}$、$H^{用}$、…——100kg 燃料中各成分的质量，kg。

各种燃料的发热量差别很大，为了便于比较使用不同燃料的炉子热耗，人为地规定了一个“标准燃料”的概念，每 1kg 标准燃料的发热量定为 29302kJ/kg(7000kcal/kg)，这样就可以把各种燃料折算为标准燃料进行对比分析。

2.2 加热炉常用燃料

常用于加热炉的燃料有煤、重油、天然气、高炉煤气、焦炉煤气、发生炉煤气等。

2.2.1 固体燃料

煤是由古代的植物经过在地下长期炭化形成的。根据炭化程度的不同，煤又可分为泥煤、褐煤、烟煤、无烟煤。炭化程度越高，煤中的水分、挥发分就越少，固定碳越多。

A 泥煤

泥煤是最年轻的煤，其中还保留了一部分植物残体，含水量很高，作为燃料的工业价值不大。

B 褐煤

褐煤是泥煤进一步炭化的产物。它的外观呈褐色，少数呈褐黑或黑色。褐煤的挥发分较高，发热量较低，化学反应性强，在空气中可以氧化或自燃，风化后容易破裂，在炉内受热后破碎粉化严重。冶金厂有时用来烧锅炉或低温的炉子。

C 烟煤

烟煤是工业煤中最主要的一种，烟煤比褐煤炭化更完全，水分和挥发分进一步减少，固体碳增加。低发热量较高，一般都在 23000～29300kJ/kg。

D 无烟煤

无烟煤是炭化程度最完全的煤，其中挥发分很少。它的外观呈黑色，有时稍带灰色，而有金属光泽。无烟煤化学反应性较差，受热后容易爆裂。无烟煤挥发分少，燃烧时火焰很短，故在冶金生产中很少使用。

2.2.2 液体燃料

加热炉所用的液体燃料主要是重油。将天然石油经过加工，提炼了汽油、煤油、柴油等轻质产品后，剩下的分子量较大的油就是重油，也称渣油。由于重油在冶金企业生产中用途最广，故在此将它的元素组成和它的几种重要特性介绍如下：

(1)重油的元素组成和发热量。重油是由85%～87%C，10%～12%H，1%～2%O，1%～4%S，0.3%～1%N，0.01%～0.05%A，0～0.3%W等成分组成的。重油主要由碳氢化合物组成，杂质很少。一般重油的低发热量为40000～42000kJ/kg。

(2)黏度。黏度是表示流体流动时内摩擦力大小的物理指标。即黏度越大，流体质点间内摩擦力越大，流体的流动性越差。黏度的大小对重油的运输和雾化有很大影响，所以在使用时对重油的黏度应当有一定的要求，并且应该保持稳定。

黏度的表示方法很多，工业上表示重油黏度指标通常采用恩氏黏度(^0E)，该值使用漏斗状的恩氏黏度计测得，即：

$$^0E_t=\frac{t℃\,200\text{mL 油从容器中流出的时间}}{20℃\text{时 }200\text{mL 水从容器中流出的时间}}$$

重油的黏度主要与温度有关，随着温度的升高，它将显著下降。由于重油的凝固点一般在30℃以上，因此在常温下大多数重油都处于凝固状态，故它的黏度很高。为了保证重油的输送和进行正常的燃烧，一般采用电加热或蒸汽加热等方法来提高温度，以降低油的黏度，提高其流动性和雾化性。对于要求输送的重油，加热温度一般以70～80℃为宜(30～40^0E)，但在喷嘴前一般油温以110～120℃为佳(10～15^0E)。因为这样可提高油的雾化质量，使油能充分完全燃烧。

(3)闪点、燃点、着火点。重油加热时表面会产生油蒸汽，随着温度的升高，油蒸汽越来越多，并和空气相混合，当达到一定温度时，火种一接触油气混合物便发生闪火现象。这一引起闪火的最低温度称为重油的闪点。再继续加热，产生油蒸汽的速度更快，此时不仅闪火而且可以连续燃烧，这时的温度叫燃点。继续提高重油温度，即使不接近火种油蒸汽也会发生自燃，这一温度称为重油的着火点。

重油的闪点一般在80～130℃的范围内，燃点一般比闪点高7～10℃。而它的着火点一般在500～600℃之间，当炉温低于着火点时，重油一般不能进行很好的燃烧。

闪点、燃点和着火点关系到用油的安全。闪点以下油没有着火的危险，所以储油罐内重油的加热温度必须控制在闪点以下。

(4)水分。重油含水分过高会使着火不良，火焰不稳定，降低燃烧温度。所以限制重油的水分在2%以下。但往往采用蒸汽对重油直接加热，因而使重油含水量大大增加，一般应在储油罐中用沉淀的方法使油水分离而脱去。

(5)残碳率。使重油在隔绝空气的条件下加热，将蒸发出来的油蒸汽烧掉，剩下的残碳以质量分数表示就叫残碳率。我国重油的残碳率一般在10%左右。

残碳率高的重油燃烧时，可以提高火焰的黑度，有利于增强火焰的辐射能力，这是有利的一面；但残碳多时，又会在油烧嘴口部积炭结焦，造成雾化不良，影响油的正常燃烧。

(6)重油的标准。我国现行的重油标准共有四个牌号，即20、60、100、200号四种，重油的牌号是指在50℃时，该重油的恩氏黏度值。各牌号重油的分类标准见表2-3。

表 2-3 重油的分类标准(SYB1091—60)

指标	牌号			
	20	60	100	200
恩氏黏度,^{0}E,80℃时不大于	5.0	11.0	15.5	
100℃时不大于				5.5～9.5
闪点(开口)/℃,不低于	80	100	120	130
凝固点/℃,不高于	15	20	25	36
灰分/%,不大于	0.3	0.3	0.3	0.3
水分/%,不大于	1.0	1.5	2.0	2.0
硫分/%,不大于	1.0	1.5	2.0	3.0
机械杂质/%,不大于	1.5	2.0	2.5	2.5

2.2.3 气体燃料

气体燃料的种类很多,目前,加热炉常用的气体燃料有天然气、高炉煤气、焦炉煤气、发生炉煤气、高炉和焦炉混合煤气等。下面就将介绍这些燃料各自的特性。

2.2.3.1 天然气

天然气是直接由地下开采出来的可燃气体,它的主要可燃成分是 CH_4,含量一般在80%～98%,此外,还有其他少量的碳氢化合物及 H_2 等可燃气体,不可燃气体很少,所以发热量很高,大多都在 33500～46000kJ/m^3,天然气的理论燃烧温度高达 2020℃。

天然气是一种无色、稍带腐臭味的气体,比空气轻(密度约为 0.73～0.80kg/m^3),而且极易着火,与空气混合到一定比例(容积比约为 4%～15%),遇到明火会立即着火或爆炸,现场操作时应注意这一特征。天然气燃烧时所需的空气量很大,每 1m^3 天然气需 9～14m^3 空气,而且燃烧时甲烷及其碳氢化合物分解析出大量固体炭粒,燃烧火焰明亮,辐射能力强。

2.2.3.2 高炉煤气

高炉煤气是高炉炼铁的副产品,它主要由可燃成分 CO、H_2、CH_4 和不可燃成分 N_2、CO_2 组成,其中 CO 占 30%左右,H_2 和 CH_4 的数量很少。高炉煤气含有大量的 N_2 和 CO_2,约占 60%～70%,所以发热量比较低,通常只有 3350～4200kJ/m^3。高炉煤气由于发热量低,燃烧温度也较低,约 1470℃,在加热炉上单独使用困难,往往是与焦炉煤气混合使用,或在燃烧前将煤气与空气预热。应当注意 CO 对人是有害的,如果大气中 CO 浓度超过 30mg/m^3,人就会有中毒的危险。因此,在使用 CO 成分较多的煤气,如高炉煤气时,需特别注意防止煤气中毒事故发生。此外,高炉煤气着火温度较高,通常为 740～810℃。现代高炉往往采用富氧鼓风和高压炉顶等技术这些技术往往对高炉煤气的热值有一定的影响,采用富氧鼓风时,高炉煤气的 CO 和 H_2 升高,而氮气含量降低,所以煤气的发热量相应提高。采用高压炉顶技术时,随着炉顶压力的升高,煤气 CO 略有降低,而 CO_2 相应升高,所以煤气的发热量稍有下降。

高炉煤气的干成分大致如下:

CO	H_2	CH_4	CO_2	N_2
22%～31%	2%～3%	0.3%～0.5%	10%～19%	57%～58%

2.2.3.3 焦炉煤气

焦炉煤气是炼焦生产的副产品。它的燃料成分组成是：H_2 含量一般超过 50%，CH_4 含量一般超过 25%，其余是少量的 CO、N_2、CO_2、H_2S 等。由于焦炉煤气内的主要可燃成分是高发热量的 H_2 和 CH_4，所以焦炉煤气的发热量较高，为 16000～18800kJ/m³。如果炼焦用煤的挥发分高，焦炉煤气中 CH_4 等成分的含量将增高，煤气的发热量也将增高。焦炉煤气的理论燃烧温度约为 2090℃。焦炉煤气由于含 H_2 高，所以火焰黑度小，较难预热。同时密度只有 0.4～0.5kg/m³，比其他煤气轻，火焰的刚性差，容易往上飘。

焦炉煤气的干成分大致如下：

H_2	CH_4	C_mH_n	CO	CO_2	O_2	N_2
55%～60%	24%～28%	2%～4%	6%～8%	2%～4%	0.4%～0.8%	4%～7%

2.2.3.4 高炉-焦炉混合煤气

在现代的钢铁联合企业里，可以同时得到大量高炉煤气和焦炉煤气，高炉煤气和焦炉煤气的产量比值大约为 10：1，针对高炉煤气产量大、发热量低和焦炉煤气产量低、发热量较高的特点，为了发挥其各自的优点，充分利用这些副产燃气资源，可以利用不同比例的高炉煤气和焦炉煤气配成各种发热量的混合煤气。

如果高炉煤气与焦炉煤气的发热量分别为 $Q_{高}$ 和 $Q_{焦}$，要配成发热量为 $Q_{混}$ 的混合煤气，可用下式计算，设焦炉煤气在混合煤气中的体积分数为 x，则高炉煤气的分数为 $(1-x)$。

那么
$$Q_{混}=xQ_{焦}+(1-x)Q_{高}$$

整理上式，得：

$$x=\frac{Q_{混}-Q_{高}}{Q_{焦}-Q_{高}} \tag{2-11}$$

采用高炉、焦炉混合煤气不仅合理利用了燃料，而且改善了火焰的性能，它既克服了焦炉煤气火焰上飘的缺点，同时也可以利用焦炉煤气中碳氢化合物分解产生的炭粒，在燃烧时可以增强了火焰的辐射能力。

2.2.3.5 转炉煤气

转炉煤气含 CO 高达 50%～70%，转炉煤气极易造成人身中毒，爆炸范围更广。转炉煤气主要成分是 CO，冶炼 1t 钢一般可以回收含 CO 为 50%～70% 的煤气 60m³ 左右，是良好的燃料和化工原料。发热量为 6280～10467kJ/m³，为高炉煤气的两三倍，理论燃烧温度 1650～1850℃。转炉煤气干成分：

CO	H_2	CO_2	N_2	O_2
50%～70%	0.5%～2.0%	10%～25%	10%～20.5%	0.3%～0.8%

2.2.3.6 发生炉煤气

发生炉煤气是以固体燃料为原料，在煤气发生炉中制得的煤气，这个热化学过程叫做固体燃料的气化。它是由可燃成分 CO、H_2、CH_4 和不可燃成分 N_2、CO_2 以及少量的其他化学成分组成。根据气化介质的不同，发生炉煤气分为空气煤气、空气-蒸汽煤气等。作为加热炉燃料使用的主要是空气-蒸汽煤气，通常所说的发生炉煤气就是指这一种。它们的化学组成为：CO 含量为 20%～30%，H_2 含量为 8%～15%，N_2 含量约 50%。这种煤气燃烧时发热量较低，仅为 5020～5230kJ/m³。

各种常见气体燃料成分及热值见表 2-4。

表 2-4　各种煤气的成分

煤气名称	(干)成分/%							$Q_{低}$/kJ·m^{-3}
	CO	H_2	CH_4	C_mH_n	CO_2	O_2	N_2	
天然气	—	0～2	85～97	0.1～4	0.1～2	—	0.2～4	33500～46000
高炉煤气	22～31	2～3	0.3～0.5	—	10～19	—	55～58	3350～4200
焦炉煤气	6～8	55～60	24～28	2～4	2～4	0.4～0.8	4～7	16000～18800
发生炉煤气(空-蒸)	24～30	12～15	0.5～3	0.2～0.4	5～7	0.1～0.3	46～55	5020～5230

2.3　燃烧计算

燃料的燃烧是一种激烈的氧化反应，是燃料中的可燃成分与空气中的氧气所进行的氧化反应。要使燃料达到完全燃烧并充分利用其放出的热量，首先要对燃烧反应过程做物料平衡和热平衡计算，算出燃料燃烧时需要的空气量、产生的燃烧产物量、燃烧产物成分、密度以及燃烧后能够达到的温度等。只有在此基础上我们才能有根据地去改进燃烧设备，控制燃烧过程，达到满意的燃烧效果。

燃烧过程是很复杂的，为了使计算简化，在燃烧计算中做如下几项假定：

(1)气体的体积都按标准状态(0℃和 101326Pa)计算，每 1kmol 任何气体的体积都是 22.4m^3；

(2)在计算中不考虑热分解效应；

(3)空气的组成只考虑 O_2 和 N_2，认为干空气由体积含量为 21%的氧和体积含量为 79%的氮所组成；

(4)在计算理论空气量和理论燃烧产物量时，均考虑在完全燃烧条件下进行。

另外，在进行燃烧计算时要用到如下几个概念：

(1)完全燃烧。燃料中的可燃物质和氧进行了充分的燃烧反应，燃烧产物中已不存在可燃物质，称为完全燃烧。如燃料中的碳全部氧化生成 CO_2，而不存在 CO。

(2)不完全燃烧。不完全燃烧是指燃料经过燃烧后在燃烧产物中存在着可燃成分，如 CO 等，不完全燃烧又分两种情况：

1)化学不完全燃烧。燃料中的可燃成分由于空气不足或燃料与空气混合不好，而没有得到充分反应的燃烧。例如燃烧产物中尚有 CO 存在的情况。在生产实际中，燃料燃烧时如果火焰过长而呈黄色，则是煤气不完全燃烧现象，应及时增加空气量或适当减少煤气量；如果火焰过短、发亮而有刺耳噪声，则是空气量过多现象，应及时增加煤气量或减少空气量。

2)机械不完全燃烧。燃料中的部分可燃成分没有参加燃烧反应就排出炉外的燃烧过程，叫机械不完全燃烧。如灰渣裹走的煤，炉栅漏下的煤，管道漏掉的重油或煤气。

可燃成分发生不完全燃烧时的发热量远远低于完全燃烧的发热量。例如碳在完全燃烧时的发热量要比不完全燃烧时的发热量高约 3.25 倍，因此，除了工艺上需要 CO 作为保护气氛外，应尽量避免碳的不完全燃烧。

(3)空气消耗系数 n。燃料燃烧时所需的氧气通常是由空气供给的。根据化学反应方程式计算的 1kg 或 1m^3 燃料完全燃烧时所需的空气量，叫理论空气需要量。由于空气供给不足或燃料与空气的混合不好，都会造成化学不完全燃烧。因此，在生产实际中，为了保证燃料的完全燃烧，所供给的空气量一般都大于理论的空气需要量。L_n 代表实际供给空气量，L_0 代表理论空气需要量，则二者的比值称为空气消耗系数，用 n 表示，即 $n=L_n/L_0$。

实际上，n 的大小与燃料的种类、燃烧方法、燃烧装置结构及设备工况的好坏等都有直接关系。因此，对于各种燃料，n 的确定将直接关系到燃料能否实现完全燃烧，原则上，应当是保证燃料完全燃烧的基础上，使 n 越接近 1 越好。在 $n>1$ 的条件下，当燃料燃烧结束后势必要多出一部分空气量，而这部分空气量的存在将带来以下几点不利因素：1)燃烧后进入燃烧产物，增加了燃烧产物的体积，使废气带走的热损失增加，而且还需要增大排烟设备的容量；2)由于这部分空气要吸收一部分燃料燃烧所放出的热量，从而降低了炉温；3)这些多余的空气进入燃烧产物后将使炉膛内的氧化性增强，从而造成钢坯的大量氧化和脱碳，这严重影响产品的产量和质量。各种燃料的空气消耗系数经验数据如下：

固体燃料：$n=1.20\sim1.50$

液体燃料：$n=1.15\sim1.25$

气体燃料：$n=1.05\sim1.15$

2.3.1 气体燃料完全燃烧的分析计算

已知气体燃料的湿成分：

$$CO^{湿}+H_2^{湿}+CH_4^{湿}+C_mH_n^{湿}+H_2S^{湿}+CO_2^{湿}+SO_2^{湿}+O_2^{湿}+N_2^{湿}+H_2O^{湿}=100\%$$

因为 1kmol 任何气体在标准状态下的体积为 $22.4m^3$，所以参加燃烧反应的各气体与生成物之间的 mol 数之比，就是其体积比。例如：

$$H_2+\frac{1}{2}O_2=H_2O$$

$$1mol : 0.5mol : 1mol$$

$$1m^3 : 0.5m^3 : 1m^3$$

因此，气体燃料的燃烧计算可以直接根据体积比进行计算。其计算步骤见表 2-5。

表 2-5 每 $100m^3$ 气体燃料的燃烧反应

湿成分/%	反应方程式（体积比例）	需 O_2 体积/m^3	燃烧产物体积/m^3				
			CO_2	H_2O	SO_2	N_2	O_2
$CO^{湿}$	$CO+\frac{1}{2}O_2=CO_2$ $1 : \frac{1}{2} : 1$	$\frac{1}{2}CO^{湿}$	$CO^{湿}$				
$H_2^{湿}$	$H_2+\frac{1}{2}O_2=H_2O$ $1 : \frac{1}{2} : 1$	$\frac{1}{2}H_2^{湿}$		$H_2^{湿}$			
$CH_4^{湿}$	$CH_4+2O_2=CO_2+2H_2O$ $1 : 2 : 1 : 2$	$2CH_4^{湿}$	$CH_4^{湿}$	$2CH_4^{湿}$			
$C_mH_n^{湿}$	$C_mH_n+\left(m+\frac{n}{4}\right)O_2$ $=mCO_2+\frac{n}{2}H_2O$ $1 : \left(m+\frac{n}{4}\right) : m : \frac{n}{2}$	$\left(m+\frac{n}{4}\right)C_mH_n^{湿}$	$mC_mH_n^{湿}$	$\frac{n}{2}C_mH_n^{湿}$			

续表 2-5

湿成分 /%	反应方程式（体积比例）	需 O_2 体积/m^3	燃烧产物体积/m^3				
			CO_2	H_2O	SO_2	N_2	O_2
$H_2S^{湿}$	$H_2S^{湿}+\frac{3}{2}O_2=SO_2+H_2O$ $1\ :\ \frac{3}{2}\ :\ 1\ :\ 1$	$\frac{3}{2}H_2S^{湿}$		$H_2S^{湿}$	$H_2S^{湿}$		
$CO_2^{湿}$	不燃烧，到烟气中		$CO_2^{湿}$				
$SO_2^{湿}$	不燃烧，到烟气中				$SO_2^{湿}$		
$O_2^{湿}$	助燃，消耗掉	$-O_2^{湿}$					
$N_2^{湿}$	不燃烧，到烟气中					$N_2^{湿}$	
$H_2O^{湿}$	不燃烧，到烟气中			$H_2O^{湿}$			
100m^3 气体燃料燃烧所需 O_2 的体积数 $\left[\frac{1}{2}CO^{湿}+\frac{1}{2}H_2^{湿}+2CH_4^{湿}+\left(m+\frac{n}{4}\right)C_mH_n^{湿}+\frac{3}{2}H_2S^{湿}-O_2^{湿}\right](m^3)$							
理论空气需要量 $L_n=\frac{4.76}{100}\left[\frac{1}{2}CO^{湿}+\frac{1}{2}H_2^{湿}+2CH_4^{湿}+\left(m+\frac{n}{4}\right)C_mH_n^{湿}+\frac{3}{2}H_2S^{湿}-O_2^{湿}\right](m^3/m^3)$						$0.79L_0$	
实际空气需要量：$L_n=nL_0$							
过剩空气量：$\Delta L=L_n-L_0=(n-1)L_0$						$0.79(n-1)L_0$	$0.21(n-1)L_0$

A　空气需要量

$$L_0=\frac{4.76}{100}\left[\frac{1}{2}CO^{湿}+\frac{1}{2}H_2^{湿}+2CH_4^{湿}+\left(m+\frac{n}{4}\right)C_mH_n^{湿}+\frac{3}{2}H_2S^{湿}-O_2^{湿}\right] \tag{2-12}$$

$$L_n=nL_0 \tag{2-13}$$

式中　L_0——理论空气需要量，m^3/m^3；

L_n——实际空气需要量，m^3/m^3；

n——空气消耗系数；

$CO^{湿}$、$H_2^{湿}$、…——100m^3 气体燃料中各成分的体积。

B　燃烧产物量

$$V_0=\frac{1}{100}\left[CO^{湿}+H_2^{湿}+3CH_4^{湿}+\left(m+\frac{n}{2}\right)C_mH_n^{湿}+CO_2^{湿}+2H_2S^{湿}+N_2^{湿}+SO_2^{湿}+H_2O^{湿}\right]+0.79L_0 \tag{2-14}$$

$$V_n=V_0+(n-1)L_0 \tag{2-15}$$

式中　V_0——理论燃烧产物量，m^3/m^3；

$CO^{湿}$、$H_2^{湿}$、…——100m^3 气体燃料中各成分的体积；

V_n——实际燃烧产物量，m^3/m^3。

C　燃烧产物成分

各成分的体积分数为：

$$CO_2'=\frac{CO^{湿}+CH_4^{湿}+mC_mH_n^{湿}+CO_2^{湿}}{V_n}\%$$

$$H_2O'=\frac{H_2^{湿}+2CH_4^{湿}+\frac{n}{2}C_mH_n^{湿}+H_2S^{湿}+H_2O^{湿}}{V_n}\%$$

$$SO_2'=\frac{H_2S^{湿}+SO_2^{湿}}{V_n}\%$$ (2-16)

$$N_2'=\frac{N_2^{湿}+79L_n}{V_n}\%$$

$$O_2'=\frac{21(n-1)L_0}{V_n}\%$$

D 燃烧产物的密度

密度 ρ_0 是指 $1m^3$ 燃烧产物所具有的质量，ρ_0 的单位是 kg/m^3。当已知燃烧产物成分时，密度即燃烧产物各成分质量之和除以燃烧产物的总体积。由式 2-16 求出各成分的体积再乘以该成分的密度便得到了该成分的质量。比如 CO_2 质量即为：

$$M_{CO_2}=V_{CO_2}\times\rho_{CO_2}=\frac{CO_2'\times V_n\times 44}{22.4\times 100}$$

按此类推即可求得燃烧产物的密度 ρ_0 为：

$$\rho_0=\frac{44CO_2'+18H_2O'+64SO_2'+28N_2'+32O_2'}{22.4\times 100}$$ (2-17)

式中 CO_2'、H_2O'、…——$100m^3$ 的燃烧产物中各成分的体积数，m^3。

当不知燃烧产物成分时，可根据质量守恒定律（参加燃烧反应的原始物质的质量应等于燃烧反应生成物的质量），根据气体燃料的成分，用下式计算燃烧产物密度：

$$\rho_0=\frac{(28CO^{湿}+2H_2^{湿}+16CH_4^{湿}+28C_2H_4^{湿}+\cdots+44CO_2^{湿}+28N_2^{湿}+18H_2O^{湿})\frac{1}{22.4\times 100}+1.293L_n}{V_n}$$ (2-18)

式中 $CO^{湿}$、$H_2^{湿}$、…——$100m^3$ 气体燃料各成分的体积，m^3。

还应指出：以上求出的 L_0、L_n 均为忽略了空气中水分的干空气量。实际上即使常温下空气中也含有一定的水蒸气量，故在精确计算时应把空气中水蒸气量估算进去。当估算空气中的水分后，则实际湿空气消耗量 $L_n^{湿}$ 和实际湿燃烧产物量 $V_n^{湿}$ 为：

$$L_n^{湿}=(1+0.00124g_{H_2O}^{干})L_n$$ (2-19)

$$V_n^{湿}=V_n+0.00124g_{H_2O}^{干}L_n$$ (2-20)

[例 2-3] 已知发生炉煤气的湿成分：$CO^{湿}=29.0\%$，$H_2^{湿}=15.0\%$，$CH_4^{湿}=3.0\%$，$C_2H_4^{湿}=0.6\%$，$CO_2^{湿}=7.5\%$，$N_2^{湿}=42.0\%$，$O_2^{湿}=0.2\%$，$H_2O^{湿}=2.7\%$。在 $n=1.05$ 的条件下完全燃烧，计算煤气燃烧所需的空气量、燃烧产物量、燃烧产物成分和密度。

解：(1)空气需要量

$$L_0=\frac{4.76}{100}(0.5\times 15.0+0.5\times 29.0+2\times 3.0+3\times 0.6-0.2)=1.41(m^3/m^3)$$

$$L_n=1.05\times 1.41=1.48(m^3/m^3)$$

(2)燃烧产物生成量

$$V_0=\frac{1}{100}(15.0+29.0+3\times 3.0+4\times 0.6+7.5+42.0+2.7)+0.79\times 1.41=2.19(m^3/m^3)$$

$$V_n=2.19+0.05\times 1.41=2.26(m^3/m^3)$$

(3)燃烧产物成分

$$CO_2'=\frac{(29.0+3.0+2\times 0.6+7.5)}{2.26}\%=18.00\%$$

$$H_2O'=\frac{(15.0+2\times3.0+2\times0.6+2.7)}{2.26}\%$$

$$=11.02\%$$

$$N_2'=\frac{42+79\times1.48}{2.26}\%=70.32\%$$

$$O_2'=\frac{21(1.05-1)1.41}{2.26}\%=0.66\%$$

(4)燃烧产物密度

$$\rho_0=\frac{44\times18+18\times11.02+28\times70.32+32\times0.66}{22.4\times100}=1.33(\text{kg/m}^3)$$

2.3.2 固体燃料和液体燃料完全燃烧的分析计算

固体燃料和液体燃料的燃烧反应通常以 kmol 为依据，求出所需氧的 kmol 数，再换算为体积。固体燃料和液体燃料的主要可燃成分是碳和氢，还有少量的硫也可以燃烧。在计算空气需要量和燃烧产物量时，应该根据各可燃元素燃烧的化学反应式来进行。例如

$$C+O_2=CO_2$$

$$1\text{kmol}:1\text{kmol}:1\text{kmol}$$

具体的计算方法和步骤可以用表 2-6 说明。

表 2-6 每 100kg 固、液体燃料的燃烧反应

各组成物含量		反应方程式（kmol 比例）	燃烧时所需氧的 kmol 数	燃烧产物的 kmol 数				
应用成分	kmol 数			CO_2	H_2O	SO_2	N_2	O_2
$C^{用}$	$\frac{C_{用}}{12}$	$C+O_2=CO_2$ 1 : 1 : 1	$\frac{C_{用}}{12}$	$\frac{C_{用}}{12}$				
$H^{用}$	$\frac{H_{用}}{2}$	$H_2+\frac{1}{2}O_2=H_2O$ $1:\frac{1}{2}:1$	$\frac{1}{2}\times\frac{H_{用}}{2}$		$\frac{H_{用}}{2}$			
$S^{用}$	$\frac{S_{用}}{32}$	$S+O_2=SO_2$ 1 : 1 : 1	$\frac{S_{用}}{32}$			$\frac{S_{用}}{32}$		
$O^{用}$	$\frac{O_{用}}{32}$	助燃，消耗掉	$-\frac{O_{用}}{32}$					
$N^{用}$	$\frac{N_{用}}{28}$	不燃烧，到烟气中					$\frac{N_{用}}{28}$	
$W^{用}$	$\frac{W_{用}}{18}$	不燃烧，到烟气中			$\frac{W_{用}}{18}$			
$A^{用}$		不燃烧，无气态产物						
100kg 燃料燃烧所需氧的 kmol 数		$\frac{C^{用}}{12}+\frac{H^{用}}{4}+\frac{S^{用}}{32}-\frac{O^{用}}{32}$						
1kg 燃料燃烧所需氧的体积数		$\frac{22.4}{100}\left(\frac{C^{用}}{12}+\frac{H^{用}}{4}+\frac{S^{用}}{32}-\frac{O^{用}}{32}\right)$						
理论空气需要量		$L_0=\frac{4.76\times22.4}{100}\left(\frac{C^{用}}{12}+\frac{H^{用}}{4}+\frac{S^{用}}{32}-\frac{O^{用}}{32}\right)$					$0.79L_0$	
实际空气需要量		$L_n=nL_0(\text{m}^3/\text{kg})$						
过剩空气量		$\Delta L=L_n-L_0=(n-1)L_0$					$0.79(n-1)L_0$	$0.21(n-1)L_0$

根据表 2-6 的分析，可得出各有关燃烧参数的计算公式

A　空气需要量

$$L_0=\frac{4.76\times22.4}{100}\left(\frac{C^{用}}{12}+\frac{H^{用}}{4}+\frac{S^{用}}{32}-\frac{O^{用}}{32}\right) \tag{2-21}$$

$$L_n=nL_0 \tag{2-22}$$

式中　L_0——理论空气需要量，m^3/kg；

L_n——实际空气需要量，m^3/kg；

n——空气消耗系数；

$C^{用}$、$H^{用}$、…——100kg 燃料中各成分的含量。

B　燃烧产物量

$n=1$ 时的理论燃烧产物量

$$V_0=\frac{22.4}{100}\left(\frac{C^{用}}{12}+\frac{H^{用}}{2}+\frac{S^{用}}{32}+\frac{N^{用}}{28}+\frac{W^{用}}{18}\right)+0.79L_0 \tag{2-23}$$

$n>1$ 时的实际燃烧产物量

$$V_n=V_0+(n-1)L_0 \tag{2-24}$$

式中　V_0——理论燃烧产物量，m^3/kg；

V_n——实际燃烧产物量，m^3/kg；

n——空气消耗系数；

L_0——理论空气需要量，m^3/kg。

C　燃烧产物成分

各成分的体积分数为：

$$\left.\begin{aligned}
CO_2'&=\frac{22.4\times\frac{C^{用}}{12}}{V_n}\%\\
H_2O'&=\frac{22.4\times\left(\frac{H^{用}}{2}+\frac{W^{用}}{18}\right)}{V_n}\%\\
SO_2'&=\frac{22.4\times\frac{S^{用}}{32}}{V_n}\%\\
N_2'&=\frac{22.4\times\frac{N^{用}}{28}+79L_n}{V_n}\%\\
O_2'&=\frac{21(n-1)L_0}{V_n}\%
\end{aligned}\right\} \tag{2-25}$$

D　燃烧产物密度

当已知燃烧产物的成分时，固、液体燃料燃烧产物的密度可按式 2-17 计算。当不知燃烧产物成分时，根据质量守恒定律，按 1kg 燃料参加燃烧反应前后的质量平衡即可写出下式：

$$\rho_0V_n=\left(1-\frac{A^{用}}{100}\right)+1.293L_n$$

所以
$$\rho_0=\frac{\left(1-\frac{A^{用}}{100}\right)+1.293L_n}{V_n} \tag{2-26}$$

式中 $A^{用}$——100kg 燃料的灰分质量；

1.293——空气在标准状态下的密度，kg/m^3；

L_n——燃烧反应所需的实际空气量，m^3/kg；

V_n——实际燃烧产物量，m^3/kg。

如果需要考虑空气中含水分的影响时

$$L_n^{湿}=(1+0.00124g_{H_2O}^{干})L_n$$

$$V_n^{湿}=V_n+0.00124g_{H_2O}^{干}L_n$$

［例 2-4］ 已知烟煤的成分：$C^{用}=56.7\%$，$H^{用}=5.2\%$，$S^{用}=0.6\%$，$O^{用}=11.7\%$，$N^{用}=0.8\%$，$A^{用}=10.0\%$，$W^{用}=15.0\%$，当 $n=1.3$ 时，试计算完全燃烧时的空气需要量、燃烧产物量、燃烧产物成分和密度。

解：(1)空气需要量

$$L_0=\frac{4.76\times22.4}{100}\left(\frac{56.7}{12}+\frac{5.2}{4}+\frac{0.6}{32}-\frac{11.7}{32}\right)=6.07(m^3/kg)$$

$$L_n=1.3\times6.07=7.89(m^3/kg)$$

(2)燃烧产物量

$$V_0=\frac{22.4}{100}\left(\frac{56.7}{12}+\frac{5.2}{2}+\frac{0.6}{32}+\frac{0.8}{28}+\frac{15}{18}\right)+0.79\times6.07=6.63(m^3/kg)$$

$$V_n=6.63+(1.3-1)\times6.07=8.45(m^3/kg)$$

(3)燃烧产物成分

$$CO_2'=\frac{22.4\times\frac{56.7}{12}}{8.45}\%=12.53\%$$

$$H_2O'=\frac{22.4\times\left(\frac{5.2}{2}+\frac{15}{18}\right)}{8.45}\%=9.09\%$$

$$SO_2'=\frac{22.4\times\frac{0.6}{32}}{8.45}\%=0.05\%$$

$$N_2'=\frac{22.4\times\frac{0.8}{28}+79\times7.89}{8.45}\%=73.83\%$$

$$O_2'=\frac{21\times(1.3-1)\times6.07}{8.45}\%=4.52\%$$

(4)燃烧产物密度

$$\rho_0=\frac{(1-0.1)+1.293\times7.89}{8.45}=1.32(kg/m^3)$$

2.3.3 燃烧温度

2.3.3.1 燃烧温度的概念

燃料燃烧放出的热量包含在气态燃烧产物中，燃烧产物所能达到的温度叫燃料的燃烧温度，又叫火焰温度。

燃烧温度既与燃料的化学成分有关，又受外部燃烧条件的影响。化学成分相同的燃料，燃烧条件不同，燃烧产物的数量也不同，单位燃烧产物中所含的热量也就不同。所以燃烧温度的高低，取决于燃烧产物中所含热量的多少，燃烧产物中所含热量的多少，取决于燃烧过程中热量的收入和支出。

根据能量守恒和转化定律，燃料燃烧时燃烧产物的热量收入和热量支出必然相等，由热量收支关系可以建立热平衡方程式，根据热平衡方程式即可求出燃烧温度。现以 1kg 或 $1m^3$ 燃料为依据来计算燃烧过程的热平衡，热量的单位均为 $kJ/m^3(kg)$。

热收入各项有：

(1)燃料燃烧的化学热：即燃料的低发热量 $Q_{低}$

(2)燃料带入的物理热 $Q_{燃}=c_{燃}\ t_{燃}$

式中 $c_{燃}$——$t_{燃}$ 温度下燃料的平均比热容，$kJ/(m^3\cdot℃)$，可由附表 5 查得；

$t_{燃}$——燃料的实际温度，℃。

(3)空气带入的物理热 $Q_{空}=L_n c_{空}\ t_{空}$

式中 $c_{空}$——温度为 $t_{空}$ 时空气的平均比热容，$kJ/(m^3\cdot℃)$，可由附表 5 查得；

$t_{燃}$——空气的预热温度，℃；

L_n——实际空气需要量，m^3/m^3。

热支出各项有：

(1)燃烧产物所含的热量 $Q_{产}=V_n c_{产}\ t_{产}$

式中 $c_{产}$——燃烧产物在 $t_{产}$ 温度下的平均热容，$kJ/(m^3\cdot℃)$，可由附表 5 查得；

$t_{产}$——燃烧产物的温度，℃；

V_n——实际燃烧产物量，m^3/m^3。

(2)由燃烧产物向周围介质的散热损失以 $Q_{介}$ 表示，它包括炉墙的全部热损失，加热金属和炉子构件等的散热损失。

(3)燃料不完全燃烧损失的热量以 $Q_{不}$ 表示，它包括化学性不完全燃烧损失和机械性不完全燃烧损失两项。

(4)高温下燃烧产物热分解损失的热量以 $Q_{解}$ 表示，因为热分解是吸热反应，故要损失部分热量。

因此，可以建立热平衡方程式如下：

$$Q_{低}+Q_{燃}+Q_{空}=V_n c_{产}\ t_{产}+Q_{介}+Q_{不}+Q_{解} \tag{2-27}$$

由式 2-27 所确定的燃烧产物温度 $t_{产}$ 就是实际燃烧温度。由于影响 $t_{产}$ 的因素很多，特别是 $Q_{介}$ 在实际条件下很难确定，不完全燃烧的热损失从理论上计算也很困难，所以不可能进行实际燃烧温度的理论计算。把燃料能完全燃烧，而没有其他热损失时，燃烧产物所能达到的最高温度叫理论燃烧温度。在实际的燃烧条件下，由于向周围介质散失的热量和燃料不完全燃烧造成的损失，实际燃烧温度比理论燃烧温度低得多。通过对各类炉子长期实践，总结出炉子的理论燃烧温度与实际燃烧温度的比值大体波动在一个范围内，即

$$t_{实}=\eta t_{理} \tag{2-28}$$

式中 η——炉温系数。加热炉和热处理炉的炉温系数经验数据如表 2-7 所示。

表 2-7　η 的经验数据

炉　　型	炉温系数 η
室状加热炉	0.75～0.80
连续加热炉	
炉底强度 200～300kg/(m^2·h)	0.75～0.80
炉底强度 500～600kg/(m^2·h)	0.70～0.75
均热炉	0.68～0.73
热处理炉	0.65～0.70

2.3.3.2　提高燃烧温度的途径

在生产实际中提高燃烧温度是强化加热炉生产的重要手段之一，提高加热炉的燃烧温度可采取以下几条途径：

(1)提高燃料的发热量。燃料的发热量越高，则燃烧温度越高。但燃料发热量的增大和实际燃烧温度是不完全成正比的，当发热量增大到一定值后再增大发热量其对应的理论燃烧温度几乎不再增高。这主要是因为此时相应的燃烧产物量也随燃料发热量的增大而增大。

(2)实现燃料的完全燃烧。采用合理的燃烧技术，实现燃料的完全燃烧，加快燃烧速度，是提高燃烧温度的基本措施。

(3)降低炉体热损失。若采用轻质耐火材料、绝热材料、耐火纤维等，可以大大降低此项热损失，对于间歇操作的炉子，采用轻质材料还可以减少炉体蓄热的损失。

(4)预热空气和燃料。这对提高燃烧温度的效果最为明显，目前全国各地加热炉都纷纷安装了空气换热器、煤气换热器或把炉子改造成蓄热式加热炉来提高空气和煤气的预热温度，从而达到提高燃烧温度的目的。

(5)尽量减少烟气量。在保证燃料完全燃烧的基础上，尽量减少实际燃烧产物量 V_n 是提高理论燃烧温度的有效措施。具体来说就是：选择空气消耗系数 n 小的无焰烧嘴或改进烧嘴结构，加强热工测试，安装检测仪表对炉温、炉压和燃烧过程进行自动调节等，都能使 V_n 降低而提高 $t_{实}$，从而达到提高燃烧温度降低燃料消耗的目的。此外采用富氧空气助燃也可以降低从空气中带入的 N_2 而使 V_n 值大幅度降低。富氧空气助燃对于强化炉子热工过程的效果是很突出的，但富氧太多，燃烧产物的热分解将会增加，这反而对提高燃烧温度不利，一般富氧到28%～30%时为最佳。国外的轧钢加热炉有采用富氧的，但国内目前还很少采用一般不采用这种方法，一方面是因为没有条件，另一方面是有增加钢坯氧化烧损的顾虑。

2.4　燃料的燃烧过程

气体燃料、液体燃料和固体燃料由于它们燃烧反应参数的不同和各自物理化学特性的差异，而使其燃烧过程各有区别。在工业炉中采用气体燃料，其空气消耗系数 n 值可以小些，同时也较为容易实现自动化，所以工业炉烧煤气者居多。此外，气体燃料的燃烧过程也比较有代表性，所以本节重点讨论煤气的燃烧过程。对于重油和煤的燃烧过程则只做一般介绍。

2.4.1 气体燃料的燃烧

2.4.1.1 气体燃料的燃烧特点

加热炉采用气体燃料与采用固体燃料、液体燃料相比较，有如下优点：1)煤气与空气易于混合，用最小的空气消耗系数即可以实现完全燃烧；2)煤气可以预热，故可以提高燃烧温度；3)点火、熄火及其燃烧操作过程简单，容易控制，炉内温度、压力、气氛等都比较容易调节；4)输送方便，劳动强度小，燃烧时干净，有利于减轻体力劳动和改善生产环境，较易实现自动化。气体燃料的缺点：1)管路施工及维护等费用高；2)燃料价格贵；3)贮存困难；4)煤气有发生爆炸和使人中毒的危险。

2.4.1.2 气体燃料的燃烧过程

A 燃烧过程

气体燃料的燃烧是一个复杂的物理与化学综合过程。整个燃烧过程可以视为混合、着火、反应三个彼此不同又有密切联系的阶段，它们是在极短时间内连续完成的。

(1)煤气与空气的混合。要实现煤气中可燃成分的氧化反应，必须使可燃物质的分子能和空气中氧分子接触，即使煤气与空气均匀混合。煤气与空气的混合是一种物理扩散现象，它的完成需一定的时间，这个过程比燃烧反应过程本身慢得多。因此，混合速度的快慢，混合的均匀程度都将会直接影响到煤气的燃烧速度及火焰的长短。研究煤气烧嘴时，必须了解煤气与空气两个射流混合的规律和影响因素。煤气及空气自烧嘴口喷出以后，在运动过程中相互扩散，它们的体积膨胀，而速度随之降低，混合的均匀程度基本上取决于煤气与空气相互扩散的速度。要强化燃烧过程必须改善混合的条件，提高混合的速度。

改善混合的途径有：1)使煤气与空气流形成一定的交角，这是改善混合最有效的方法之一，由于二者相交，机械掺混作用占了主导地位。一般说来，两股气流的交角愈大，混合愈快。显然，在煤气与空气流动速度很慢，并成为平行的层流流动时，其相互的扩散很慢，混合所经历的路径很长，火焰也拉得很长。这时在烧嘴上安设旋流导向装置，造成气流强烈的旋转运动，有利于混合。涡流式烧嘴、平焰烧嘴就充分发挥了旋流的加强混合之优势，取得了较优越的燃烧效果；2)改变气流的速度。在层流情况下，混合完全靠扩散作用，与绝对速度的大小无关。在紊流状态下，气流的扩散大大加强，混合速度也增大。实验证明，在流量不变的情况下，采用较大的流速比采用较小的流速，可以使混合改善。此外，改变两股气流的相对速度，使两气流的比值增大，也有利于混合的改善；3)缩小气流的直径，气体流股的直径越大，混合越困难。如果把气流分成许多细股，可以增大煤气与空气的接触面积，周围质点容易达到流股中心，有利于加快混合速度。许多烧嘴的结构都是基于这一点，把气流分割成若干细股，或采用扁平流股，使煤气与空气的混合条件改善。

(2)煤气与空气混合物的着火。煤气与空气混合物达到一定浓度时，在低温条件下还不能着火，只有加热到一定温度时才能着火燃烧。反应物质开始正常燃烧所需要的最低温度叫着火温度。

各种气体燃料与混合物的着火温度如下：

焦炉煤气	550～650℃	发生炉煤气	700～800℃
高炉煤气	700～800℃	天然气	750～850℃

在开始点火时，需要一火源把可燃气体与空气的混合物点燃。这一局部燃烧反应所放

出的热，把周围可燃物又加热到着火温度。从而使火焰传播开来。这样一经点火，燃烧反应便可以继续进行下去。

当可燃混合物中燃料浓度太大或太小时，即使达到了正常的着火温度，也不能着火或不能保持稳定的燃烧。燃料浓度太小时，着火以后发出的热量不足以把邻近的可燃混合物加热到着火温度；燃料浓度太大时，相对空气的比例不足，也不能达到稳定的燃烧。要保持稳定的燃烧，必须使煤气处于一定的浓度极限范围。在点火时如果出现点不着或不稳定燃烧的情况，就要调节煤气与空气的比例。着火浓度极限与煤气的成分有关，也和气体的预热温度有关，如果煤气与空气预热到较高温度，则浓度极限范围将加宽，即可燃混合物容易着火。在正常燃烧时炉膛内温度很高，可以保证燃烧稳定进行。掌握煤气的着火温度和着火浓度极限不仅对正常生产的炉子在操作和管理上有实际意义，而且在煤气的防火、防爆炸等安全技术方面都有重要意义。比如，在煤气储存和运输管路附近不允许有引火物，或存在任何使煤气温度达到着火点的高温热源。

(3)空气中的氧与煤气中的可燃物完成化学反应。空气与煤气的混合物加热到着火温度以后，就产生激烈的氧化反应，这就是燃烧。燃烧反应本身是一个化学过程，化学反应的速度和反应物质的温度有关，温度越高，反应的速度越快，燃烧反应本身的速度是很快的，实际上是在一瞬间完成的。

燃烧反应是一个化学反应过程，一个具体的燃烧反应方程式只能表明它的初态和末态，并不能反映出它的整个燃烧过程，根据研究，煤气中可燃成分的燃烧反应是经过许多中间过程才实现的，属于链锁反应。

在上述三个阶段中，对整个燃烧过程起最直接影响的是煤气与空气的混合过程。要提高燃烧强度，必须很好地控制混合过程。所以，煤气与空气的混合是最关键的环节。

B　燃烧方法

根据煤气与空气在燃烧时混合情况的不同，气体燃料的燃烧方法(包括燃烧装置)分为两大类，即有焰燃烧法和无焰燃烧法。

(1)有焰燃烧。有焰燃烧的主要特点是煤气与空气预先不混合，各以单独的流股进入炉膛，边混合边燃烧，混合和燃烧两个过程在炉内同时进行。如果燃料中含有碳氢化合物，容易热分解产生固体炭粒，因而可以看到明显的火焰，所以火焰实际表示了可燃质点燃烧后燃烧产物的轨迹，炭粒的存在能提高火焰的辐射能力，对炉气的辐射传热有利。能否看到“可见”的火焰，不仅与混合条件有关，也要看煤气中是否含有大量可分解的碳氢化合物，如果没有这些碳氢化合物，采用“有焰燃烧”时，实际上火焰轮廓也是不明显的。

有焰燃烧法的主要矛盾在于煤气与空气的混合，混合得愈完善，则火焰愈短，燃烧过程在较小的火焰区域内进行，火焰的温度比较高。当煤气与空气混合不好，则火焰拉长，火焰温度较低。可以通过火焰来控制炉内的温度分布。在实践中，改变火焰长度的方法主要是从改变混合条件着手，即喷出的速度、喷口的直径、气流的交角以及机械搅动等。这些影响因素就是设计和调节烧嘴的依据。

由于煤气与空气是分别进入烧嘴和炉膛的，因此可以把煤气与空气预热到较高的温度，而不受着火温度的限制，预热温度越高，着火越容易。但是，由于是边混合边燃烧，混合条件不好时容易造成化学不完全燃烧。所以有焰燃烧法的空气消耗系数必须高于无焰燃烧。随着空气消耗系数的增大，氧的浓度增大，会使得燃烧完全，火焰长度缩短。但是空气消耗系数达到一定值以后，火焰长度基本保持不变，而形成较多的氮氧化合物。

在燃烧过程中，火焰好像一层一层地向前推移，火焰锋面连续向前移动，这种现象叫火焰的传播，火焰前沿向前推移的速度叫火焰传播速度。各种可燃气体的火焰传播速度是靠实验方法测定的，而且随着条件的变化测定数据各异。在各种可燃气体中，氢的火焰传播速度最大，一氧化碳、乙烯次之，甲烷最小。火焰传播速度的概念对燃烧装置的设计与使用是很重要的，因为要保持火焰的稳定性，必须使煤气与空气喷出的速度与该条件下的火焰传播速度相适应。否则如果喷出速度超过火焰传播速度，火焰就会发生断火(或脱火)而熄灭；反之，如果喷出速度小于火焰传播速度，火焰会回窜到烧嘴内，出现回火现象，所以煤气空气的流速实际上与火焰传播速度相互平衡，才能保持稳定的火焰。

影响火焰传播速度大小的主要因素有：燃料的种类和成分、空气消耗系数的大小、烧嘴的结构型式、煤气和空气的预热温度、向外散热情况等。

(2)无焰燃烧。如果将煤气与空气在进行燃烧之前预先混合再进入炉内，燃烧过程要快得多。由于较快地进行燃烧，碳氢化合物来不及分解，火焰中没有或很少有游离的碳粒，看不到明亮的火焰，或者火焰很短，这种燃烧方法称为无焰燃烧。

无焰燃烧的主要特点是：

1)空气消耗系数小；

2)由于过剩空气量少，燃烧温度比有焰燃烧高，高温区集中；

3)没有“可见的火焰”，火焰辐射能力不及同温度下有焰燃烧；

4)由于煤气与空气要预先混合，所以不能预热到过高的温度，否则要发生回火现象，一般限制在混合后温度不超过400～450℃；

5)煤气与空气的混合需要消耗动力，喷射式无焰烧嘴的空气是靠煤气的喷射作用吸入的，煤气则需要较高的压力，必须有煤气加压设备；

6)为了防止发生回火爆炸，所以单个烧嘴能力不能过大(过大时烧嘴的结构、安装、维修都很困难)，但是因为它可以自动按比例地吸入燃烧需要的空气，因而省去了庞大的供风系统，从而使得整个炉子结构变得十分紧凑，简单，特别是对多烧嘴的热处理炉这一优点更加明显。

2.4.2 液体燃料的燃烧

加热炉常用的液体燃料是重油，也有使用焦油和柴油的。因为重油是由不同族液体碳氢化合物和溶于其中的固体碳氢化合物组成，是一种混合物，因此重油没有十分确定的理化性能。下面介绍重油的燃烧过程。

2.4.2.1 重油的雾化

与煤气一样，要使液体燃料燃烧，必须使液体燃料质点与空气中的氧接触。为此，重油燃烧前必须先进行雾化，以增大其和空气接触的面积。重油雾化是借助某种外力的作用，克服油本身的表面张力和黏性力，使油破碎成很细的雾滴。这些雾滴颗粒的直径不等，在10～200μm之间，为了保证良好的燃烧条件，小于50μm的油雾颗粒应占85%以上。实验结果证明，油雾颗粒太大，燃烧时产生了大量黑烟，燃烧不完全，温度提不高。油雾颗粒的平均直径是评价雾化质量的主要指标。

影响雾化效果的因素有以下几点：

(1)重油的温度。提高重油温度可以显著降低油的黏度，表面张力也有所减小，可以改善油的雾化质量。要保证重油烧嘴前的黏度不高于 $5\sim10^{0}E$。

(2)雾化剂的压力和流量。低压油烧嘴和高压油烧嘴都是用气体做雾化剂的。雾化剂以较大的速度喷出,依靠气流对油表面的冲击和摩擦作用进行雾化。当外力大于油的黏性力和表面张力时,油就被击碎成细的颗粒;此时的外力如仍大于油颗粒的内力时,油颗粒将继续碎裂成更细的微粒,直到油颗粒表面上的外力和内力达到平衡为止。

雾化剂的相对速度(即雾化剂流速与重油流速之差)和雾化剂的单位消耗量(每公斤油用多少公斤或立方米雾化剂)对雾化质量的影响比较明显。实践表明,雾化剂的相对速度与油颗粒直径成反比,即速度愈大,颗粒愈小。当油烧嘴出口截面一定时,增大雾化剂压力,意味着雾化剂的流量增加,流速加大,使雾化质量得到改善。

(3)油压。采用气体雾化剂时,油压不宜过高,因为油压过高,油的流速太大,雾化剂来不及对油流股起作用使之雾化。低压油烧嘴的油压在 0.1MPa 以下,高压油烧嘴可高到 0.5MPa 左右。

但有的机械雾化油烧嘴是靠油本身以高速喷出,造成油流股的强烈脉动而雾化的。油的喷出速度越大雾化越好,所以要求有较高的油压,约在 1～2MPa 之间,油压越高,雾化质量越好。

(4)油烧嘴结构。常采用适当增大雾化剂和油流股的交角,缩小雾化剂和油的出口截面(使截面成为可调的),使雾化剂造成流股的旋转流动等措施,来改善雾化质量。

2.4.2.2 油雾与空气的混合

与气体燃料相同,油雾与空气的混合也是决定燃烧速度与质量的重要条件,实际上影响混合的最关键的因素还是雾化的质量,雾化的油颗粒越细,混合条件越好。在实际生产中,控制油的燃烧过程,就是通过调节雾化和混合条件来实现。

2.4.2.3 预热

重油必须预热到着火温度,才能发生燃烧反应。在预热过程中,重油的沸点只有 200～300℃,而着火温度在 600℃以上,因此油在燃烧前先变为蒸汽,蒸汽比液滴容易着火,为了加速重油燃烧,应使油更快地蒸发。重油的碳氢化合物中,有的可以汽化,有的不能,蒸发的结果会留下一些固体残渣。应使这部分残渣颗粒不要太大,以便随同油蒸汽一起燃烧,这也牵涉到雾化的质量。

油和油蒸汽当其与空气中的氧接触达到着火温度后便立即燃烧,但是在高温下的油粒和油蒸汽没有接触氧的部分则其中的碳氢化合物就会受热分解并产生微粒碳和氢。重油燃烧不好时,往往见到冒出大量黑烟,就是因为重油热分解,在火焰中含有大量固体碳粒的结果。

另外没有来得及蒸发的油颗粒,如果在高温下没有与氧接触时还会发生裂化现象。裂化的结果,一方面产生一些分子量较小的气态碳氢化合物,一方面剩下一些固态的较重的分子,这种现象严重时,会在油烧嘴中发生结焦现象。为了避免这种现象的发生,应当尽力提高雾化质量,改善油雾与空气的混合,使重油在达到着火温度时能立即燃烧。

由于重油燃烧时不可避免地发生热解和裂化,火焰中游离着大量的炭粒,使火焰呈橙色或黄色,这种火焰比不发光的火焰辐射能力强。

2.4.2.4 着火燃烧

油蒸汽及热解、裂化产生的气态碳氢化合物,与氧接触并达到着火温度时,便激烈地完成燃烧反应；其次，固态的碳粒、石油焦在这种条件下也开始燃烧。在火焰的前沿面上温度最高，热不断传给邻近的油颗粒，使火焰扩展开来。

综上所述，重油的燃烧是雾化、混合、预热、着火等过程的综合，燃烧的各环节互相联系又相互制约，一个过程不完善重油就不能顺利燃烧，一个过程不能实现火焰就会熄灭。例如当调节油烧嘴时，突然将油量加大，而未及时调节雾化剂量和空气时，则由于大量油喷入炉内而得不到很好的雾化与混合，因而不能立即着火。这时火焰就会脱离油烧嘴，出现脱火现象，继续发展下去，火焰就会熄灭。这些喷入的油大量蒸发，油蒸汽逐渐与空气混合到着火的浓度极限，温度又达到着火温度时，会发生突然着火，像爆炸一样。生产中应力求避免这类现象，保持燃烧的稳定。煤气燃烧好坏主要取决于煤气和空气的混合，而重油燃烧的好坏主要取决于雾化程度，雾化程度越好，油滴越细，表面积越大，加热也快，氧也极易渗入，燃烧速度快，即使形成未燃烧的炭粒，颗粒极其细小，但小颗粒的碳不仅能很快的燃烧，而且还增加了火焰的辐射能力。

2.4.3 固体燃料的燃烧

我国有极为丰富的煤炭资源，如何更好地充分利用这些资源，是一个十分重要的研究课题。

2.4.3.1 块煤的燃烧

块煤的层状燃烧过程与发生炉的气化过程相仿。当煤加入燃烧室以后，受到热气体的作用，在预热带放出水分和挥发分，干馏的残余物（焦炭）向下进入还原带。空气从炉栅下面鼓入，在氧化层与碳发生燃烧反应，生成 H_2O、CO_2 和少量 CO。CO_2 及 H_2O 在通过还原带时被碳还原，生成的 CO、H_2 及干馏产生的挥发物继续在煤层上面燃烧。

当煤层很薄时，实际上不存在还原带，煤完全燃烧生成 CO_2 和 H_2O。只有当煤层较厚时，氧化带上面才有一个还原带，使燃烧生成的 CO_2 及 H_2O 的一部分被还原成 CO 及 H_2，即在煤层上面存在较多的不完全燃烧产物，在炉膛内可以继续燃烧。这就是薄煤层与厚煤层燃烧的不同。厚煤层燃烧又称半煤气燃烧法。

在要求高温的炉膛中，宜采用厚煤层燃烧法。燃料在燃烧室内是不完全燃烧，此时助燃的空气只是一部分从燃烧室下部进入，称做一次空气。烟气中还有许多可燃性气体及挥发物，为了使这部分可燃物在炉膛内燃烧，需要在煤层上部再送入一部分助燃的空气，称为二次空气。

2.4.3.2 粉煤的燃烧

粉煤燃烧是把煤磨到一定的细度（一般为 0.05～0.07mm），用空气或其他气体输送，喷入炉膛内进行燃烧的方法。其燃烧过程与煤气的燃烧过程类似，即粉煤的燃烧同样也分为：混合、预热、燃烧三个阶段。粉煤与空气的混合过程是在煤粉烧嘴中完成的，即从烧嘴中喷出的粉煤与空气混合后进入到燃烧室中（或炉膛）。这时的粉煤颗粒被周围的空气包围着，并受热而使煤粉中的水分蒸发和挥发分逸出，于是着火点低的挥发物便在粉煤颗粒表面的附近迅速燃烧，而挥发物燃烧后放出大量热能又提高了粉煤温度和加快了燃烧速度，最后才是残存在煤中固体炭的燃烧。由此可知，粉煤的燃烧实际上是一个复杂的多相反应过程，即首先是挥发分（气相）的燃烧，而后才是固体炭的燃烧。这一点和重油的燃烧过程又很类似。

输送煤粉的空气叫一次空气，其余助燃的空气叫二次空气。一次空气量一般占燃烧所需空气量的 20%～30%。大型炉子上有时为了得到长火焰，助燃空气全部作为一次空气供给。煤粉火焰的长度取决于火焰传播速度，为了防止回火，喷出速度必须大于火焰传播速度。一般情况下煤粉与空气混合物的喷出速度为 10～45m/s。

煤粉与空气的混合物有发生爆炸的可能性，所以在煤粉的制备、输送、贮存和燃烧时，都要考虑安全技术问题。煤的粒度越细，挥发分含量越高，与空气的混合物温度越高，爆炸的危险性越大。应严格控制煤粉与空气混合物的温度，一般应小于 70℃；其次要避免与火种接近，在输送管道上应安置防爆门。

加热炉燃烧煤粉时，炉子排渣和排烟收尘是两个重要问题，煤灰若大量落入炉内，污染产品，若排入大气，会污染环境。根据煤渣灰分熔点和排渣区域的温度，落入炉内的煤灰可以选择固态出渣或液态出渣方式。灰分熔点低，有液态出渣的可能。加热段温度高，可以采用固态出渣，也可以采用液态出渣。而预热段采取固态出渣，并可装置链式活动炉底，以便出渣。

就燃烧过程而论，煤粉燃烧法优于层状燃烧法，主要的优点是：燃料与空气混合接触的条件好，可以在较小的空气消耗系数下，得到完全燃烧；可以利用各种劣质煤；二次空气可以预热到较高的温度；燃烧过程容易控制和调节；劳动条件也好。其缺点是：在加热炉上使用粉煤，煤灰落在金属表面上，轧制时容易造成表面的缺陷；粉尘多，造成环境的污染。

复习思考题及习题

2-1 气体燃料的化学组成成分是什么，其表示方法是什么？

2-2 固、液体燃料的化学组成成分是什么，其表示方法是什么？

2-3 什么是燃料的发热量？什么是高发热量和低发热量？

2-4 什么是重油的闪点、燃点和着火点，其温度各为多少？

2-5 重油的牌号表示的意义是什么？

2-6 天然气的主要可燃成分是什么，其含量为多少，发热量为多少，理论燃烧温度为多少？

2-7 高炉煤气的主要可燃成分是什么，其含量为多少，发热量为多少？

2-8 焦炉煤气的主要可燃成分是什么，其含量为多少，发热量为多少？

2-9 发生炉煤气的主要可燃成分是什么？

2-10 什么是完全燃烧和不完全燃烧？

2-11 什么是空气消耗系数，空气消耗系数太大会带来什么不利因素？

2-12 燃烧计算的内容是什么，其根据和目的是什么？

2-13 什么是燃烧温度，影响燃烧温度的因素有哪些，如何提高燃烧温度？

2-14 气体燃料的燃烧特点是什么，其燃烧过程分为哪几个阶段？

2-15 改善混合的途径有哪些？

2-16 产生回火和脱火的原因是什么？

2-17 重油燃烧分为哪几个阶段？

2-18 影响重油雾化的因素是什么，如何影响？

2-19 什么是重油的热解和裂化？

2-20 简述厚煤层燃烧过程和粉煤的燃烧过程。

2-21 已知发生炉煤气的干成分为：CO29.8%，$H_2$15.4%，$CH_4$3.08%，$C_2H_4$0.62%，$CO_2$7.71%，$O_2$0.21%，$N_2$43.18%。煤气从 23℃预热到 200℃，空气预热到 300℃，燃烧的空气消耗系数 $n=1.1$。求：(1)煤气的发热量；(2)空气需要量；(3)燃烧产物量；(4)燃烧产物的成分和密度；(5)理论燃烧温度。

（$Q_{低}=6730kJ/m^3$；$L_n=1.55m^3/m^3$；$V_n=2.19m^3/m^3$；$\rho_0=1.33kg/m^3$；$t_{理}=1900℃$）

2-22 已知重油的成分为：$C^{用}$ 85%，$H^{用}$ 11.3%，$O^{用}$ 0.9%，$N^{用}$ 0.5%，$S^{用}$ 0.2%，$A^{用}$ 0.1%，$W^{用}=2.0\%$。为了降低重油的黏度，在燃烧前将重油加热至 90℃，重油喷嘴用空气作为雾化剂，空气消耗系数 $n=1.2$，空气燃烧前预热至 400℃，求：1）重油的发热量；2）理论空气需要量；3）燃烧产物量；4）燃烧产物成分和密度；5）理论燃烧温度。

2-23 已知某连续加热炉采用高炉、焦炉混合煤气，并已知煤气的温度为 28℃，高炉、焦炉煤气的干成分如下表。要求混合后煤气的发热量 $Q_{低}=8425kJ/m^3$。求混合煤气的湿成分并列入表中。

煤　气	干成分/%							
	CO_2	C_2H_4	O_2	H_2	CH_4	CO	N_2	$Q_{低}$
高炉煤气	13.9		0.3	3.2	0.6	26.0	6.0	
焦炉煤气	3.1	2.9	0.4	5.79	25.4	9.0	1.3	
混合煤气								

3　气体力学

在加热炉的操作中会遇到大量气体力学方面的问题。比如燃烧所用的空气和气体燃料的输送、排烟、炉温和炉压的调节等都与气体力学原理密切相关。能否正确地处理和解决上述问题，对炉子的优质、高产、低消耗有重大影响。炉子气体力学是研究炉子系统气体平衡和运动规律的科学，它的特点是气体温度较高，温度和密度的变化较大，而且在气体流动过程中伴随着热交换。本章主要介绍气体及其物理性质、气体静力学基础和气体动力学基础及其应用。

3.1　气体及其物理性质

研究气体的平衡和运动规律，应首先对气体的主要物理性质有所了解。

物质有固体、液体和气体三种状态。气体和液体都是分子内聚力很小，容易产生变形和流动的流体，它们平衡和运动的规律都是彼此相同或相似的，气体和液体之间有共同点，但也有一些差异：一般情况下可把液体视为其体积不受温度和压力的影响，即液体被视为不可压缩的，而气体是可以压缩的。在加热炉内，由于相对压力很小，为了使问题简化，可以近似认为炉气是不可压缩的。其次，气体体积与温度成正比，而液体体积几乎不随温度变化。液体在容器中有一个自由表面，而气体则充满所在的整个容器。尽管气体与液体的性质有这些相异之点，我们在研究气体力学的基本规律时，仍可从水力学得到不少启发。

3.1.1　密度和重度

单位体积气体所具有的质量称为密度，用符号 ρ 表示，即

$$\rho=\frac{m}{V} \tag{3-1}$$

式中　ρ——气体的密度，kg/m^3；

m——气体的质量，kg；

V——气体的体积，m^3。

密度的倒数称为比容，用符号 υ 表示，即

$$\upsilon=\frac{1}{\rho} \tag{3-2}$$

式中　υ——气体的比容，m^3/kg。

单位体积气体所具有的重量，称为气体的重度，用符号 γ 表示，即

$$\gamma=\frac{G}{V} \tag{3-3}$$

式中　γ——气体的重度，N/m^3；

G——气体的重量，N。

在重力场的条件下，密度和重度的关系为

$$\gamma=\rho g \tag{3-4}$$

式中　g——当地重力加速度，通常取值为 $9.81\mathrm{m/s^2}$。

在标准状态（$t=0℃$，$p_0=1.013\times10^5\mathrm{Pa}$）下，空气的密度 $\rho_0=1.293\mathrm{kg/m^3}$，比容 $\upsilon=0.773\mathrm{m^3/kg}$，重度 $\gamma=1.293\times9.81=12.67(\mathrm{N/m^3})$。

3.1.2　压力

气体在单位面积上所受的压力称为压强。在气体力学中习惯上把压强简称为压力。气体压力的法定计量单位为帕（Pa），非法定计量单位有大气压、mm 汞柱、mm 水柱等。大气压力还有物理大气压和工程大气压之分，其换算关系如下：

$$1\ \text{物理大气压}=760\mathrm{mmHg}=10332\mathrm{mmH_2O}=101326\mathrm{Pa}$$

$$1\ \text{工程大气压}=98066.5\mathrm{Pa}=0.968\ \text{物理大气压}$$

$$1\mathrm{mmH_2O}=9.81\mathrm{Pa}$$

$$1\mathrm{mmHg}=133.32\mathrm{Pa}$$

压力根据所取基准不同，分绝对压力和相对压力。以绝对真空为基准算起的压力称为绝对压力（p）。以当地大气压力为基准算起的压力称为相对压力（p_g）。一般压力表上的读数都是相对压力，指容器或管道内的绝对压力与周围大气压力之差，所以又称表压力。相对压力和绝对压力的关系可以用下式表示

$$p_g=p-p_a \tag{3-5}$$

式中　p_a——当地大气压力。

当流体中某处的绝对压力小于大气压力时，则该处视为处于真空状态。此时大气压力与绝对压力的差值叫做真空度，即

$$p_v=p_a-p \tag{3-6}$$

式中　p_v——真空度。

3.1.3　气体状态方程

气体压力和温度的改变对其密度和体积的影响，可以用气体状态方程来描述。在工程计算中，可以近似地用理想气体状态方程来计算，即一定质量的理想气体在平衡状态下，比容、压力和温度三者间的关系为：

$$p\upsilon=RT \tag{3-7}$$

式中　p——气体的绝对压力，$\mathrm{N/m^2}$ 或 Pa；

υ——比容，$\mathrm{m^3/kg}$；

R——气体常数，$\mathrm{N\cdot m/(kg\cdot K)}$，对空气 $R=287\mathrm{N\cdot m/(kg\cdot K)}$；

T——绝对温度，K。

各种常见气体常数 R 值见表 3-1。

设同一气体在标准状态时的状态方程为

$$p_0\upsilon_0=RT_0 \tag{3-8}$$

联立式 3-7、式 3-8 及式 3-2，可以求得气体在 t℃时密度 ρ_t 与标准状态密度 ρ_0 之间的关系：

$$\rho_t=\rho_0 \frac{1}{1+\beta t}\frac{p}{p_0} \tag{3-9}$$

式中　β——气体的体积膨胀系数，$\beta=\frac{1}{273}(1/℃)$。

同理，可以求得气体在温度 t℃时体积 V_t 与标准状态体积 V_0 之间的关系

$$V_t=V_0(1+\beta t)\frac{p_0}{p} \tag{3-10}$$

表 3-1　常用气体的气体常数 R 值

气体名称	分子式	气体常数	
		国际单位：N·m/kg·K	工程单位：m/K
氢	H_2	412.9	420.90
氧	O_2	259.9	26.52
氮	N_2	295.6	30.13
一氧化碳	CO	294.3	30.00
二氧化碳	CO_2	189.0	19.27
水蒸气	H_2O	462.1	47.10
甲烷	CH_4	519.9	53.00
空气		287.1	29.27

式 3-9 和式 3-10 常用于高海拔地区低压气体参数的计算，对于低海拔地区，因 $p\approx p_0$，上面两式可简化为

$$\rho_t=\frac{\rho_0}{1+\beta t} \tag{3-11}$$

$$V_t=V_0(1+\beta t) \tag{3-12}$$

3.1.4　气体的黏性

当气体沿着平板做平行流动时，远离平板表面的气流几乎不受平板的影响，但在紧靠平板表面的地方，由于气体分子与板壁的附着力大于气体分子间的内聚力，气体粘附在表面上，该处的流速为零。可见与平板距离不同的地方流速是不相同的，越接近于平板，流速就越小。在这里，可以把速度不同平行流动的气体看做一层层气体的平行移动，当一层气体对另一层气体作相对移动时，较快的气流层显示出一种拉力带动着较慢的气流层向前移动，而较慢的气流层则显示出一种大小相等方向相反的阻力，阻碍着较快的一层气流前进。这种相互作用力称为气体的内摩擦力或黏性力，内摩擦力的大小体现了气体黏性的大小。牛顿在 1686 年提出了内摩擦力定律，即黏性力与垂直于黏性力方向的速度梯度和接触面积成正比，牛顿内摩擦定律的数学表达式可写为：

$$F=\mu\frac{\mathrm{d}W}{\mathrm{d}n}A \tag{3-13}$$

式中　F——黏性力（内摩擦力），N；

$\frac{\mathrm{d}W}{\mathrm{d}n}$——速度梯度（当速度梯度为零时，气体静止无黏性力），1/s；

W——速度，m/s；

n——垂直于流动方向的坐标尺寸，m；

A——接触面积，m^2；

μ——黏性系数，或称黏度，$Pa \cdot s$ 或 $N \cdot s/m^2$。

工程计算中还可采用运动黏度 υ 和内摩擦系数 η 来表示黏度的大小，它们与动力黏度 μ 的关系如下：

$$\upsilon=\frac{\mu}{\rho}=\frac{\mu g}{\gamma}=\frac{\eta}{\gamma} \tag{3-14}$$

而

$$\eta=\mu g \tag{3-15}$$

式中 υ——运动黏度，m^2/s；

η——内摩擦系数，$N/(m \cdot s)$。

从机理上看，液体因其分子间距离比气体小而引力较大，故液体流动时的黏性力主要是由液体分子间的吸引力所引起的，当液体温度升高时，分子间引力减小，因而液体的黏度随温度的升高而降低；而气体的黏性力则主要是气体分子热运动所造成，当气体温度升高时，分子热运动加强了，因而气体的黏度随温度上升而增大。气体黏度随温度变化的关系可用下列经验公式表示

$$\mu_t=\mu_0\left(\frac{273+C}{T+C}\right)\left(\frac{T}{273}\right)^{3/2} \tag{3-16}$$

式中 T——气体的绝对温度，K；

C——常数，决定于气体的性质，参见表 3-2；

μ_0——气体在标准状态下的黏性系数，参见表 3-2。

自然界中存在的气体和液体都是有黏性的，称为"实际流体"。但因为黏性的问题很复杂，影响因素较多，给研究气体运动的规律带来困难。为了使问题简化，引进了理想流体的概念。所谓理想流体，即黏性系数为零的流体（$\mu=0$）。在一定条件下把实际流体当作理想流体来处理，找出规律后再考虑黏性的因素加以修正，实践证明是一种有效的方法。

表 3-2　各种常见气体的 μ_0 和 C 值

气　体	$\mu_0/Pa \cdot s$	C	气　体	$\mu_0/Pa \cdot s$	C
空气	1.72×10^5	122	一氧化碳	1.65×10^5	102
氧	1.92×10^5	138	二氧化碳	1.38×10^5	250
氮	1.67×10^5	107	水蒸气	0.85×10^5	673
氢	0.85×10^5	75	燃烧产物		约 170

3.2　气体静力学基础

气体静力学是研究气体相对平衡时的规律及其应用的。因为静止时气体没有相对运动，黏性力不起作用，所以静力学所得的结论，对理想流体和实际流体都是适用的。

3.2.1　作用在气体上的力

作用在气体上的力，分为质量力和表面力两类。

（1）质量力。质量力是作用在气体内每一质点上的力，它的大小与质量成正比。质量力一般有两种，一是重力，二是惯性力。重力是由重力场产生，惯性力则是由气体作直线加速运动或曲线运动引起的。惯性力的数值等于质量与加速度的乘积，其方向与加速度方向相

反。

(2)表面力。表面力指作用在气体表面上的力,与表面积的大小成正比。它是由与气体相接触的其他物体的作用产生的。表面力也有两种,一种是与表面垂直的法向力,如压力;另一种是与表面相切的剪力,如内摩擦力,静止的气体没有切向表面力。

3.2.2 气体静力平衡方程

气体静力平衡方程是研究静止气体的压力变化的平衡方程式。实际上自然界中并不存在处于绝对静止状态的气体。但可以认为某些情况下的气体(如气罐中的煤气、加热炉内非流动方向上的烟气等)是处于相对静止状态。现就这种相对静止状态气体的压力变化规律加以讨论如下:

3.2.2.1 气体绝对压力的变化规律

如图 3-1 所示,在静止的大气中截取一底面积为 $f(\mathrm{m}^2)$,高为 $H(\mathrm{m})$的长方体气柱。如果气柱处于静止状态,则此气柱在 x、y、z 轴方向的作用力将保持平衡状态,作用在 x、y、z 轴上各作用力投影的代数和必为零。

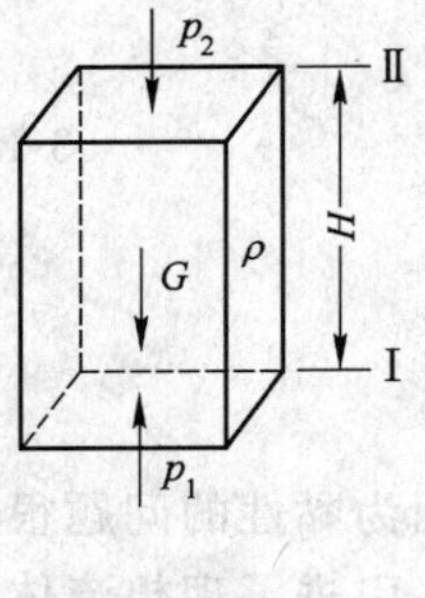

图 3-1 气体绝对压力分布

即 $\sum p_x=\sum p_y=\sum p_z=0$

由于气柱在水平方向上只受到外部大气的压力作用,则气柱在同一水平面前后(z 轴方向)和左右(x 轴方向)所受到的外部压力是大小相等方向相反的,正是这些互相抵消的压力才使得气柱能够在水平方向上保持力平衡。而在垂直方向上(即 y 轴方向)气柱受到三个力的作用,即:

(1)向上的 1 面处大气的总压力,$p_1 f$ N

(2)向下的 2 面处大气的总压力,$p_2 f$ N

(3)向下的气柱本身的总重量,$G=\rho g H f$ N

当气柱处于平衡状态时,由 $\sum p_y=0$ 可得到:

$$p_2 f+G-p_1 f=0$$

即 $p_1 f= p_2 f+\rho g H f$,考虑单位作用面积,则有:

$$p_1=p_2+\rho g H$$

或

$$p_1-p_2=\Delta p=\rho g H \tag{3-17}$$

式中 p_1——气柱下部的绝对压力,$\mathrm{N/m^2}$;

p_2——气柱上部的绝对压力,$\mathrm{N/m^2}$;

ρ——气柱的密度,$\mathrm{kg/m^3}$;

H——p_1 面和 p_2 面间的高度差,m。

式 3-17 就是气体绝对压力沿高度变化规律的平衡方程式。它说明:静止气体沿高度方向上绝对压力变化的规律是:下部气体的绝对压力始终大于上部气体的绝对压力,上下两水平面间的绝对压力之差将恒等于此气体在实际状态下的平均密度 ρ 和重力加速度 g 与此两平面间的距离 H 的乘积。式 3-17 适用于任何静止状态下的气体和液体。但要注意:应用静力平衡方程,除了必须是相对静止状态外,同时密度(重度)要不随高度而变化。所以当两水平面间的高度很大时,必须考虑由于气压和温度变化而引起气体密度变化而加以修正。这可由状态方程导出式 3-9 来加以计算。

［**例 3-1**］ 某地平面为标准大气压，当该处的平均温度为 20℃，大气密度均匀一致时，求距该地平面 100m 的空中的实际大气压力？

解 大气一般可视为理想气体。则在 20℃时大气的密度为：

$$\rho'=\frac{\rho_0}{1+\beta t}=\frac{1.293}{1+\dfrac{20}{273}}=1.205(\mathrm{kg/m^3})$$

根据式 3-17 可求出 100m 高处的实际大气压力 p_2，即

$$p_2=p_1-\rho gH=101326-1.205\times9.81\times100$$
$$=100144(\mathrm{Pa})$$

此例说明高空中的大气压力低于地平面的大气压力，并且是海拔愈高的山顶上其大气压力愈低。

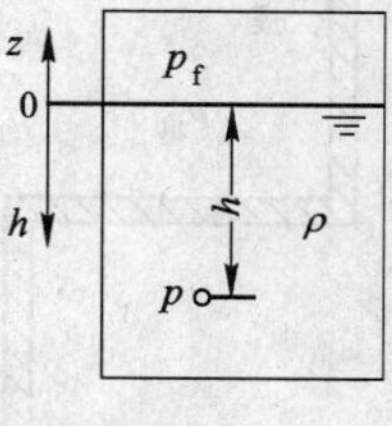

图 3-2

实际上，对于静止气体和液体，式 3-17 均可适用。现进一步分析绝对压力的分布规律。如图 3-2 所示，在密闭容器内盛有密度为 ρ 的静止液体，自由液面之上是绝对压力为 p_f 的气体。由式 3-17 可得自由液面下深度为 h 的任意一点处的绝对压力为：

$$p=p_f+\rho gH \tag{3-18}$$

上式表明，静止流体内任一点的绝对压力由两部分组成：一部分是自由液面上的绝对压力 p_f；另一部分是深度为 h 密度为 ρ 的流体柱所产生的压力 ρgH；或者说，静止均质流体的绝对压力随深度增加呈直线增大。显然，深度（或高度）相同的各点，其绝对压力相同。

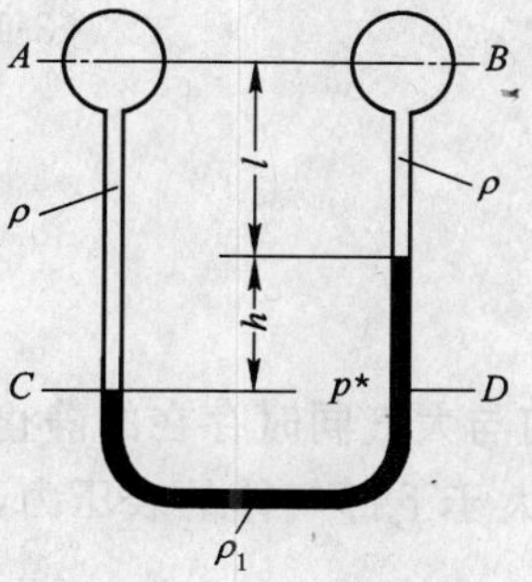

图 3-3

［**例 3-2**］ 设两容器 A 和 B 位于同一高度，内部充满不同压力、密度为 ρ 的同一流体，且与 U 形管相连，管内液体密度为 ρ_1，液面高差为 h，试求 A、B 两容器的压力差（见图 3-3）。

解：设 A、B 容器内流体的绝对压力分别为 p_A、p_B，等压面 C、D 上的绝对压力为 p^*。

对 C、A 两点之间有： $p^*=p_A+\rho g(l+h)$

对 D、B 两点之间有： $p^*=p_B+\rho gl+\rho_1 gh$

两式相减，即得 A、B 的压力差

$$p_A-p_B=(\rho_1-\rho)gh$$

若 A、B 内为密度较小的气体时，因 $\rho_1\gg\rho$，$\rho_1-\rho\approx\rho_1$，则 $p_A-p_B=\rho_1 gh$。

当 U 形管右端直接与大气相通时（图 3-4），U 形管内气体绝对压力 p 与 p_a 之差为

$$p-p_a=\rho_1 gh$$

此压差即为容器内气体的相对压力 p_g，其数值等于 U 形管内的液柱重量 $\rho_1 gh$，以上便是 U 形管测压计的测量原理。

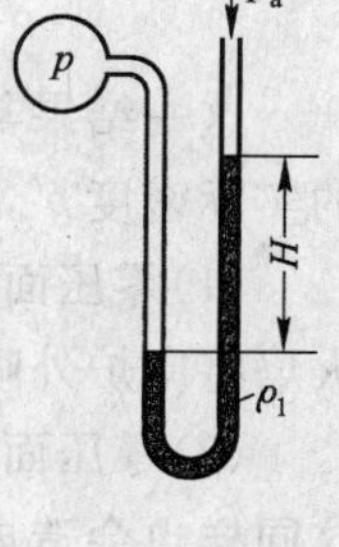

图 3-4

3.2.2.2 *气体表压力的变化规律*

在工业炉内或烟道、烟囱中多是密度较小的热气体，外面则是密度较大的冷空气，研究冷热气体同时并存的静力平衡规律，分析其表压力的变化规律，既方便又能较好地说明问题的实质。如图 3-5 所示，炉膛内为实际密度 ρ 的热气体，炉外为实际密度 ρ' 的大气，炉气在各截面的绝对压力

分别为 p_1、p_2 和 p_0，相应的表压力分别为 p_{g1}、p_{g2} 和 p_{g0}，现分析炉气表压力沿炉膛高度上的变化情况。

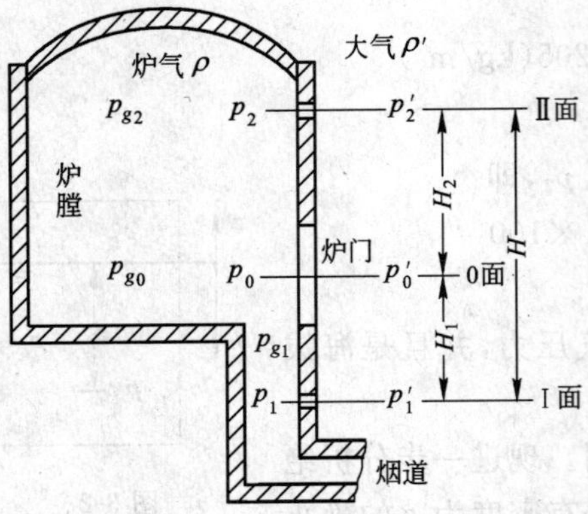

图 3-5　炉膛高度上炉气表压力分布

由表压力式 3-5 的定义可知，炉气在Ⅰ面和Ⅱ面处的表压力将分别为：

$$p_{g1}=p_1-p'_1 \tag{a}$$

$$p_{g2}=p_2-p'_2 \tag{b}$$

式中　p'_1 和 p'_2——分别为Ⅰ面和Ⅱ面处的大气压力；

p_1 和 p_2——分别为Ⅰ面和Ⅱ面处炉气的绝对压力。

则Ⅰ面与Ⅱ面的表压力差为：式(b)－(a)

即　$p_{g2}-p_{g1}=(p_2-p_1)+(p'_1-p'_2)$　　(c)

再由绝对压力平衡式 3-17 即可分别对炉气和大气按Ⅰ面和Ⅱ面写出它们的静力平衡方程为：

对炉气　$$p_2-p_1=-\rho gH \tag{d}$$

对大气　$$p'_1-p'_2=\rho' gH \tag{e}$$

将(d)、(e)二式代入(c)式中即得：

$$p_{g2}-p_{g1}=-\rho gH+\rho' gH=(\rho'-\rho)gH$$

或

$$p_{g2}=p_{g1}+(\rho'-\rho)gH \tag{3-19}$$

式中　p_{g2}——上部炉气的表压力，Pa；

p_{g1}——下部炉气的表压力，Pa；

ρ、ρ'——分别为炉气和大气的密度，kg/m³；

H——Ⅰ面和Ⅱ面间的高度差，m。

式 3-19 为气体静力平衡方程的另一表现形式，它适用于任何与大气同时存在的静止气体沿高度方向上表压力变化情况，其规律是：上部气体的表压力大于下部气体的表压力，上下两面间的表压力差等于 $(\rho'-\rho)gH$。

另外由图 3-5 还可看出，当把炉门中心线处的炉气表压力控制为零压时，则由式 3-19 的关系中可以得到Ⅰ面和Ⅱ面的表压力将分别为：

$$p_{g2}=p_{g0}+(\rho'-\rho)gH_2=(\rho'-\rho)gH_2 \tag{f}$$

$$p_{g1}=p_{g0}-(\rho'-\rho)gH_1=-(\rho'-\rho)gH_1 \tag{g}$$

将式(f)－(g)则得到：

$$p_{g2}-p_{g1}=(\rho'-\rho)gH_2+(\rho'-\rho)gH_1=(\rho'-\rho)gH$$

这一结果与式 3-19 完全相同。由于炉膛内是高温的炉气，其实际密度 ρ 总是小于大气的实际密度 ρ'，这样我们从式(f)和(g)中不难看出：

(1)零压面以上各点的表压力为正，当该点处有孔洞时炉气就会向大气逸出，即炉气的火焰将向炉外喷出，从而造成燃料的浪费和对操作与设备的危害。

(2)零压面以下各点的表压力为负压，当该处有孔洞时就会把大气(冷空气)吸入炉内，这同样也会造成炉温的下降而使得燃耗增高。同时被吸入的冷空气还将增加坯料氧化。所以加热炉必须按照炉内表压力的这一分布规律来正确地控制炉压。

［**例 3-3**］ 设炉膛内的炉气温度为 1300℃，炉气在标准状态下的密度为 1.3kg/m³，炉外大气温度为 20℃。问当炉底表压力为零时，距炉底 2m 高处炉顶下面的表压力为若干？

解：当炉气温度为 1300℃时，炉气的密度为 $\rho=\dfrac{1.3}{1+\dfrac{1300}{273}}=0.225(\text{kg/m}^3)$

20℃的空气密度为 $\rho'=\dfrac{1.293}{1+\dfrac{20}{273}}=1.205(\text{kg/m}^3)$

由式(3-19)得 $p_{g顶}=p_{g底}+(\rho'-\rho)gH$

由题意知 $p_{g底}=0$，所以 $p_{g顶}=(1.205-0.225)\times9.81\times2=19.23\text{Pa}$

3.3 气体动力学基础

3.3.1 基本概念

A 稳定流与不稳定流

气体的运动过程涉及许多物理参数，如流速 W、流量 G、压力 p、密度 ρ 等，在空间的各点上，如果这些物理量不随时间而改变（尽管不同的坐标点上这些量是不同的），这种流动叫稳定流；如果这些物理量随时间而改变，则这种流动叫不稳定流。在实际工作中绝大多数流动属于不稳定流，而提出稳定流这一概念，主要是应用上的方便，因为多数不稳定流在一段时间内各物理量的平均值相对波动不大，可以视为是稳定的。只是在工作条件突然改变时，例如刚刚调节了闸阀以后，气流的许多物理参数都要发生变化，但这种不稳定也只是暂时的，很快便会趋于相对的稳定。不稳定流的规律十分复杂，我们将只讨论稳定流的问题。

B 流速

单位时间内气体流过的距离称为气体的流速，并以符号 W 表示，单位为 m/s，由于气体在管道中沿径向的流速是变化的，故流速一般均指截面平均流速。流速表征着气体流动的快慢。气体在标准状态下的流速用 W_0 表示。各种气体在不同的设备中都有其适合的 W_0（经验值）。

流速也随着气体的压力和温度的变化而变化。当压力变化不大时，流速随温度的变化关系是：

$$W_t=W_0(1+\beta t) \tag{3-20}$$

式中 W_t——1 物理大气压下，t℃时气体的流速，m/s；

W_0——标准状态下气体的流速，m/s；

t——气体的温度，℃；

β——气体的体积膨胀系数，其值为 1/273。

式 3-20 适用于压力变化不大的常压气体的流动。由于 W_t 随温度而变化，这就不便于比较，所以生产中有关气体流速的各种资料中都按标准状态下的流速 W_0 给出。对于温度不同时则可按式 3-20 根据实际温度 t 进行换算。

对于高压下气体的流动则多属于可压缩气体的流动问题，但在金属压力加工加热炉范围内较少涉及，故本书不予介绍。

C 流量

单位时间内气体流过某截面的数量称为气体的流量。对于流过的气体数量若以重量计则称为重量流量，用符号 G 表示，单位为 N/s；若以质量计则称为质量流量以 q_m 表示，单位为 kg/s。若以体积计则称为体积流量以 q_v 表示，单位为 m^3/s。这里主要介绍体积流量（因实际应用最多）。当气体的流过截面积为 F，在标准状态下的流速为 W_0 时，则气体在标准状态下的体积流量 q_{v_0} 为：

$$q_{v_0}=W_0F \tag{3-21}$$

式 3-21 适用于稳定流动时的任何气体。

同样在气体的压力变化不大时，气体的体积流量随温度的变化关系为：

$$q_{v_t}=q_{v_0}(1+\beta t) \tag{3-22}$$

或

$$q_{v_t}=W_0F(1+\beta t) \tag{3-23}$$

或

$$q_{v_t}=W_tF \tag{3-24}$$

式中 q_{v_t} 为一个物理大气压下 t℃时气体的体积流量。上式适用于 1 标准大气压、t℃时流动的任何可以视为理想气体的气体，在压力变化不大时亦可近似采用。高压时不能采用，在压力变化较大时必须对压力的变化而引起气体体积的变化加以修正。

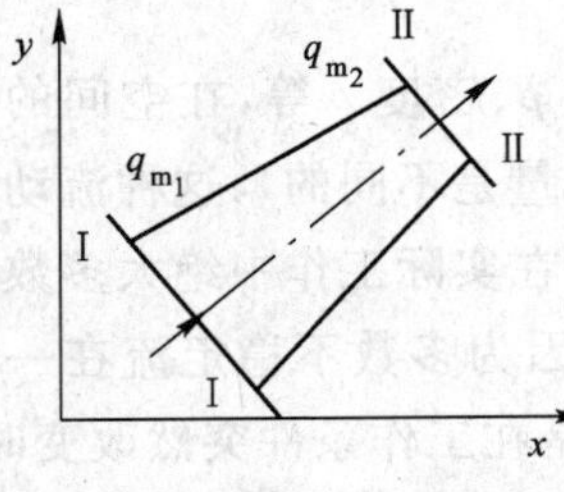

图 3-6　气体在变径管道内连续稳定流动

3.3.2 连续性方程式

气体运动的连续性方程式是质量守恒定律在气体力学上具体应用的一种形式。当气体在变径管道中作连续稳定流动时，气体流过管道各个截面积的质量流量 q_m 必相等。如图 3-6 所示，气体在流管内由任意截面 Ⅰ-Ⅰ 向 Ⅱ-Ⅱ 截面作连续稳定流动时，则必有两个截面上的质量流量相等。即

$$q_{m_1}=q_{m_2}$$

于是便有：

$$\rho_1 q_{v_1}=\rho_2 q_{v_2}$$

或

$$W_1\rho_1F_1=W_2\rho_2F_2 \tag{3-25}$$

式 3-25 为气体稳定连续流动时的连续性方程，它适用于作连续稳定流动的任意状态下的一切流体。

对于不可压缩气体，式 3-25 变为

$$W_1F_1=W_2F_2 \tag{3-26}$$

或写成

$$q_{v_1}=q_{v_2}$$

式 3-26 是连续性方程的另一表达形式。它的适用条件，除流体作连续稳定流动外，还必须是流过任意截面时流体的密度 ρ 始终保持不变。所以式 3-26 不适用于高压气体的流动过程，对于流动过程中压力和温度变化较大时也不适用。

式 3-26 只适用于压力和温度变化均不大的气体流动过程（这时计算结果的误差很小）。

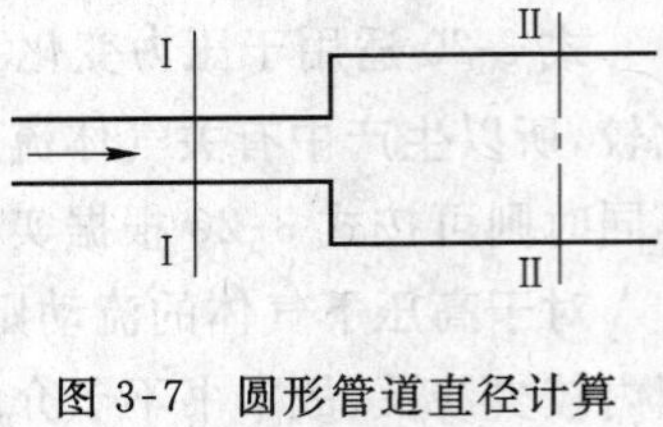

图 3-7　圆形管道直径计算

［**例 3-4**］　0℃的冷空气通过一段截面变化的圆形管道（图 3-7），空气流量为120kg/min，气流在 Ⅰ-Ⅰ 和 Ⅱ-Ⅱ 截面处的流速分别为 30m/s 和 10m/s，试计算 Ⅰ-Ⅰ 和 Ⅱ-Ⅱ 截面

的管道直径。

解：由题设已知 $q_m = 120\text{kg/min} = 2\text{kg/s}$

体积流量为
$$q_v = \frac{q_m}{\rho} = \frac{2}{1.293} = 1.55(\text{m}^3/\text{s})$$

在流动过程中，密度可视为不变，根据式3-24可得
$$F_1 = \frac{q_v}{W_1} = \frac{1.55}{30} = 0.0517(\text{m}^2)$$

所以Ⅰ-Ⅰ截面的管道直径为
$$d_1 = \sqrt{\frac{4F_1}{\pi}} = \sqrt{\frac{4\times 0.0517}{3.1416}} = 0.256(\text{m})$$

同理可得
$$F_2 = \frac{q_v}{W_2} = \frac{1.55}{10} = 0.155(\text{m}^2)$$
$$d_2 = \sqrt{\frac{4F_2}{\pi}} = \sqrt{\frac{4\times 0.155}{3.1416}} = 0.444(\text{m})$$

3.3.3 气体的压头

考察气体的运动就需要计算气体所具有的能量。由于地面上任何地方都要受到大气层的作用力，因此我们把作为考察对象的气体（炉气或输送气体）的能量减去周围大气因大气压力所具有的能量，并用剩下的相对能量作为炉气或输送气体本身的实际能量。单位体积气体所具有的这种相对能量称为气体的压头。

在气体力学中往往把单位体积气体所具有相对位能、相对压力能和相对动能称为位压头、静压头和动压头。

A　位压头

自然界的物体都具有位能。气体也具有位能，当气体的质量、密度和距基准面的高度分别为 m、ρ 和 H 时，则此气体具有的位能为：位能 $= mgH = \rho VgH$

单位体积气体具有的位能称为位压，因此位压 $= \rho gH$

当气体的密度 ρ 一定时，气体各处的位压仅随该处距基准面的高度而变，若基准面取在下面，愈向上，气体位压愈大，愈向下，气体的位压愈小。

管内气体位压与管外同高度上大气的位压的差值，称为管内气体的相对位压或简称位压头，用符号 $h_{位}$ 表示，单位 Pa。显然，当管内气体的位压为 ρgH，管外同高度上大气的位压为 $\rho' gH$ 时（ρ' 为大气的密度）则管内气体的位压头为：

$$h_{位} = Hg(\rho - \rho') \tag{3-27}$$

上式中，所研究截面在基准面的上面，H 取正值；反之，H 取负值。当气体的密度 ρ 小于大气密度 ρ'，即浮力大于气体本身的重力时，由上式可知：这时位压头为负值，即位压头是一种促使气体上升的能量。为了使位压头为正值，常将基准面取在气体的上面，因为基准面以下之高度为负值，当 $(\rho-\rho')$ 一定时，$h_{位}$ 随 H 变化而变化，高处 $h_{位}$ 小，反之亦然。一般来讲，位压头只能计算，不能测量。

B　静压头

压力是一种能量，一定量流体的压力在静止状态下可以抵抗外界的压力而保持平衡。

在流动的流体中所具有的压力和外界大气压力之差可以使流动加速或减速。这本身就表明流体的压力就是它所具有的一种机械内能。从气体压力的单位也表明它是单位体积气体所具有的对外界做功的一种能力。已经知道压力的国际单位是 $1N/m^2 = 1N \cdot m/m^3 = 1J/m^3$,也就是 $1m^3$ 气体对外界具有做 $1N \cdot m = 1J$ 功的本领。单位体积气体本身所具有的这种对外界做功的能力称为压力能或叫静压能。静压能和静压力两者之间的概念是不同的。静压力是指气体垂直作用在单位面积上的力。但两者在数值上相等,单位相同,都是N/m^2。我们把输送气体的静压能 p 与同一基准面高度上大气的静压能 p' 之差称为输送气体的静压头(简称静头),并以 $h_{静}$ 表示:

$$h_{静} = p - p' = p_g \tag{3-28}$$

静压头是输送气体的相对压力能,即输送气体实际对外界做功的能力。它的单位和静压能、表压力的单位相同。尽管静压头和表压力两者的概念是不同的,但它们在数值上相等且单位相同。因为表压力可以直接用压力表测量,故静压头也可直接用压力表测量。

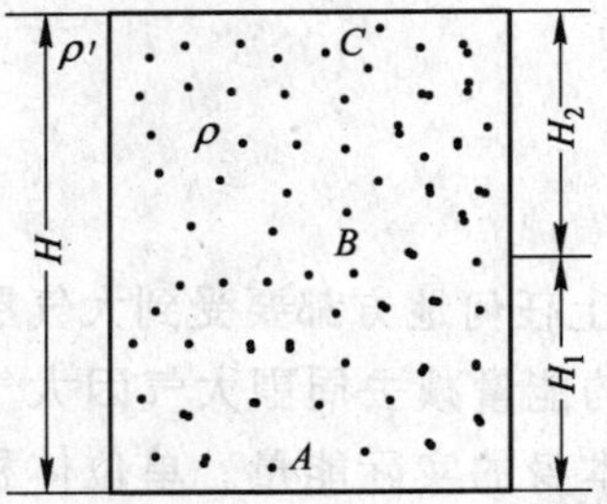

图 3-8 位压头与静压头计算

[**例 3-5**] 有一高 H 内盛满静止热气体的下部开口容器,设热气体的密度为 ρ,其外冷空气的密度为 ρ',试分析容器内 A、B、C 三点的位压头与静压头为多少?(图 3-8)

解:按题意:现以 C 平面为基准面进行分析。

(1)在 A 点:因为容器下部是开口的与大气相通,则知:

$$h_{静A} = 0$$

A 点处热气体对基准面的位压头为正值,且最大为:

$$h_{位A} = Hg(\rho' - \rho)$$

于是 A 点处热气体的总压头为:

$$h_{总A} = h_{静A} + h_{位A} = 0 + Hg(\rho' - \rho) = Hg(\rho' - \rho)$$

(2)在 C 点:根据静力平衡方程 $h_{静C} = h_{静A} + Hg(\rho' - \rho) = Hg(\rho' - \rho)$

由于 C 点为基准面,故 $h_{位C} = 0$,于是 C 点处热气体的总压头为:

$$h_{总C} = h_{静C} + h_{位C} = Hg(\rho' - \rho) + 0 = Hg(\rho' - \rho)$$

(3)在 B 点:根据静力平衡方程 $h_{静B} = H_1 g(\rho' - \rho)$

由于 C 点为基准面,故 $h_{位B} = H_2 g(\rho' - \rho)$于是 B 点处热气体的总压头为:

$$h_{总B} = h_{静B} + h_{位B} = H_1 g(\rho' - \rho) + H_2 g(\rho' - \rho) = Hg(\rho' - \rho)$$

由此可得出结论:静止气体在任意高度上的静压头和位压头是可以相互转变的,但是其总压头不变,为一定值 $Hg(\rho' - \rho)$,显然这是机械能守恒的一种表现形式。

C 动压头

一切运动的物体都具有动能,同样,流动的气体也具有动能。由物理学中得知物体的动能是 $mW^2/2$,其中 m 是物体的质量,W 是物体的运动速度。所以单位体积流体所具有的动能为:$\rho W^2/2$,单位是:$1kg/m^3 \cdot (m/s)^2 = 1N/m^2$。同样在气体力学中我们把单位体积气体所具有的动能称为动压能,并把输送气体与同一高度上大气动压能之差称为相对动压能简称为动压头,以 $h_{动}$ 表示。其单位与动压相同仍为 N/m^2,即

$$h_{动} = \frac{1}{2}\rho W^2 - \frac{1}{2}\rho' W'^2 \tag{3-29}$$

在一般情况下,输送气体的流速远远大于同高度上大气的流速 W',所以把 W'视为

零，因而在工程计算中通常把同高度上大气的动压能视为零，所以系统内的动压能即动压头了。

所以
$$h_{动}=\frac{1}{2}\rho W^{2} \tag{3-30a}$$

又因为密度 ρ 和流速 W 都和温度有关，即

$$\rho_{t}=\frac{\rho_{0}}{1+\beta t}$$
$$W_{t}=W_{0}(1+\beta t)$$

将其代入式(3-30a)得：

$$h_{动}=\frac{\rho_{0}/(1+\beta t)\times W_{0}^{2}(1+\beta t)^{2}}{2}=\frac{W_{0}^{2}}{2}\rho_{0}(1+\beta t) \tag{3-30b}$$

必须注意只有流动的气体才具有动压头。$h_{动}$ 可以用动压管直接测量。

3.3.4 柏努利方程

柏努利方程是气体流动时的机械能守恒定律。它说明气体在流动中各种能量间的相互关系。柏努利方程在理论和实践上都是十分重要的基本方程式。

3.3.4.1 理想气体的柏努利方程

对于理想流体，黏度系数 $\mu=0$，流动过程中没有摩擦力，因而在流动过程中无能量损失。在无外加能量和没有机械能与热能或化学能之间的相互转变的条件下，单位体积气体在流动过程中必然保持机械能守恒。对于非压缩性气体在稳定流动时，单位体积输送气体本身的机械能(输送气体的静压能、位压能和动压能)守恒。三者在流动过程中可以相互转变，但其机械能即三者的总和将保持不变，即理想气体的柏努利方程式为：

$$p_{1}+\rho g H_{1}+\frac{\rho W_{1}^{2}}{2}=p_{2}+\rho g H_{2}+\frac{\rho W_{2}^{2}}{2}=常数 \tag{3-31}$$

式中　p_1、W_1、H_1——1 面处气体的静压、流速和距基准面的高度；

p_2、W_2、H_2——2 面处气体的静压、流速和距基准面的高度。

式 3-31 为输送气体密度 ρ 不变时稳定流动理想气体的柏努利方程式。对于密度变化不大的稳定流动过程也可用式 3-31 进行计算。对于气体密度变化较大的稳定流动过程不能用式 3-31 进行计算。该式表明：密度不变的理想流体在稳定流动时，各个截面上的静压、位压和动压之和都相等，即单位体积气体的总能量保持常数不变。

3.3.4.2 实际流体的柏努利方程式

式 3-31 没有考虑黏性力的作用，而实际气体是有黏性的，这就需要对理想气体的柏努利方程式进行修正。

由于黏性力表现为流动中的摩擦阻力，气体为了克服这些阻力，就会有部分机械能变为热能，成为不可恢复的能量损失。令 $h_{失}$ 表示实际气体由任意截面 1 处流到任意截面 2 处其间的能量损失。按照能量守恒定律，截面 1 处气体的总能量应当恒等于截面 2 处的总能量加上 1～2 截面间的能量损失 $h_{失}$ 之和。实际气体在流动过程中很难保持密度不变，但是当压力变化不大时，一般可认为气体的密度 ρ 只随温度而变化，于是对式 3-31 中的密度 ρ 采用两面间的平均温度下的密度代替，同时相应地将式中的流速 W 也以平均流速代替。按式 3-31 可写出实际气体的柏努利方程式为：

$$p_1+\rho g H_1+\frac{\rho W_1^2}{2}=p_2+\rho g H_2+\frac{\rho W_2^2}{2}+h_{失} \tag{3-32}$$

式中　p_1、p_2——1 和 2 面处的静压，N/m^2；

H_1、H_2——1 和 2 面距基准面的高度，m；

ρ——气体在 1 面和 2 面间平均温度下的密度，kg/m^3；

$h_{失}$——两面间的能量损失，Pa。

上式就是实际气体流动的柏努利方程式，它也适用于液体流动的分析与计算。上式用于计算时，高度的基准面通常取在系统的下面。

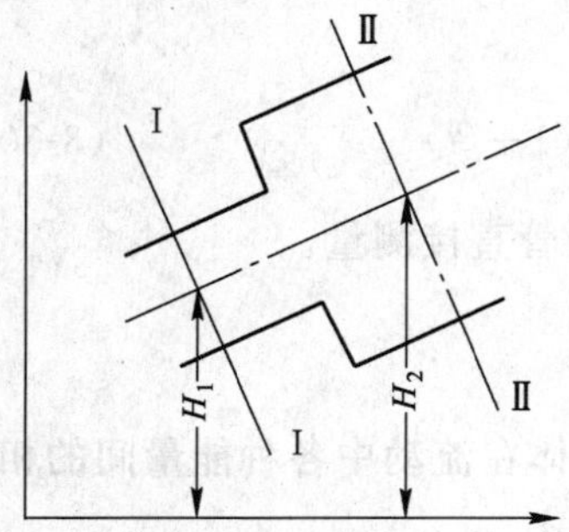

图 3-9　管道Ⅰ-Ⅰ，Ⅱ-Ⅱ截面示意图

以上分析的是一种气体在流动过程中各种能量的关系，对于炉子系统，由于炉外大气对炉内气体的作用，因此还要分析炉内气体在大气影响下各种相对能量间的关系。

设图 3-9 的管道内流过的是密度为 ρ 的热气体，外面是密度为 ρ' 的静止气体。现在就Ⅰ-Ⅰ、Ⅱ-Ⅱ截面写出柏努利方程式如下：

管道内：$p_1+\rho g H_1+\frac{\rho W_1^2}{2}=p_2+\rho g H_2+\frac{\rho W_2^2}{2}+h_{失}$

管道外：$p'_1+\rho' g H_1=p'_2+\rho' g H_2$（因为大气是静止的，故 $W'_1=W'_2=0$）

两式相减，因 $p_g=p-p'$，或令 $\Delta p=p-p'$，可得

$$p_{g1}+(\rho-\rho')gH_1+\frac{\rho W_1^2}{2}=p_{g2}+(\rho-\rho')gH_2+\frac{\rho W_2^2}{2}+h_{失} \tag{3-33}$$

上式中的 $\rho W^2/2$ 是管内外气体的动压之差，即为单位体积热气体所具有的相对动能，称为动压头，用符号 $h_{动}$ 表示。上式若用压头表示，可表达为

$$h_{静1}+h_{位1}+h_{动1}=h_{静2}+h_{位2}+h_{动2}+h_{失} \tag{3-33a}$$

式 3-33 就是冷热两种气体并存时的柏努利方程式，又称气体的压头方程式。它表明，对于热气体管流，由于流动产生压头损失，气体的总压头沿流程会不断减少。在流动过程中，各种压头可以相互转换，但压头损失只能转变为热能而损耗掉，损失的动压头则由静压头或位压头来补偿。

式 3-33 常用于工业炉烟道、烟囱、热风管以及煤气管的分析与计算。由于实际气体在管道截面上的速度分布是不均匀的，为了简化计算，工程上通常用平均流速来计算动压头，即 $W=q_v/F$，式中 q_v 为气体的体积流量，F 为管道的流通截面积。

3.3.5　柏努利方程和连续性方程的实际应用

柏努利方程和连续性方程通过联立求解可以解决生产中的许多实际问题。它们在炉子热工操作和炉子系统的设计中有着非常广泛的应用。比如管路中对流体压头损失的间接测量与计算，流量的测量，炉膛孔洞的逸气和炉门逸气量的计算，烧嘴的设计计算，供气系统及烟道、烟囱等的设计计算都离不开这两个基本方程式。下面通过几个实例来加以说明，这两个基本方程式是本章学习中必须掌握的重点，它的深入讨论在后面几节中还将谈到。

［例 3-6］ 某炉的热风管一端与换热器相连，另一端通往烧嘴，见图 3-10。热风管垂直段高 10m，热空气平均温度 400℃，车间空气温度 20℃。Ⅰ-Ⅰ截面处的静压头 $p_{g1}=250mmH_2O$，Ⅱ-Ⅱ截面处的静压头 $p_{g2}=200mmH_2O$，求Ⅰ-Ⅰ到Ⅱ-Ⅱ这段热风管的压头损失。

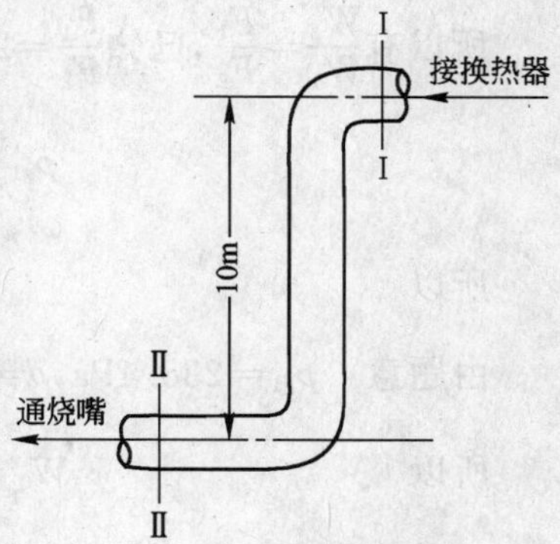

图 3-10 热风管Ⅰ-Ⅰ，Ⅱ-Ⅱ截面示意图

解：就Ⅰ-Ⅰ和Ⅱ-Ⅱ截面写出柏努利方程式

$$p_{g1}+(\rho-\rho')gH_1+\frac{\rho W_1^2}{2}=p_{g2}+(\rho-\rho')gH_2+\frac{\rho W_2^2}{2}+h_{失}$$

由于管径不变，$W_1=W_2$，$\frac{\rho W_1^2}{2}=\frac{\rho W_2^2}{2}$。

设基准面取在Ⅱ-Ⅱ截面的水平中心线，则 $H_1=10$，$H_2=0$。

根据题意，求出密度 ρ' 及 ρ

$$\rho'=\frac{1.293}{1+\frac{20}{273}}=1.205(\mathrm{kg/m^3})$$

$$\rho=\frac{1.293}{1+\frac{400}{273}}=0.525(\mathrm{kg/m^3})$$

所以

$$\begin{aligned}h_{失}&=p_{g1}-p_{g2}+(\rho-\rho')gH_1\\&=250\times9.81-200\times9.81+(0.525-1.205)\times9.81\times10\\&=424(\mathrm{Pa})\end{aligned}$$

由上例可见，摩擦损耗了一部分静压头，此外因为管内是热气体流动，它有上浮的趋势，当热气体自上而下流动时，会使一部分静压头转变成流动中所增加的位压头 $(\rho-\rho')gH_1$。因此，可以得出这样的结论，当热气体自上而下流动时，位压头阻碍气体流动，会使气体的静压头降低；当热气体自下而上流动时，位压头起着帮助气体流动的作用，使静压头增加。这一点在安置热风管道时应予注意。

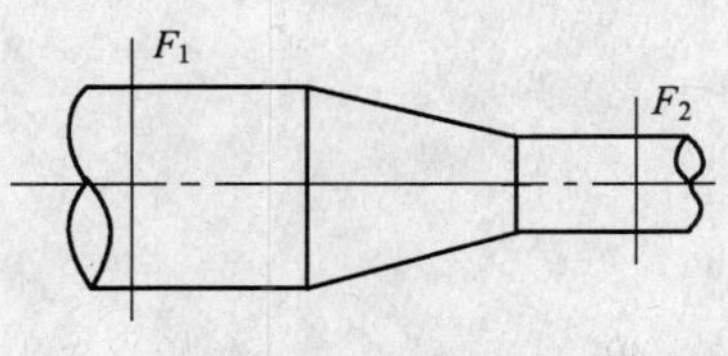

图 3-11 截面逐渐收缩的水平管道示意图

［例 3-7］ 有一截面逐渐收缩的水平管道如图 3-11 所示，已知气体的密度 $\rho=1.2kg/m^3$ 和气体在 F_1 截面处的表压力 $p_{g1}=288.4Pa$，F_2 截面处的表压力 $p_{g2}=9.81mm$水柱，又知 $F_1/F_2=2.0$，$F_1=0.1m^2$，求每小时流过气体的体积流量（不考虑压头损失）。

解：就 1 面和 2 面写出柏努利方程式：

$$p_{g1}+(\rho-\rho')gH_1+\frac{\rho W_1^2}{2}=p_{g2}+(\rho-\rho')gH_2+\frac{\rho W_2^2}{2}$$

由于管道水平放置故 F_1 和 F_2 面对任何高度上的基准面来说，其位压头均相等。故上式可简化为：

$$p_{g1}+\frac{\rho W_1^2}{2}=p_{g2}+\frac{\rho W_2^2}{2} \tag{a}$$

考虑到流动中压力变化不大，故可视为密度不变，于是由连续性方程可知：

$$W_1F_1 = W_2F_2 \tag{b}$$

所以有$\frac{W_2}{W_1}=\frac{F_1}{F_2}$，已知$\frac{F_1}{F_2}=2.0$，于是将(b)代入(a)式经整理后得到

$$p_{g1}-p_{g2}=\frac{\rho(2W_1)^2}{2}-\frac{\rho W_1^2}{2}=\frac{3\rho W_1^2}{2}$$

所以
$$W_1=\sqrt{\frac{2(p_{g1}-p_{g2})}{3\rho}}$$

由题意　$p_{g1}=288.4\text{Pa}$，$\rho=1.2\text{kg/m}^3$，$p_{g2}=9.81\text{mm}$ 水柱 $=9.81\times9.81=96.2\text{Pa}$

所以
$$W_1=\sqrt{\frac{2(288.4-96.2)}{3\times1.2}}=10.3\text{m/s}$$

于是气体流过 F_1 截面处的体积流量为

$$q_v=W_1F_1\tau=10.3\times0.1\times3600=3708\text{m}^3/\text{h}$$

通过此例说明：在已知水平收缩管道中，如果测得收缩管两截面处的压力差，则可推算出流过气体的体积流量。节流式流量计就是根据此原理制作的。

［例 3-8］　有一上下加盖的直圆筒高 20m（如图 3-12），内贮温度为 500℃的热气体，它在标准状态下的密度 $\rho_0=1.3\text{kg/m}^3$，筒外为 0℃的大气，其密度 $\rho_0'=1.293\text{kg/m}^3$，如果把上盖打开，求在上盖打开的瞬间直筒底部所受的静压头为多大？（不计损失）

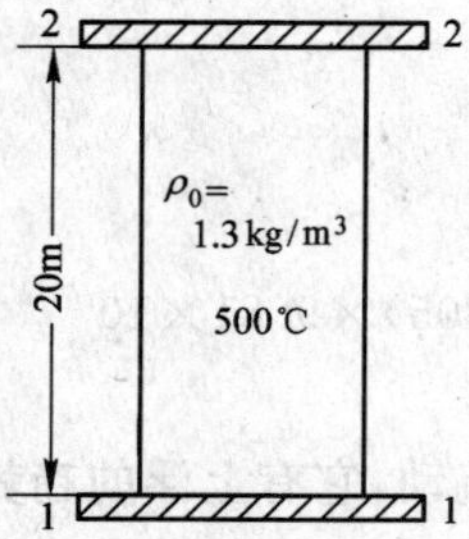

图 3-12　静压头计算

解：按题意所求上盖打开的瞬间此时热气体尚未往外流动，即 $h_{动}=0$，现以 1-1 截面为基准面写出柏努利方程：

$$p_{g1}+(\rho-\rho')gH_1+\frac{\rho W_1^2}{2}=p_{g2}+(\rho-\rho')gH_2+\frac{\rho W_2^2}{2}$$

因为 $h_{动}=0$，即$\frac{\rho W_1^2}{2}=\frac{\rho W_2^2}{2}=0$，而在上盖打开时顶部热气体和大气相通，即

$$p_{g2}=0$$

于是得

$$p_{g1}=(\rho-\rho')gH_2=\left(\frac{1.3}{1+\frac{500}{273}}-1.293\right)\times9.81\times20$$
$$=-163.61\text{Pa}$$

此时底部静压头为负的 163.61Pa，表现为抽力，如果将底盖也打开并与某气源接通，则可借此抽力的作用，通过消耗部分静压头把热气体不断地抽入圆筒底部再不断地从顶部排出，显然这和炉子系统的烟囱完全一样。

［例 3-9］　在例 3-8 的基础上，设圆筒底直径 $d_1=1.2\text{m}$，筒顶直径 $d_2=0.8\text{m}$，如图 3-13 所示，并已知排入筒底标准状态下的烟气量 $q_{v_0}=1.5\text{m}^3/\text{s}$，试求此时筒底的静压头 p_{g1}？

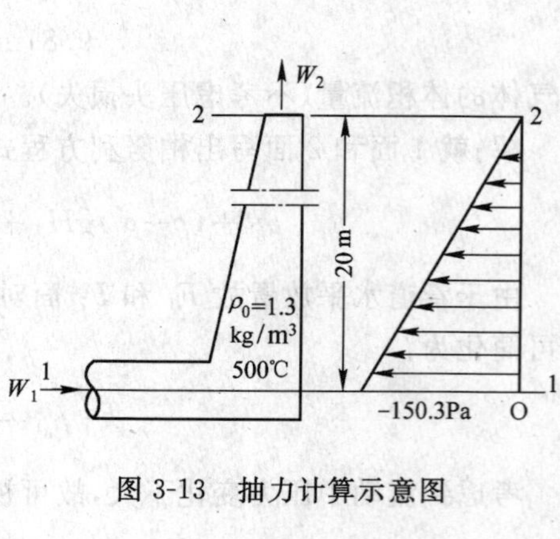

图 3-13　抽力计算示意图

解:按图 3-13 写出柏努利方程:

$$p_{g1}+(\rho-\rho')gH_1+\frac{\rho W_1^2}{2}=p_{g2}+(\rho-\rho')gH_2+\frac{\rho W_2^2}{2}$$

取 1-1 面为基准面 $H_1=0$,又 $p_{g1}=0$,上式简化为:

$$p_{g1}=(\rho-\rho')gH_2+\frac{\rho W_2^2}{2}-\frac{\rho W_1^2}{2}$$

$$\text{而 } W_{01}=\frac{q_{v_0}}{F_1}=\frac{1.5}{\frac{3.14}{4}(1.2)^2}=1.33\text{m/s}$$

$$W_{02}=\frac{q_{v0}}{F_2}=\frac{1.5}{\frac{3.14}{4}(0.8)^2}=2.99\approx3.00\text{m/s}$$

于是

$$\frac{\rho W_2^2}{2}-\frac{\rho W_1^2}{2}=\frac{\rho_0(W_{02}^2-W_{01}^2)}{2}(1+\beta t)=\frac{1.3(3.00^2-1.33^2)}{2}\left(1+\frac{500}{273}\right)=13.31\text{Pa}$$

所以此时 $p_{g1}=-163.61+13.31=-150.3\text{Pa}$

此例说明:烟囱底部的抽力是由位压头转变的,并且烟囱愈高、热气体与大气的温差愈大,则烟囱的抽力就愈大。

3.4 气体流动的性质和压头损失

气体由于有黏性,在流动过程中要产生阻力。一部分阻力是由于气体本身的黏性及其与管壁的摩擦所形成,称为摩擦阻力。而且这种阻力沿流动路程都存在,所以又叫沿程阻力。另一部分是由于气流方向的改变或速度的突变引起的阻力,称为局部阻力。气体流动要克服阻力,就必须做功,因此要消耗部分能量,形成压头损失。

在上一节讨论柏努利方程时,已经指出压头损失只产生在气体流动的时候,如果气体静止不动,就没有损失可言。所以压头损失的大小和气体的动压头成正比,即

$$h_{摩}\propto\frac{W^2\rho}{2}$$

或者

$$h_{摩}=K\frac{W^2\rho}{2} \tag{3-34}$$

如果式中的速度 W 和密度 ρ 都用标准状态下的速度 W_0 和密度 ρ_0 来表示,则式 3-34 可改写为

$$h_{摩}=K\frac{W_0^2\rho_0}{2}(1+\beta t)\frac{p_0}{p_t} \tag{3-34a}$$

式中,K 称为阻力系数,它和气体流动的性质、管道的几何形状及表面状况等许多因素有关,除少数情况下可以进行理论分析外,大多数情况下的 K 值是通过实验测定的。

3.4.1 流动的两种形态

英国科学家雷诺(O. Reynolds)1883 年通过一个著名的实验,发现了流体流动的两种不

同形态，其装置原理如图 3-14 所示。水箱 1 中的水经由圆玻璃管 2 流出，速度可由阀 3 调节。在玻璃管的进口处有一股由墨水瓶 5 引出经细管 4 流出的墨水。开始，当水的流量不大时，2 中水的流速较小，墨水在水中成一直线，管中的水流都是沿轴向流动，这种流动称为层流。如果继续加大水的流量，由于管径截面不变，则玻璃管内水的流速增大。当达到某一流速时，墨水不能再保持直线运动，开始发生脉动。流速继续增大，墨水将在前进的过程中很快与水混在一起，不再有明显的界限，显示流动的性质已发生改变，流体的质点已不是平行的运动，而是不规则紊乱的运动，这种流动形态称为紊流或湍流。

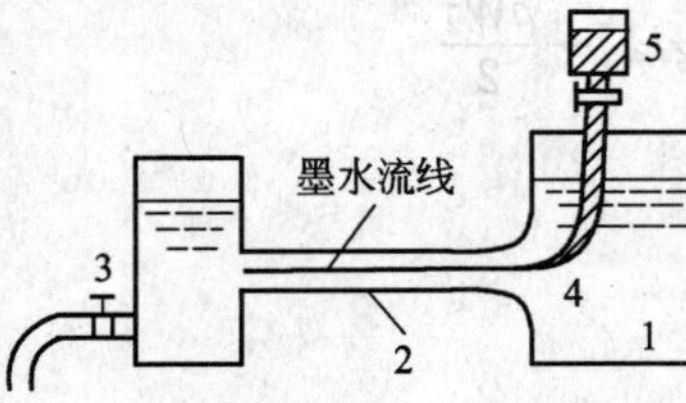

图 3-14　层流紊流实验

根据以不同的流体和不同的管径所获得的实验结果，证明支配流体流动形态的因素，除流体的流速 W 外，还有流体流过的管径 d、流体的密度 ρ 和流体的黏度 μ。并且提出以上述四个因素所组成的无因次复合数群 $Wd\rho/\mu$ 作为判定流动形态的依据，这个数群称之为雷诺数，用符号 Re 表示，即

$$Re=\frac{Wd\rho}{\mu}=\frac{Wd}{\upsilon}=\frac{Wd\gamma}{\eta} \tag{3-35}$$

如果流体流过的管道截面不是圆形，则上述雷诺数中的 d 需要用当量直径 $d_{当}$ 来代替，即把任意形状截面的管道换算为圆形管道。当量直径的计算公式如下：

$$d_{当}=\frac{4F}{S} \tag{3-36}$$

式中　$d_{当}$——管道的当量直径，m；

F——管道的流通截面积，m^2；

S——管道截面上与流体接触部分的周长，m。

例如对于截面为矩形的充满流体的管道，其边长分别为 a 和 b，则当量直径为

$$d_{当}=\frac{4ab}{2(a+b)}=\frac{2ab}{a+b} \tag{3-36a}$$

又如在套管的环隙中流动的气体，若 d_1 为内管外径，d_2 为外管内径，则当量直径为

$$d_{当}=\frac{4(F_{外}-F_{内})}{S_{外}+S_{内}}=d_2-d_1 \tag{3-36b}$$

当量直径的概念应用很广，不仅在决定雷诺数时，在其他热工计算中也常用到。

根据雷诺和许多研究工作者的实验，在截面为圆形表面光滑的管道中，$Re<2100$ 时，流动是层流，而 $Re>2300$ 时，流动是紊流。用人工的方法也可以使 $Re>2300$ 的情况下保持层流流动，但是这种层流不稳定，只要某处发生扰动，便立刻变成紊流。由层流转变为紊流往往经过一个过渡阶段，其转变点称为临界状态，通常认为 $Re=2300$ 为雷诺数的临界值。但这个临界值并不是固定不变的，而是与许多条件有关，特别是流体的入口情况和管壁的粗糙度等。例如当入口处是光滑的圆形入口时，Re 的临界值大约为 4000。

由于流动形态的不同，管内流体速度的分布情况也随之而异。见图 3-15。

研究表明，层流时流体的速度沿管的截面是按抛物面的规律分布，管中心的速度最大，沿抛物面渐近管壁，则速度逐渐减少以至于零，其平均速度为管中心最大速度的一半，即

$$\overline{w}=0.5w_{\max}$$

圆管中紊流的速度分布亦为一曲面，与抛物面相似，但顶端稍宽。由于在紊流中流体质点无规律的脉动，其速度在大小和方向上时时变化，我们只能取一定时间间隔的速度统计平均值作为平均流速。在较为稳定的紊流流动中，其平均速度与中心最大速度的关系为

$$\overline{w}=(0.82\sim0.86)w_{\max}$$

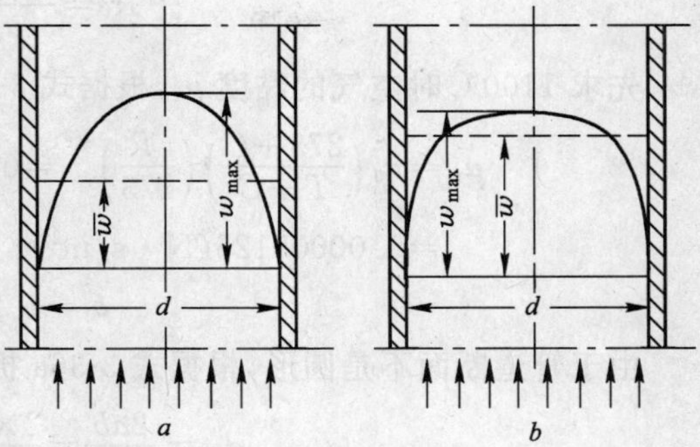

图 3-15 管内速度的分布

a—层流；b—紊流

实际流体由于具有黏性，当流体流过固体壁面时，紧贴表面的速度为零，在接近壁面处有一层速度急剧降低的薄层，层内流动保持层流状态，称为层流边界层。层内速度梯度很大，且接近于常数。层流边界层的厚度与流股核心的紊乱程度有关，流股核心紊动越激烈，边界层越薄，亦即边界层厚度与 Re 成反比。流体继续沿壁面向前流动，边界层逐渐加厚，边界层内流体流动的性质开始转变为紊流，在此区域紊流程度不断增强，发展到完全的紊流流动，这时的边界层称为紊流边界层。但即使在紊流边界层中，在紧靠壁表面那一薄层中，流动仍然保持层流，称为层流底层。在层流底层和紊流区之间又有一过渡层，见图3-16。边界层的存在，对传热过程有重大的影响，以后将专门讨论这个问题。

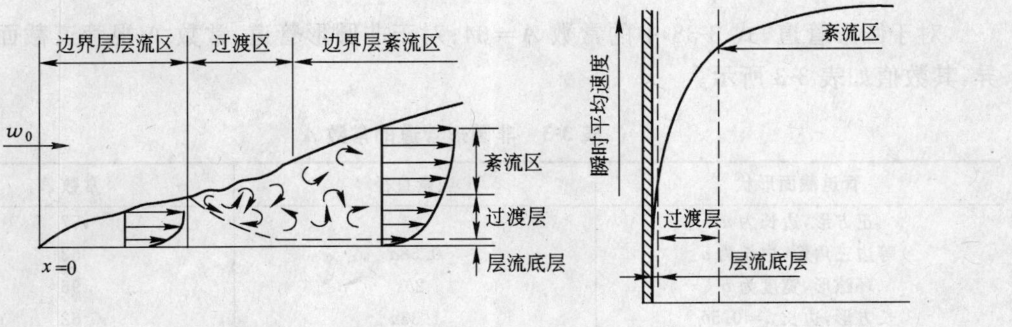

图 3-16 靠近管壁区域内紊流的速度分布

上述速度分布情况是指流体的流动情况已趋稳定而言。流体在进入管道后经过一定距离才能达到稳定。对于紊流，这一段流经的直管距离约为管道直径的 40 倍。同时上述速度分布规律，只是在等温状态下才是正确的，而且稳定不变。

[例 3-9] 温度 1100℃的热空气通过断面为 1.5m×1.0m 的矩形管道，设空气标准状态的流速为 10m/s，试判断管道内的流动属于层流还是紊流？

解:判断流动属于何种形态,需先计算 Re 值,对于高温气体

$$Re=\frac{W_t d\rho_t}{\mu_t}=\frac{W_0 d\rho_0}{\mu_t}$$

先求 1100℃时空气的黏度 μ_t,根据式 3-16 和表 3-2。

$$\mu_t=\mu_0\left(\frac{273+C}{T+C}\right)\left(\frac{T}{273}\right)^{3/2}=0.0000172\left(\frac{273+122}{1373+122}\right)\left(\frac{1373}{273}\right)^{3/2}$$
$$=0.00005125(\mathrm{N\cdot s/m^2})$$

$$\rho_0=1.293\mathrm{kg/m^3}$$

由于管道断面不是圆形,根据式 3-36a 折算为当量直径(m)

$$d_{当}=\frac{2ab}{a+b}=\frac{2\times1.5\times1}{1.5+1}=1.2(\mathrm{m})$$

$$Re=\frac{1.2\times10\times1.293}{5.125\times10^{-5}}=3.03\times10^5$$

Re 值远大于 2300,所以管内流动属于紊流。

3.4.2 气体流动时的压头损失

3.4.2.1 摩擦阻力损失

为了克服摩擦阻力所造成的压头损失叫做摩擦阻力损失,用符号 $h_{摩}$ 表示。一般可按下式计算:

$$h_{摩}=\lambda\frac{l}{d_{当}}\frac{\rho W^2}{2}=\lambda\frac{l}{d_{当}}\frac{\rho_0 W_0^2}{2}(1+\beta t) \tag{3-37}$$

式 3-37 是摩擦阻力损失的计算公式,式中 λ 称为摩擦阻力系数,是雷诺数与管壁粗糙度的函数,其数值可由实验测定。l 为管道长度,其他符号意义同前。

层流流动的摩擦阻力系数与 Re 有下列关系:

$$\lambda=\frac{A}{Re} \tag{3-38}$$

对于圆形管道,式 3-38 中的常数 $A=64$;对于非圆形管道,常数 A 视管道截面形状而异,其数值如表 3-3 所示。

表 3-3 非圆形管道的常数 A

管道截面形状	当量直径	常数 A
正方形,边长为 a	a	57
等边三角形,边长为 a	$0.58a$	53
环隙形,宽度为 b	$2b$	96
长方形,边长 $a=0.5b$	$1.33a$	62

层流流体只有靠近管壁的一层与管壁接触,其速度为零。而整个流动是平行流动,气流核心部分并不与管壁接触,所以层流时不论管壁粗糙度如何,对摩擦阻力没有影响。

紊流时摩擦阻力系数可以用下列公式

$$\lambda=\frac{A}{Re^n} \tag{3-39}$$

式中,n 和 A 都是根据实验确定的常数,与管壁的粗糙度有关,其值可由表 3-4 查出。

加热炉上的气体输送基本上都是紊流，由于管径（或烟道截面）很大，管壁的粗糙度对摩擦阻力系数的影响不很大，所以以上公式计算结果具有足够的精确度。

表 3-4　不同管道的 A、n 和 λ 的数值

常　数	光滑的金属管道	表面粗糙的金属管道	砌砖管道
A	0.32	0.129	0.175
n	0.25	0.12	0.12
λ	0.025	0.035～0.045	0.05

3.4.2.2　局部阻力损失

气体流过管道除了沿程摩擦阻力而外，在流经转弯、扩张、收缩、阀门等处时，由于流速或方向突然发生变化，而造成气体与管壁的碰撞及气体质点之间相互的冲撞，这时产生局部阻力。局部阻力造成的能量损失也可用式 3-34 计算，其中阻力系数 K 值从理论上推导是较困难的，除个别情况外，绝大多数局部阻力系数都是通过实验方法确定的。在实际生产中，局部阻力系数 K 可参考《工业炉设计手册》予以确定。

3.5　烟囱和风机

3.5.1　烟囱的工作原理

从图 3-17 的加热炉排烟系统中可以看出：要使高温烟气从炉内排出，则必须克服排烟系统的一系列阻力。烟囱之所以能克服这些阻力，是由于烟囱能借助烟气与空气的密度差在其底部形成负压，如果令炉膛尾部的表压力为零压，则炉尾压力必大于烟囱底部的压力（负压），于是在静压差的推动下，热气体就可以经过排烟道流至烟囱底部，最后由烟囱排至大气中。

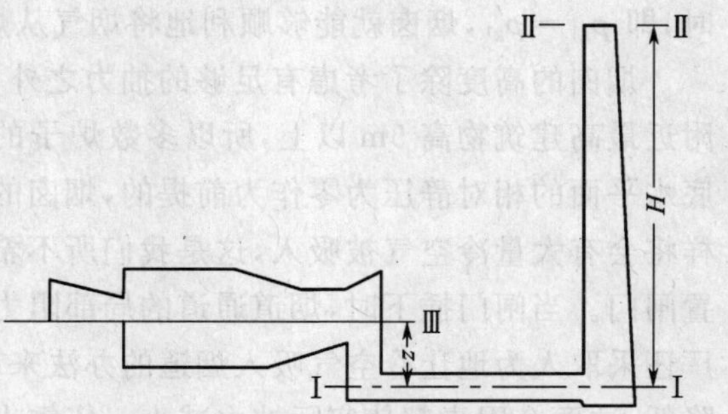

图 3-17　加热炉排烟系统示意图

烟囱底部需要形成多大的负压，主要取决于排烟系统阻力损失的大小。应用柏努利方程式可列出图 3-17 炉尾（Ⅲ-Ⅲ面）至烟囱底部（Ⅰ-Ⅰ面）的能量平衡方程。如取Ⅲ-Ⅲ面为基准面，并考虑该处与大气相通，则可得到：

$$0+0+\frac{W_3^2\rho_3}{2}=z(\rho'-\rho)g+p_{g1}+\frac{W_1^2\rho_1}{2}+h_{局}+h_{摩}$$

于是得：

$$p_{g1}=-\left[z(\rho'-\rho)g+\left(\frac{W_1^2\rho_1}{2}-\frac{W_3^2\rho_3}{2}\right)+h_{局}+h_{摩}\right] \quad (3\text{-}40)$$

式 3-40 说明烟气在烟囱底部的静压头为负值，这是由于烟气从零压的炉尾流出后，一部分静压头消耗于排烟管道内的阻力；另一部分静压头转变为位压头增量（热气体自上而下流动时，位压头增大，也相当于一种阻力）；还有一部分则转变为动压头增量。可见用烟囱排烟时，就必须在烟囱底部形成一个与 p_{g1} 相同的负压，才能使炉尾处的烟气克服压头损失与压头转变中所消耗的能量而顺利流向烟囱底部。再次对图 3-17 列出从烟囱底部(Ⅰ-Ⅰ面)至烟囱顶部的出口(Ⅱ-Ⅱ面)的柏努利方程式,以Ⅱ-Ⅱ面为基准面,烟囱顶的出口处与大气相通,故 $p_{g2}=0$,则得:

$$p'_{g1}+H(\rho'-\rho)g+\frac{W_1^2\rho_1}{2}=0+0+\frac{W_2^2\rho_2}{2}+h_{摩囱}$$

于是得:

$$p'_{g1}=-\left[H(\rho'-\rho)g-\left(\frac{W_2^2\rho_2}{2}-\frac{W_1^2\rho_1}{2}\right)-h_{摩囱}\right] \tag{3-41}$$

$$|p'_{g1}|=H(\rho'-\rho)g-\left(\frac{\rho_2 W_2^2}{2}-\frac{\rho_1 W_1^2}{2}\right)-h_{摩囱}$$

式中,p'_{g1} 为烟囱底部的静压头,是一个负值(即负压),由于炉子内部炉底平面Ⅲ-Ⅲ的静压头一般保持零压左右,即炉内压力大于烟囱底部的压力,所以炉内烟气能流向烟囱底部,并经烟囱排入大气,p'_{g1} 的绝对值就是烟囱对烟气的抽力($h_{抽}$)。

$H(\rho'-\rho)g$ 为烟囱底部烟气的位压头,抽力就是来自这一项的能量,抽力的大小主要取决于烟囱的高度 H 和空气密度 ρ' 与烟气平均密度 ρ 之差。

$\rho_1 W_1^2/2$ 及 $\rho_2 W_2^2/2$ 分别代表烟囱底部及顶部烟气的动压头,ρ_1 及 ρ_2 代表烟气在烟囱底部和顶部不同温度下的密度。外面空气的速度可以视为零。由于烟囱断面常为下大上小(即 $W_2>W_1$),括号内的这一项表示速度增加产生的动压头增量。

可见当烟囱形成的烟囱底部负压 p'_{g1} 大小等于排烟管道在烟囱底部所要求的负压 p_{g1} 时,即 $p_{g1}=p'_{g1}$,烟囱就能够顺利地将烟气从炉膛内排出到烟囱底部,并把烟气排到大气中。

烟囱的高度除了考虑有足够的抽力之外,还要考虑对周围环境的污染问题。一般应比附近最高建筑物高 5m 以上,所以多数炉子的烟囱高度都有富余。由于计算中是以假定炉底水平面的相对静压为零作为前提的,烟囱的抽力有富余,就一定会在炉膛内造成负压。这样将会有大量冷空气被吸入,这是我们所不希望的。为了调节炉内的静压,通常在烟道内设置闸门。当闸门插下时,烟道通道的局部阻力加大,烟囱对炉子的实际抽力则减小。有的工厂还采取人为地让冷空气吸入烟道的办法来调节抽力,冷空气吸入后烟气量增大,烟气温度降低,这两个因素都使实际抽力减小。依靠人工调节的闸门往往难以及时调整,因此在现代化的炉子上,闸门的控制是通过压力参数输入自动调节系统进行调节的。

3.5.2 离心式风机

加热炉通常采用离心式风机作为供风的装置,有时也采用离心式引风机作为排烟装置。

3.5.2.1 风机的作用

风机可向炉子供应空气或其他气体,也可作为抽烟机来排烟。风机作为供风设备的基本作用是把具有一定风量和风压的空气经过供风管道供入炉前的燃烧设备,以保证炉子燃料燃烧对空气的要求。

3.5.2.2 风机的并联和串联

炉子强化生产后,常常遇到风机风量不足的情况,这时可将同型号(即同风压)的几台风机并联起来向总风管送风,而后再将风输送到炉前。并联后的总风量接近于各台风机风量的总和，而风压则接近于原来一台风机的风压。

如果一台风机的风压不能满足炉子生产需要时，则可将几台同型号（即同风量）的风机串联起来使用。串联的方法是：将一台风机的出口接到另一台风机的入口上，最后一台风机的出口与供气管道相接而后送往炉前。串联后的总风压略低于几台风机风压的总和。串联后的总风量接近于一台风机的风量。因为风机串联使用时各台风机的风量未能很好利用，故效率低，而且寿命短。故在实际生产中很少采用风机串联。

3.5.2.3 风机工作的调整

生产中也常常遇到风机能力大于炉子所需能力的情况，加热炉设计的供风能力通常都略有富余，这就要求对风机的工作状态加以调整。即通过调节迫使风机不在最大能力下工作。最简单的调整方法是：适当关闭供风管道上的阀门的开启度。其实质是通过增加管道阻力的办法来改变风机的工作状态，以实现降低风量和风压的目的。如果用阀门调节不符合要求时，还可以将掩盖物加盖在风机的吸风口上，即通过减小吸风口面积来减少风机的风量，从而使风机的风量和风压降低以适应生产的要求。如果电机是可调速的，则可通过改变电机转数来达到调节风机风量和风压的目的。

复习思考题及习题

3-1 什么是绝对压力和相对压力，它们之间的关系是什么？

3-2 压力各种单位之间的关系是什么？

3-3 气体在不同温度下的密度和标准状态下密度之间的关系是什么？

3-4 气体的黏度随温度如何变化，液体的黏度随温度如何变化，为什么？

3-5 气体绝对压力的变化规律是什么？

3-6 气体相对压力的变化规律是什么？

3-7 气体体积流量与流速之间的关系是什么？

3-8 什么是连续性方程？

3-9 什么是柏努利方程？

3-10 气体流动的形态有几种？

3-11 气体流动的摩擦阻力损失和局部阻力损失与什么有关？

3-12 烟囱的工作原理是什么？

3-13 当风机能力大于炉子所需能力时，如何调整？

3-14 分别求出图 3-18 中三种情况下容器中 A 点的相对压力？

(981Pa，−1962Pa，3806Pa)

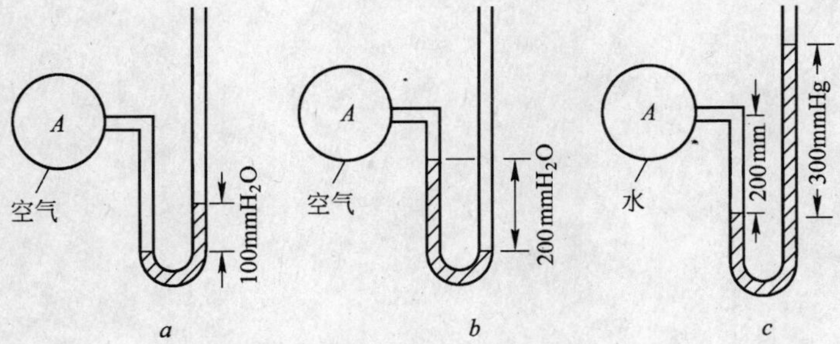

图 3-18 求容器中 A 点相对压力示意图

3-15　如图 3-19，在密闭气柜 1 与 2 中充满空气，压力表 A 的读数为 50kPa，U 形管的读数为 14663Pa，求装在气柜 1 上而露在气柜 2 中的水银压差计读数 h 值。(485mm)

3-16　炉膛内炉气温度为 1350℃，炉气在标准状态下的密度为 1.3kg/m^3，炉外大气温度为 20℃。在距炉底高 1.4m 处的表压力为 9.8Pa，试确定零压面的位置，并判断炉底处是逸气还是吸入冷风？(零压面距炉底高 386mm)

3-17　如图 3-20，为测定一阀门的局部阻力系数 K，在阀门的上、下游装设了三个测压管，其间距 $l_1=1$m，$l_2=2$m，若直径 $d=50$mm，静压管液面高为 $h_1=1.5$m，$h_1=1.25$m，$h_1=0.4$m，流速 $W=3$m/s，求阀门的 K 值。

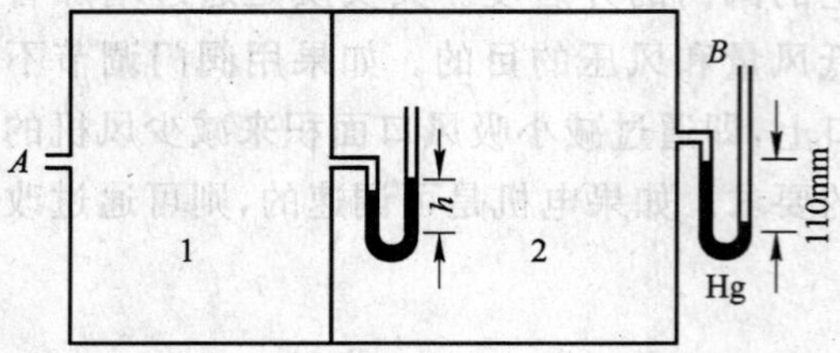

图 3-19　密闭气柜示意图

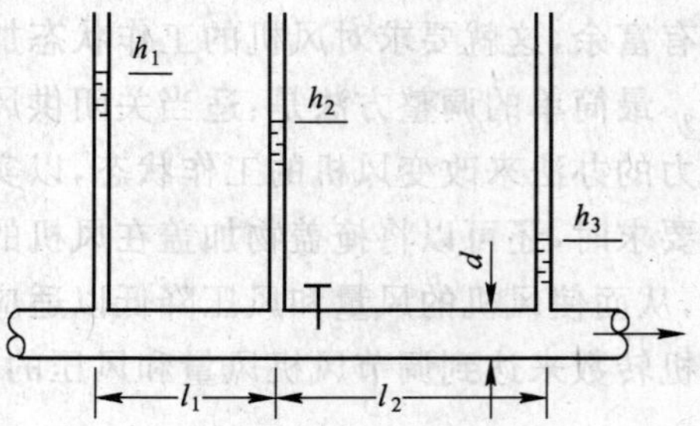

图 3-20　测定阀门局部阻力系数示意图

4 传热原理

4.1 传热的方式

热量由高温向低温部位传递的过程称为传热。传热是自然界中的一个很普遍的自然现象。如将冷的金属放在高温的炉子内，金属的温度便会逐渐上升并接近炉子温度。

工程上研究传热的目的主要是解决两类问题：一类是力求增强传热过程，如换热设备中的热量交换，加热炉内炉气与物料之间的热量交换等；二是力求减弱传热过程，如对炉子采取各种保温措施，力求减少各种热量散失，提高炉子的热效率等。

传热是一种复杂的物理现象。为便于研究，通常按物理本质的不同，将其分为三种基本的传热形式——传导、对流和辐射。

4.1.1 传导传热

物体内部温度不同的部分之间或不同温度的两物体接触之间通过分子热振动，将热量由高温部分传给低温部分的现象，称为传导传热。如炉壁内的传热，坯料由表及里的传热，金属热端向冷端的传热等，都是传导传热的例子。

传导传热在固体、液体和气体中都可以发生，但主要是在固体中。传导传热时，热量总是由温度高的地方传向温度低的地方。

A 热导率(导热系数)

物体导热能力的大小用热导率 λ 来表示，其物理意义是当传热物体厚度为 1m、表面温差为 1℃、传热面积为 $1m^2$ 时，在单位时间内传递的热量大小。

各种材料的热导率都由实验测定。气体、液体和固体三者比较来看，气体的热导率最小，仅为 0.0058W/(m·℃)，而且随着温度的升高，气体的热导率也随着增大。液体的热导率在 0.093～0.698W/(m·℃)之间；温度升高时，有的液体的热导率减小，有的热导率增大。固体的热导率比较大，其中以金属的热导率最大，在 2.326～418.68W/(m·℃)之间。铁的热导率约为 52.34W/(m·℃)。附表 9 为一些常见物质的热导率。

钢铁依其化学成分、热处理和组织状态的不同，其热导率有很大差别。例如，经过轧制的钢，其导热性要比铸造的好；经退火的钢要比未经退火的钢导热性好，碳素钢的导热性要比合金钢好。而且碳素钢的导热性随其含碳量的不同而变化，一般含碳量越高，其导热性越差，合金钢的导热性也是随其合金元素含量的多少而变化的，合金元素与碳的作用一样，通常都是促使钢的导热性降低，因此高合金钢的导热性更差。

对于同一种物质来说，随着温度的变化其热导率也发生变化。对大多数物质而言，其热导率随其温度呈线性变化。即

$$\lambda_t = \lambda_0 + bt \tag{4-1}$$

式中 λ_t、λ_0——分别表示物质在 t℃和 0℃时的热导率，W/(m·℃)；

b——热导率的温度系数，视不同材料由实验确定，W/(m·℃^{2})。

B 传导传热基本公式

传导传热时，传递热量的大小为：

$$Q=-\lambda \frac{dt}{dx}F \tag{4-2}$$

式中 Q——单位时间内传导传热传递的热量大小，W；

λ——热导率，W/(m·℃)；

$\frac{dt}{dx}$——传热方向上的温度梯度，℃/m；

F——传热面积，m^2。

式 4-2 称为傅里叶定律，是传导传热的基本定律。

为了得到传导传热时热量传递的计算公式，我们假设如图 4-1 所示的几何物体，热由 A 面传至 B 面，传热面积为 F，热导率为 λ，A、B 面温度分别为 t_1 和 t_2，A、B 面间的距离为 S，根据傅里叶导热基本定律及图 4-1 所示的条件：

可得单层平壁的导热计算公式 $Q=\frac{\lambda}{s}(t_1-t_2)F$ (4-3)

而对于多层平壁，其导热计算公式则为：

$$Q=\frac{t_1-t_{n+1}}{\frac{S_1}{\lambda_1}+\frac{S_2}{\lambda_2}+\cdots+\frac{S_n}{\lambda_n}}F \tag{4-4}$$

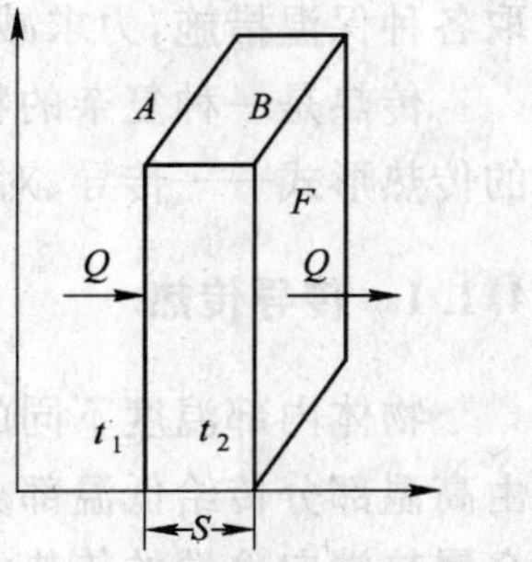

图 4-1 物体内部传热示意图

式中 t_1、t_2——发生传导的平壁两侧的温度，℃；

λ——热导率，W/(m·℃)；

S——平壁的厚度，m；

F——传热面积，m^2。

令 $$R=\frac{S}{\lambda}$$

称为热阻，则它与壁厚 S 成正比，与热导率 λ 成反比。

由式 4-3 和式 4-4 可以看出，导热与导电有类似的规律。由 A 传至 B 面的热量 Q 和热导率 λ、温差 (t_1-t_2)、传热面积 F，传热时间 τ 成正比，与距离 S 成反比。

温差 (t_1-t_2) 又常称为热压，可见导热时单位面积在单位时间内传递的热量与其热压 (t_1-t_2) 成正比，而与其热阻 R 成反比；多层平壁导热则与多个电阻串联相似，总热阻为各层热阻 s_1/λ_1、s_2/λ_2、s_3/λ_3 之和。

传导传热在加热炉的加热中占有重要的地位，为了减少通过炉壁散失到空气中的热量，应采用绝热材料尽可能加大炉壁的热阻；为了缩短坯料的加热时间，提高加热速度，要尽可能地提高炉温。

4.1.2 对流传热

当流体流过固体表面时，由于两者温度不同导致流体各部分发生扰动和混合，从而产生的热量交换的传热方式称为对流传热。实际上的对流传热总是发生在流体与固体表面之间，而且传热过程中总伴随着传导传热存在。特别是当流体流经固体表面时，由于层流边界层的存在，在边界层内只有传导传热发生。这种对流与传导的综合作用称为"对流给热"或"对流换热"。如高温炉气对炉内物料或炉墙的给热，炉外壁对周围空气的给热，冷空气在换热器里被废气预热等，都是对流给热的作用和例子。

对于对流传递热量的大小，工程上通常用下式计算：

$$Q=\alpha_{对}(t_f-t_w)F \tag{4-5}$$

式中 Q——对流传热量，W；

t_f 和 t_w——分别代表流体和固体表面的温度，℃；

F——换热面积，m^2；

$\alpha_{对}$——对流给热系数，W/(m^2·℃)。

由于对流传热都是在物体的表面进行，因此又称为外部传热。

4.1.2.1 影响对流换热的因素

影响对流换热的因素很多，各因素对对流换热的影响都是通过改变 $\alpha_{对}$ 来体现的。

A 流体的种类和性质

不同的流体有不同的热导率、质量定压热容、密度(重度)及黏度等，热导率、质量定压热容及密度大的流体，对对流传热有利；而流体黏度大时，由于两介质的边界层较厚，流体内部的扰动及混合运动较困难，因而对对流传热不利。

B 流动的原因和速度

按流动原因的不同，流体的流动分为自然流动和强制流动。由于流体内部各部分温度不同造成密度不同而引起的流动，称为自然流动。如炉壳周围空气的流动。自然流动下的对流换热称为自然对流换热。自然对流换热时，由于运动速度对其自身没有意义，故此时传热量的多少主要取决于物体各部分的温度差、流体的种类及流体的空间形状和大小等。流体在外力作用(如通风机、搅拌器等)下引起的流动，称为强制流动，在此过程中发生的对流换热称为强制对流换热。强制对流时，流体的运动速度、温度差越大，流体内部的扰动与混合就越强烈，边界层也随之变薄，故传热效果越显著。要注意的是：在强制对流的同时，一般也会发生自然对流，但当强制对流的流动速度相当大时，自然对流与其相比其范围和影响都很小，故忽略不计。

C 流体流动的形态

流体按其流动的形态分层流和紊流两类。层流时，流体各层作平行流动，此时流体与壁面间的热量传递主要依靠传导，由于流体的导热能力较低，故层流状态下的对流传热很微弱。另外，层流时，当流体速度发生变化时，对传热过程的影响也较小。

紊流时，流体内部的扰动和混合加强，流体内部的质点都有机会与另一介质的边界接触，因此其对流传热能力明显增强。但由于紊流时，固体的表面处仍有一层较薄的层流层存在(此处的传热仍以传导为主)，故紊流传热时，传热量主要取决于边界层的厚度。任何使边界层厚度减小的措施(增大流速，造成漩涡等)，都会使对流传热得到加强。

D 换热面的形状、大小和给热方向

换热面的形状对自然对流与强制对流的影响是不同的。复杂形状的表面不利于自然对流换热；但对强制对流换热有利，形状越复杂、表面越粗糙则越有利。空间大，边界层的相对影响减小，故有利于自然对流换热的发展，对强制对流换热的影响则反之。换热面的位置和给热方向也影响着自然对流换热，如换热面向上对冷流体传热，此时自然对流最强烈；若换热面向下，则因受热气体上浮，紧贴换热面，使边界层增厚，传热效果显著降低。强制对流换热的效果仅仅取决于对流的方向(顺流、逆流和正交三种情况)。

4.1.2.2 对流换热的经验公式

要利用式 4-5 来计算对流换热量，必须求出在各种情况下的对流给热系数的数值。对流给热系数在特定的条件下，可以从理论上进行推导，但一般情况下都是用实验的方法来确定。由于实验条件的差异，对同一种对流情况也可能会得到不同的公式和数值，有的甚至出入很大，故下面所介绍的经验公式、图表和数据，只是某些情况下的大概数值。

A 流体与固体表面的自然对流换热

炉子外表面的对流换热，就是此种情况。很显然，炉顶附近的自然对流循环比较容易，侧墙次之，架空炉底下的自然对流循环最难，对流换热的能力最差。

此种情况下对流给热系数 $\alpha_{对}$ 的经验数值如下：

垂直侧墙 $\alpha=2.56\sqrt[4]{\Delta t}$

平面炉顶 $\alpha=3.26\sqrt[4]{\Delta t}$ (4-6)

炉底 $\alpha=1.98\sqrt[4]{\Delta t}$

式中 α——对流给热系数，W/(m² · ℃)；

Δt——固体表面与大气的温度差，℃。

B 管道内强制对流换热

锅炉水管、蒸汽管、冷热空气管道内流体与管道内壁的对流换热都属于此种情况。

$$\alpha_{对}=3.5\frac{W_0^{0.75}}{d^{0.25}} \tag{4-7}$$

式中 $\alpha_{对}$——对流给热系数，W/(m² · ℃)；

W_0——气体在管道中标准状态下的流速，m/s；

d——管道内径或当量直径，m。

C 电阻炉内的强制对流换热

$$\alpha_{对}=K\cdot W^{0.8} \tag{4-8}$$

式中 $\alpha_{对}$——对流给热系数，W/(m² · ℃)；

W——炉气的流速，m/s；

K——取决于炉温的系数，见表 4-1。

表 4-1 系数 K 值

炉膛温度/℃	100	200	300	400	500	600
K	4.81	4.18	3.74	3.37	3.19	3.09

D 火焰炉内的强制对流换热

$$\alpha_{对}=5.7(1+0.55\gamma W) \tag{4-9}$$

式中 $\alpha_{对}$——对流给热系数，W/(m² · ℃)；

γ——炉气重度，kg/m³；

W——炉气流速，m/s，高温炉一般 1～3m/s。

对流传热和传导传热一样，也是高温处向低温处传送热量。

4.1.3 辐射传热

物体的热能变为电磁波(辐射能)向四周传播，当辐射能落到其他物体上被吸收后又变为热能，这一过程称为辐射传热。

辐射传热与对流换热和传导传热有着本质的区别。

(1)辐射是一切物体固有的特性，任何物体只要温度高于绝对零度，都将向外辐射热量。

(2)辐射不需要任何介质，在真空中同样可以传播。太阳的辐射热通过极厚的真空带而射到地球就是很好的例证。

(3)热量的传递过程伴随有能量形式的转变，即热能——辐射能——热能。传递热能的电磁波是波长为 0.4～40μm 的可见光波和红外线，故通常这些射线又称为热射线。

由于辐射是一切物体的固有特性，所以不仅是高温物体把热量辐射给低温物体，而且低温物体同样把热量辐射给高温物体，最后低温物体得到的热量是两者的差额。只要参与相互辐射的两物体的温度不同，此差额就不等于零。因此，辐射传热严格地讲应该叫做辐射热交换。

4.1.3.1 辐射换热的基本概念

当物体接受热射线时，与光线落到物体上一样，有三种可能的情况：一部分被吸收，一部分被反射，另一部分透过物体继续向前传播，如图 4-2。

根据能量守恒定律，这三者之间应有如下的关系：

$$Q_A + Q_R + Q_D = Q \tag{4-10a}$$

$$\frac{Q_A}{Q} + \frac{Q_R}{Q} + \frac{Q_D}{Q} = 1 \tag{4-10b}$$

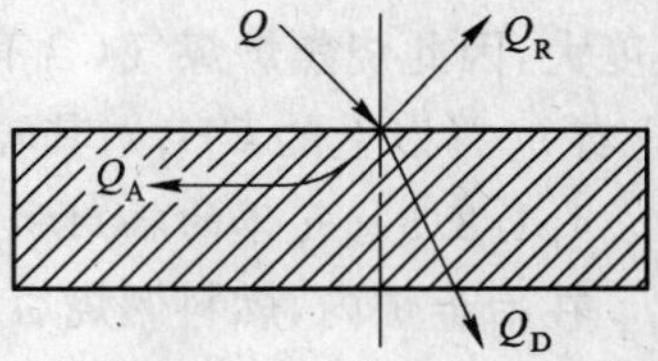

图 4-2 辐射能的吸收、反射和透过

如以 A、R、D 分别表示物体对热辐射的吸收能力、反射能力和透过能力，称为物体的吸收率 A、反射率 R 和透过率 D。

则

$$A + R + D = 1 \tag{4-10c}$$

若 $A=1, R=0, D=0$，即落在物体上的热辐射都被该物体吸收，没有反射和透过，这种物体称为绝对黑体，简称黑体。

若 $R=1, A=0, D=0$，即落在物体上的全部辐射能完全被该物体反射出去，这种物体称为绝对白体，简称白体。

若 $D=1, A=0, R=0$，即投射到物体上的辐射能全部透过该物体，没有任何吸收和反射，这种物体称为绝对透过体，简称透过体。

在自然界中，绝对黑体、绝对白体和绝对透过体都是不存在的。这三种情况只是为了研究问题方便而进行的假设。自然界中大量物体是介于其间的，例如固体与液体一般认为是不透过的，即 $A+R=1$；气体认为是不反射的，即 $A+D=1$。这些物体统称为灰体。

物体对辐射能的吸收、反射和透过能力，取决于物体的性质、表面状况、温度及热辐射的波长等。

4.1.3.2 物体的辐射热量

物体在某温度下单位面积单位时间所辐射出去的能量称为该物体的辐射能力，以 E 表示。根据理论推导和实验，绝对黑体的辐射能力为：

$$E_0 = C_0 \left(\frac{T}{100}\right)^4 \tag{4-11}$$

式中 E_0——绝对黑体的辐射能力，W/m^2；

C_0——绝对黑体的辐射系数，$C_0=5.67W/(m^2 \cdot K^4)$；

T——黑体的绝对温度，K。

式 4-11 通常称为黑体辐射的四次方定律。由于自然界中不存在绝对黑体，如将绝对黑体的辐射定律用于一般物体，则必须对其修正。式 4-12 为灰体的辐射能力计算公式：

$$E=\varepsilon E_0=\varepsilon C_0\left(\frac{T}{100}\right)^4=C\left(\frac{T}{100}\right)^4 \tag{4-12}$$

式中 E——灰体的辐射能力；W/m^2；

ε——灰体的发射率（黑度），$\varepsilon=E/E_0$，是灰体的辐射能力与同温度下黑体辐射能力的比值。附表 10 和附表 11 是各种物体在室温和高温下的黑度值；

C——灰体的辐射系数，$C=\varepsilon C_0$。

从上面的介绍可知，辐射传热量的大小主要与辐射体的温度有关，也就是说，与辐射体之间的温度差有关。在炉膛内加热坯料时，如果提高炉墙的温度，则炉墙辐射给坯料的热量就会增加。因此，提高炉温对快速加热有决定性意义。

辐射传热量的大小还与辐射体的黑度有关。烧油时火焰的辐射能力比烧煤气时的火焰辐射能力大得多就是一个典型的例子。这是因为烧油时（特别是焦油），火焰中有热分解的碳粒，这种碳粒颗粒很小，但黑度很大。又如同样条件下，由于水蒸气的黑度比二氧化碳的黑度大，因此烧焦炉煤气（含有大量的 H_2 和 CH_4）比烧高炉煤气的辐射性要好，烧天然气（含有 90%以上的 CH_4），其辐射能力比焦炉煤气要好。

4.1.3.3 气体的辐射和吸收

在冶金炉内，燃料燃烧后，热量是通过炉气传给被加热物料的。因此，炉内实际进行的是气体与固体表面间的辐射热交换，而炉气（火焰）的辐射是起着关键作用的。

气体的辐射和吸收与固体比较起来有很多特点，主要有以下三点：

(1)不同的气体，其辐射和吸收辐射能的能力不同。气体的辐射是由原子中自由电子的振动引起的。单原子气体和双原子气体（如 N_2、O_2、H_2）没有自由电子，因此它们的辐射能力都微不足道，实际上是透热体。但多原子气体，尤其是燃烧产物中的三原子气体，如 H_2O、CO_2、和 SO_2，却具有相当大的辐射能力和吸收能力。

(2)气体的辐射和吸收，对波长具有选择性。固体的辐射光谱是连续的，即它能辐射和吸收 $\lambda=0\sim\infty$ 所有波长的辐射能。而气体只能辐射和吸收某一定波长间隔中的辐射能，即它只能辐射和吸收光谱中某些部分的能量，这些波长范围即所谓“光带”。对于光带以外的辐射线，气体就成为透热体，所吸收和放射的能量等于零。所以气体的辐射和吸收都带有选择性。二氧化碳和水蒸气的辐射和吸收的光带列于表 4-2。

表 4-2 二氧化碳和水蒸气的辐射和吸收光带

光带	气体种类			
	H_2O		CO_2	
	波长自 $\lambda_1\sim\lambda_2/\mu m$	$\Delta\lambda/\mu m$	波长自 $\lambda_1\sim\lambda_2/\mu m$	$\Delta\lambda/\mu m$
第一光带	2.24～3.27	1.03	2.36～3.02	0.66
第二光带	4.8～8.5	3.7	4.01～4.8	0.79
第三光带	12～25	13	12.5～16.5	4.0

(3)在气体中,能量的吸收和辐射是在整个体积内进行的。固体的辐射和吸收都是在表面进行的,气体则是在整个体积内进行。当热射线穿过气体时,其能量因沿途被气体所吸收而减少。这种减少取决于沿途所遇到的分子数目。碰到的气体分子数目越多,被吸收的辐射能量也就越多。而射线沿途所遇到的分子数目与射线穿过时所经过的路程长短以及气体的压力有关。射线穿过气体的路程称为射线行程或辐射层厚度,用符号 x 表示,可见气体的单色吸收率是气体温度、气体层厚度及气体分压力的函数。

4.1.4 炉膛内的热交换

参与炉膛内热交换过程的有三种基本物质:炉气、炉壁和被加热金属,这三者之间热量交换过程如图 4-3 所示。

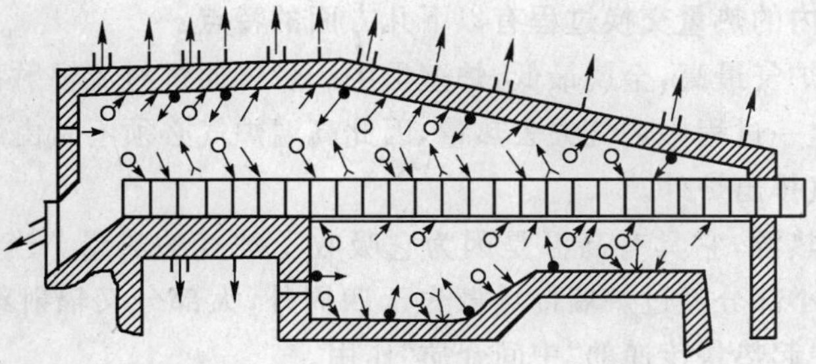

图 4-3 加热炉炉膛传热示意图

符号:○→由燃烧废气辐射传给钢坯(锭)或炉墙;

→由燃烧废气对流传给钢坯(锭)或炉墙;

●→由炉墙辐射传给钢坯(锭)或透过炉气传到炉墙其他部位;

≻→由钢坯(锭)对外辐射透过炉气投射到炉墙;

⇒由炉墙辐射给外部周围;

-→由炉墙对流给外部周围

燃料燃烧所产生的炉气是加热炉炉膛内的热源。炽热的气体以对流与辐射的方式把热量传给被加热金属的表面,同时也传给炉壁。金属与炉壁各吸收一部分热量后,把其余的反射出来。被金属吸收的热量加热了金属,使金属的温度升高;而反射出来的辐射能在经过炉气时,被炉气吸收一部分,其余的透过炉气又投射到炉壁上。同样,炉壁表面吸收一部分热量后,将其余的反射出去,而反射出去的辐射能在经过炉气时被吸收一部分,其余的透过炉气又投射到金属表面和炉壁的其他部位。

炉墙在吸收炉气以对流和辐射方式传来的热量的同时,也吸收金属辐射来的热量,也就是说这里不仅存在气体与固体间的热交换,而且也存在金属与炉壁间的辐射热交换。另一方面,炉壁也向外辐射和反射热量。同样,金属在吸收炉气以对流和辐射方式传来的热量和炉壁辐射来的热量的同时,本身也向外辐射和反射热量。

可见,炉膛内的热量交换过程是很复杂的,辐射、对流和传导同时存在。对炉内坯料的加热,对流、辐射、传导在不同的温度范围所占的比例不同。在 800℃以下时,炉气与金属工件之间的传热主要依靠对流给热;在 800～1000℃之间时,炉气与金属工件之间的传热则要同时依靠对流和辐射换热;而当温度高于 1000℃时,炉气与金属工件之间的传热主要依靠辐射换热,这时金属所吸收的热量约 90%通过辐射换热方式实现。

对高温火焰炉，炉气传给物料的总热量可由下式计算

$$Q=Q_{对}+Q_{辐} \tag{4-13}$$

根据对流给热和辐射换热的计算公式，式(4-13)又可写成如下形式

$$Q=\alpha_{对}(t_{气}-t_{料})F_{料}+C_{气壁料}\left[\left(\frac{T_{气}}{100}\right)^4-\left(\frac{T_{料}}{100}\right)^4\right]F_{料} \tag{4-14}$$

式中　$C_{气壁料}$——炉气及炉壁向物料传热的综合辐射换热系数，

$$C_{气壁料}=\frac{C_0\cdot\varepsilon_{料}[\omega+(1-\varepsilon_{气})]}{\omega+\frac{1-\omega_{气}}{\omega_{气}}[\varepsilon_{料}+\varepsilon_{气}(1-\omega_{料})]} \tag{4-15}$$

式中　ω——炉围展开度，$\omega=\frac{F_{壁}}{F_{料}}$；这里：$F_{壁}$是炉子内壁的面积，$F_{料}$是物料的有效辐射面积。

综上所述，火焰炉内的热量交换过程有以下几方面的特点：

(1)炉内的温度以炉气最高，金属最低，炉壁居中。炉气通过对流辐射将热量传给金属，使金属温度升高。在这一过程中炉气失去热量，因此高温炉气必须不断由燃料燃烧来补充，同时不断地将低温炉气排出炉外。

(2)炉壁本身不是热源，它具有高温是因为它吸收了炉气的热量。当炉壁的温度稳定后，它吸收的热量除一小部分经过炉墙传导散失于四周外，大部分又辐射给金属。因此，炉壁在整个热交换过程中起热量传递的“中间介质”作用。

实际上炉壁对传热的影响是很大的。这是因为炉气对金属的传热是气体与固体间的辐射热交换，而炉壁与金属间的热交换是固体间的辐射热交换。一般来说，气体的黑度很小(仅 0.2～0.4 之间)，故气体与固体的热交换强度远远小于固体间的热交换强度。炉围展开度 ω 越大，炉壁对热交换的影响就愈显著。

(3)炉气和金属的黑度对热交换有很大的影响。二者黑度愈大，热交换就愈强。由于气体的黑度随着炉气中 CO_2 与 H_2O 的含量以及火焰中炭粒的多少发生改变，因此，如果采用粉煤、重油或焦油与煤气混合燃烧，则能增加火焰的亮度，也即增加火焰的黑度，从而加强火焰的辐射强度。

4.2　不稳定态导热

前面所讨论的传热过程都是稳定态下的传热，即物体的温度场不随时间发生变化。实际上在物体加热和冷却过程中，其温度场是随着时间发生变化的，也就是说实际物体内的导热是不稳定态下的导热过程，因此对不稳定态下的导热进行研究更有实际意义。

研究不稳定导热的主要目的是找出物体内部各点的温度及传递的热量随时间变化的规律，从而了解在加热或冷却过程中物体断面上的温度分布情况以及物体的加热时间。不稳定态下换热问题的求解方法有数学分析法、数值解法和实验法等，这里主要介绍数学分析法。

4.2.1　数学分析法及单值条件

数学分析法的关键在于列求解导热微分方程。对于传导传热，以热力学定律及傅里叶定律为基础，推导出的傅里叶导热微分方程为：

$$\frac{\partial t}{\partial \tau}=a\left(\frac{\partial^2 t}{\partial x^2}+\frac{\partial^2 t}{\partial y^2}+\frac{\partial^2 t}{\partial z^2}\right) \tag{4-16}$$

对于无限大平板，可近似地认为传热只在平板的厚度方向上进行，此时上式可简化为：

$$\frac{\partial t}{\partial \tau}=a\frac{\partial^2 t}{\partial x^2} \tag{4-17}$$

式中，$a=\frac{\lambda}{c_p\rho}$为热扩散率(导温系数)，反映物体在加热和冷却时，内部热量传播快慢的物理量。a越大，表明物体温度变化越快，物体越容易被加热或冷却。

上述的微分方程满足所有物体的不稳定态导热问题，它在数学上有无数个解，这对具体的工程加热过程的求解计算是不够的。为此，把与导热过程有关的具体条件以数学式的形式表达出来，与导热微分方程联立进行求解，从而共同完整地描述某个特定的导热问题。这些特定的补充条件称为单值条件。

不稳定态导热下的单值条件一般包括几何条件、物理条件、时间条件和边界条件四类。当求解的问题已给出材料的种类和形状，则几何条件与物理条件均为已知，此时的单值条件就是给出导热过程的初始条件和边界条件。所谓初始条件就是给出在导热的开始时刻($\tau=0$)物体内部的温度分布情况，又称开始条件。例如在处理一些实际问题时，往往将初始的温度场视为均匀的(即 $t_0=$常数)，这就是一种最简单的初始条件；边界条件是给出导热过程中物体边界上(即表面上)的温度或换热情况，描述与导热现象有关的边界条件大致可归纳为以下三类：

(1)第一类边界条件

给出物体表面温度的变化情况，即

$$t_{表}=f(\tau)$$

物体表面温度随时间变化的规律是很多的，比较典型的有：

1)物体表面温度等于常数(如加热开始后，瞬间表面温度便达到所需的最后温度，并在随后的加热过程中保持不变)。即

$$t_{表}=常数$$

2)表面温度随时间呈直线变化。即

$$t_{表}=t_0+C\tau$$

式中 C——加热或冷却速度，℃/h；

τ——加热或冷却时间，h。

(2)第二类边界条件

给出通过物体表面的热流密度与时间的关系。即

$$q=f(\tau)$$

热流密度随时间变化的规律很多，其中最简单的一种情况是通过物体表面的热流密度不随时间发生变化，即

$$q=常数$$

(3)第三类边界条件

给出周围介质的温度随时间变化的规律以及物体表面与周围介质间的热交换规律。这类边界条件比较复杂，最简单的情况是物体在恒温箱中的加热。

$$t_{炉}=常数$$

4.2.2 不稳定态导热的加热例解

由于不稳定态导热问题的数学分析法求解复杂，况且目前只能对某些形状简单、单值条件典型的导热过程有定解，而且解析出的结果也只是某种程度上的近似。故在此只以钢在均热炉中加热的典型情况为例来说明不稳态导热的数学分析方法。

在均热炉中加热钢锭时，由于钢锭的表面温度在很短的时间内便达到了所需的温度并基本保持不变，而内部的温度则随时间逐渐趋近于表面温度。因此容易看出，均热炉中钢锭的加热属于第一类边界条件。另外，盐浴炉中物料的加热、金属在循环的液体中的淬火等也属于此类情况。

均热炉内钢锭的加热有两种不同的开始条件：一是开始时物体内部没有温度梯度，各点温度均匀（图 4-4a）；二是开始时物体内部温度呈抛物线分布（图 4-4b）。

（1）第一种情况

开始条件：$\tau=0$，$t_0=$常数；

边界条件：$x=\pm s$（两面对称加热），$t_{表}=$常数；

几何条件：无限大平板（面积相对于厚度很大）。

根据上述的单值条件，对导热微分方程求解并整理得到如下结果：

$$\frac{t_{表}-t}{t_{表}-t_0}=\varphi\left(\frac{\alpha\tau}{s^2},\frac{x}{s}\right) \tag{4-18}$$

式中函数见图 4-5。式 4-18 就是物体均热时，内部温度 t 随时间 τ 的变化规律。如果已知加热时间 τ，根据上式可计算物体内各点在当时的温度 t；反之，如果给出物体内某点要求的温度 t，也可以计算出加热到此点温度所需要的时间 τ。

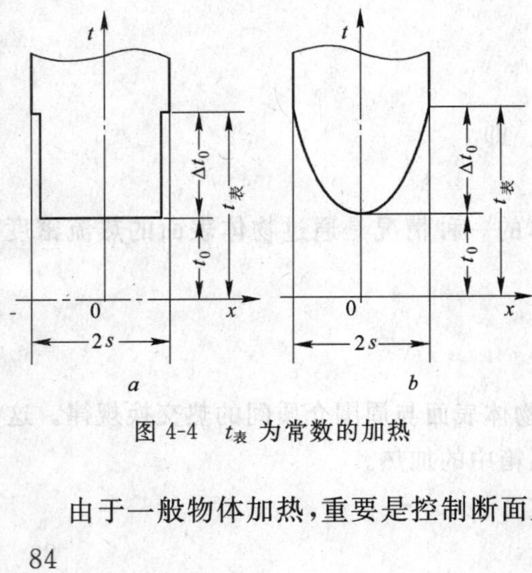

图 4-4　$t_{表}$ 为常数的加热

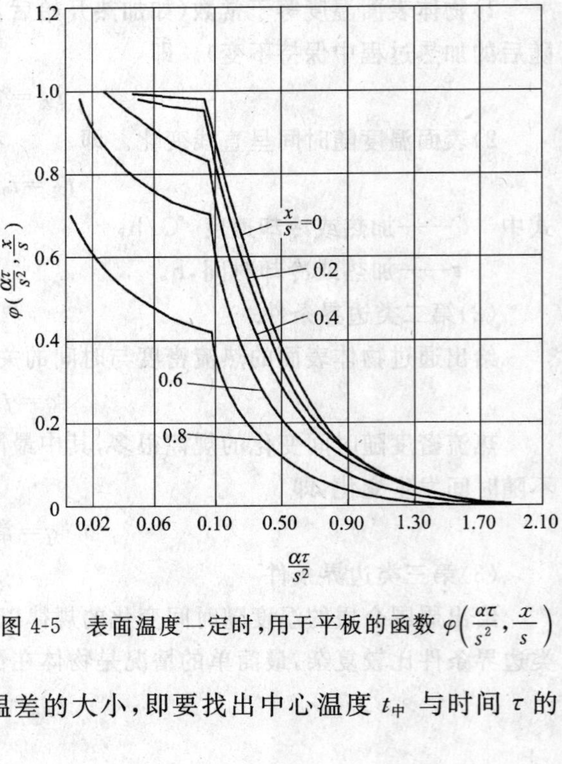

图 4-5　表面温度一定时，用于平板的函数 $\varphi\left(\frac{\alpha\tau}{s^2},\frac{x}{s}\right)$

由于一般物体加热，重要是控制断面上温差的大小，即要找出中心温度 $t_{中}$ 与时间 τ 的关系。因此，上式可改写为：

$$\frac{t_{表}-t_{中}}{t_{表}-t_0}=\varphi_{中}\left(\frac{\alpha\tau}{s^2}\right) \tag{4-19}$$

式中　$t_{中}$——在时间 τ 时，物体中心的温度。

为了便于应用，各种形状物体的函数 $\varphi_{中}$ 值已制成如图 4-6 所示的图表，只要给出时间 τ 便可求出中心温度 $t_{中}$，反之亦可。

(2)第二种情况

初始条件：$\tau=0$，断面温度呈抛物线分布，即

$$t=t_0+\Delta t_0\ \frac{x^2}{s^2}$$

边界条件：$x=\pm s$ 时，$t_{表}=t_0+\Delta t_0=$常数，并在加热过程中表面温度始终不变。

t_0 为开始时中心温度，Δt_0 为开始时表面与中心的温度差。

根据上述条件，平板微分方程的解为：

$$\frac{t_{表}-t}{t_{表}-t}=\varphi\left(\frac{\alpha\tau}{s^2},\frac{x}{s}\right) \tag{4-20}$$

式中，函数 φ 值见图 4-7。

对于工程运算中经常要求的物体中心温度 $t_{中}$ 随时间而变化的关系，表达式为

$$\frac{t_{表}-t}{t_{表}-t_0}=\varphi\left(\frac{\alpha\tau}{s^2},\frac{x}{s}\right) \tag{4-21}$$

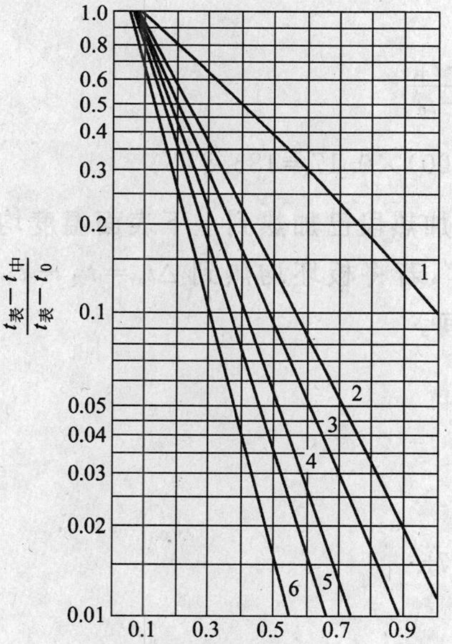

图 4-6　表面温度一定时，函数 $\varphi_{中}\left(\frac{\alpha\tau}{s^2}\right)$

1—平板；2—方柱体；3—无限长圆柱体；

4—立方体；5—$H=d$ 的圆柱体；6—球体

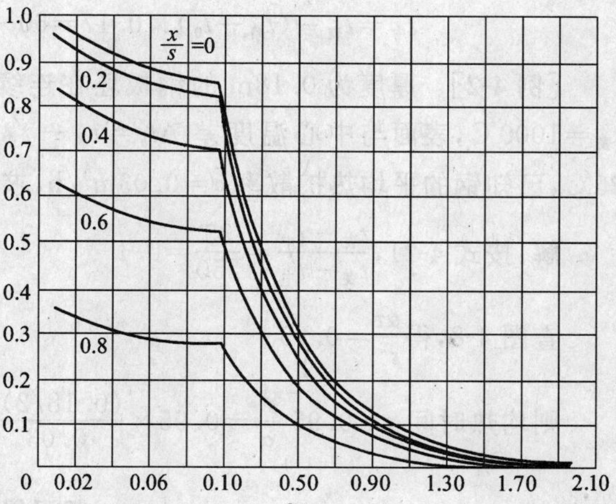

图 4-7　表面温度一定，开始时平板内温度为抛物线分布时用于平板的函数 $\varphi\left(\frac{\alpha\tau}{s^2},\frac{x}{s}\right)$

式中，$\varphi_{中}\left(\frac{\alpha\tau}{s^2}\right)$见图 4-8。

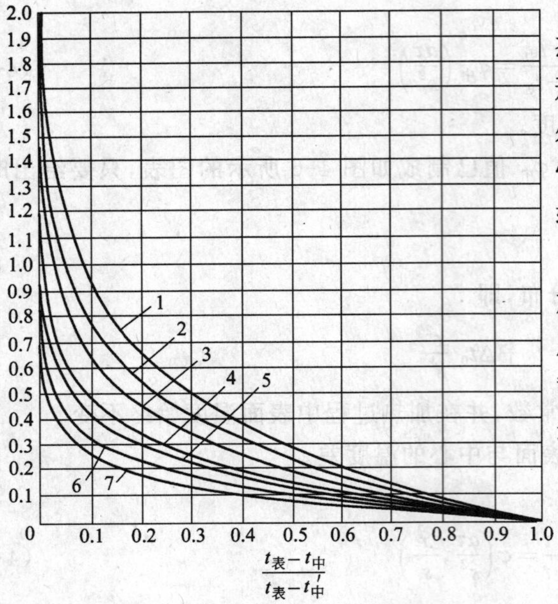

图 4-8　表面温度一定，开始时物体截面温度为抛物线分布时的 $\varphi_{中}\left(\frac{\alpha\tau}{s^2}\right)$

1—大平板；2—长直角体 $B/S=2$；3—长直角体 $B/S=1.4$；4—长直角体 $B/S=1$；5—长圆柱体；6—立方体；7—球体

上面介绍的分析解法对解决不稳定态导热问题有普遍的意义，但只适用几何形状及边界条件简单情况下的加热。另外，因为在计算中要作很多假定，而实际情况和这些条件有较大的出入，因此误差较大。

[例 4-1]　直径 $d=0.2$m 的圆钢轴，加热至 800℃，截面温度分布均匀，浸入温度为 60℃的循环水中淬火，已知钢的热扩散率 $\alpha=0.04\text{m}^2/\text{h}$，求 6min 后钢轴中心达到的温度。

解：忽略在钢轴表面所形成的蒸汽层的影响，则可认为表面温度立刻冷却到 $t_{表}=60$℃并一直保持不变。

$$R=\frac{d}{2}=\frac{0.2}{2}=0.1\text{m}\quad \tau=\frac{6}{60}=0.1\text{h}$$

则 $$\frac{\alpha\tau}{R^2}=\frac{0.04\times0.1}{0.1^2}=0.4$$

按式(4-19)，查图 4-6，得

$$\varphi_{中}\left(\frac{\alpha\tau}{s^2}\right)=0.17=\frac{t_{表}-t_{中}}{t_{表}-t_0}$$

$$t_{中}=t_{表}-(t_{表}-t_0)\times0.17=60-(60-800)\times0.17=185.8℃$$

[例 4-2]　厚度为 0.18m 的钢板坯在连续加热炉加热段已加热到上下表面温度均为 $t_{表}=1000$℃，表面与中心温度差 $\Delta t_s=t_{表}-t'_{中}=250$℃，若将板坯均热到 $\Delta t_s=t_{表}-t_{中}=25$℃，已知钢的平均热扩散率 $\alpha=0.03\text{m}^2/\text{h}$，求均热时间。

解：按式 4-21，$\frac{t_{表}-t_{中}}{t_{表}-t'_{中}}=\frac{25}{250}=0.1$

查图 4-8，得 $\frac{\alpha\tau}{s^2}=0.95$

则均热时间 $\tau=0.95\frac{s^2}{\alpha}=0.95\times\frac{(0.18/2)^2}{0.03}=0.257\text{h}$

复习思考题

4-1　三种基本传热方式的区别在哪里，工件在盐浴炉中加热存在几种基本传热方式？

4-2　热导率的意义是什么，与哪些因素有关？

4-3　当 (t_1-t_2) 一定时，在不同温度情况下，传导传热量是否有变化？

4-4　对流传热的强弱与哪些因素有关，什么叫对流传热系数，由哪些主要因素决定？

4-5　辐射传热是怎样进行的，它与传导、对流有什么不同？

4-6　从传热原理出发，减少炉墙热损失的途径有哪些？

4-7　概述加热炉内的综合热交换过程，并说明怎样利用传热原理来提高加热速度。

4-8　在连续式加热炉内，哪些地方有对流换热现象，哪些地方需要强化对流传热，哪些地方需要减少对流传热，采取什么措施来实现上述目的？

4-9　在连续式加热炉内，哪些地方是辐射传热，哪些地方需要强化辐射传热，哪些地方需要减少辐射传热，采取什么措施来实现上述目的？

5 加热炉的生产率和热效率

5.1 加热炉的生产率

5.1.1 加热炉的生产率及其计算

加热炉的生产率是指炉子单位时间内的产量。一般用 t/h 来表示。目前大型加热炉生产率已高达 300～400t/h 左右。当然也可以用日产量或班产量来表示炉子生产率。

若已知加热时间，生产率用 G 表示，则可按下式计算：

$$G=\frac{N}{\tau} \tag{5-1}$$

式中 G——炉子小时产量，t/h；

N——炉子容量，炉内容纳金属质量，t；

τ——加热时间，h。

为了确切地说明炉子工作的好坏，常采用单位生产率这一指标，即每平方米炉底布料面积（有效炉底面积）的小时产量，单位是 kg/(m^2 · h)。目前大型现代化加热炉的单位生产率已高达 700～800kg/(m^2 · h)，甚至更高。单位生产率用 P 表示。P 值又称有效炉底强度。

可按如下公式计算：

$$P=\frac{G\cdot 1000}{F} \tag{5-2}$$

式中 P——有效炉底强度，kg/(m^2 · h)；

G——炉子小时产量，t/h；

F——炉底布料面积，m^2。因 F 的值为有效炉底面积，对连续加热炉，F 可用下式计算：

$$F=nlL \tag{5-3}$$

式中 n——连续加热炉炉内坯料排数；

l——坯料长度，m；

L——炉子的有效长度，m。

5.1.2 影响加热炉生产率的因素

A 炉型结构的影响

炉子型式、大小，炉体各部分的构造、尺寸，炉子所用的材质，附属设备的构造等，都属于炉型结构方面的因素。炉型结构不仅应设计合理，而且要保证砌筑质量合格，以期延长炉子的使用寿命，缩短检修周期。

炉型结构对生产率的影响很大，提高生产率可从以下几方面考虑。

(1)采用新炉型。加热炉总的发展趋势是向大型化、多段化、机械化、自动化方向发展。例如轧钢加热炉，最初轧机能力很小，钢锭尺寸也很小，当时连续式加热炉很多是一段式或二段式的实底炉，到20世纪四五十年代主要是三段式两面加热的炉子。近十几年来，出现了五段、六段甚至八段式的炉子。就是二段、三段式加热炉的炉型也有很多变化，例如加热段配置了上下烧嘴和顺向、反向烧嘴，或在炉顶配制平焰烧嘴，沿炉子全长配置侧烧嘴，成为只有一段的等温直通式炉。炉子的单位生产率也由过去只有300～400kg/(m^2·h)，提高到今天超过1t/(m^2·h)。每座炉子的小时产量可达350t以上。

炉子的机械化程度越来越高，轧钢车间由推钢式连续加热炉发展到各种步进式、辊底式、环形及链式加热炉等。一些异型坯过去在室状炉内加热，现在改在环形炉内加热，生产率有了很大提高。

炉子的自动化是目前的发展方向，由于实现热工自动调节，可以及时正确地反映炉内工况和有效地控制炉温、炉压等一系列热工参数，从而可以很好地实现所希望的炉温制度、炉压制度和气氛类别，提高炉子的产量和质量。电子计算机的使用，可以实行炉况的最佳控制。

(2)改造旧炉型。扩大炉膛，增加装入量。在炉基不变的情况下，可以通过对炉体的改造，扩大炉膛，增加装料量。

改进炉型和尺寸，使之更加合理。有的炉子炉型、尺寸采用通用设计，但具体条件出入很大，如燃料不同，发热量相差悬殊，坯料尺寸与设计出入较大等。有的炉子原来使用固体燃料，以后改烧重油，后来又改烧煤气。此外，有的炉膛过高，上下压差大，金属表面上气体温度低；或炉顶太低，气层厚度薄，炉墙的中间作用降低。这些都不利于热交换。在炉子改建时，如能根据实践经验选择合理的尺寸，将能加快坯料的加热，从而提高炉子的生产率。

减少炉子的热损失。通过炉体传导的散热损失和冷却水带走的热通常占炉子热负荷的1/5～1/4，不仅造成热能的消费，而且降低了炉子的温度，影响坯料的加热。减少这方面的损失，可以提高炉子产量。

加热炉炉底水管的绝热，是节约能源，提高炉子生产率的一项重要措施。由于水管与坯料直接接触，冷却水带走的热一部分是有效热，使坯料温度受到影响，其次坯料与水管接触的地方产生水管黑印，坯料上下面会形成阴阳面，也需要延长均热时间，这些都对炉子的产量和加热质量有影响。现在大力推广耐火可塑料包扎炉底水管，仅这一项措施可以提高炉子生产率15%～20%。

近一二十年，国内外开始发展无水冷滑轨加热炉，采用高级耐火制品或耐热金属作为滑轨材料。据报道，这一项目的采用可使加热能力增加30%左右。

B　燃烧条件和供热强度的影响

热负荷增大以后，炉子的温度水平提高，向金属传热的能力加强。这一点对负荷较低的炉子，效果比较显著，如果热负荷已经较高，继续提高热负荷，增产的效果并不显著。相反，供热强度过大，还会引起燃料的浪费，金属的烧损增加，炉体的损坏加速，所以炉子必须有一个合理的热负荷。

连续式加热炉提高供热强度的重要措施是增加供热段数，扩大加热段、提高加热段炉温水平、缩短预热段，但这些措施往往会使废气出炉温度相应提高。

提高热负荷的一个重要先决条件是必须保证燃料的完全燃烧，如燃料在炉内有10%不能燃烧，炉子产量将降低15%～20%。

为了提高热负荷或改善燃烧条件，对燃烧装置的改进应给予充分注意。有的炉子生产率不高是由于烧嘴能力不足或者烧嘴结构不完善（如雾化质量太差，混合不良），需要加以改进或更新。炉子向大型化方向发展后，炉长、炉宽增加了，如何保证炉内温度均匀，是与炉子生产率和产品质量都有密切关系。为此出现了火焰长度可调烧嘴和平焰烧嘴，位置由端烧嘴发展到侧烧嘴、炉顶烧嘴，分散了供热点，改善了燃烧条件和传热条件，从而有效地提高了炉子生产率。

C　坯料入炉条件的影响

在加热条件一定的情况下，坯料越厚，所需要的加热时间越长，炉子单位生产率越低。

坯料厚度是客观现实条件。为了提高生产率应设法增加坯料的受热面积。连续加热炉上明显的例子是把一面加热的实底炉，改为具有下加热的炉子，这样在计算加热时间时，相当于坯料厚度减小了一半。除去炉底水管带走的热量，炉子生产率仍可提高25%～40%。

坯料的入炉温度对炉子生产率也有重要的影响。入炉温度越高，加热所需要的热量越少，加热时间越短，炉子生产率越高（例如轧钢厂已成功实现钢坯的热装热送）。此外，国外还研究利用炉子废气喷吹预热坯料，既可以回收热能，又可以提高加热炉的生产率。

D　工艺条件的影响

加热工艺也是影响炉子生产率的一个因素。例如轧钢加热炉，在制定加热工艺时，要考虑到选择最合理的加热温度、加热速度和钢坯终了温度的均匀性。因为钢种、钢料断面尺寸常有变动、加热工艺要作相应的调整，如果加热温度定得太高，加热速度太快，断面温度差定得太严，都会影响炉子生产率。现在国内外注意到了降低出钢温度对节约能源、提高炉子生产率的作用，纷纷实行低温轧制工艺制度。

上述影响因素都可以看做是外部条件，是可以控制或改变的因素。都是为了改善炉膛热交换的条件，使金属在单位时间内得到更多的热量，缩短加热时间。

还有很多影响炉子生产率的因素。有些甚至还是起主导作用的。例如车间其他设备能力和炉子生产能力之间的相互制约关系。对轧钢车间来说，轧机产量小于炉子产量则炉子实际生产率会受到轧机的限制。对于不同规格的产品，由于轧机产量的不同，炉子的产量也就不相同。其次还有如炉体寿命、维修质量、原料管理、生产调度、操作事故等因素的影响。要针对上述所列诸因素，抓住主要矛盾，进行综合考虑，为了提高炉子生产率，片面强调哪一个方面都不会收到良好的效果。

5.2　炉子热平衡

热平衡是热力学第一定律在炉子热工上的应用。所谓热平衡，不单纯是炉子上的热量收支平衡，也可以是指整个企业各种能量之间的综合收支平衡，即能量供应与消耗、有效利用、能量损失之间的平衡。在平衡计算时，根据需要可以将各种能量按“等价热量”进行计算。

钢铁企业是能源消耗大户，我国钢铁企业近年来的能耗量约占全国总能耗的12%～13%，轧钢加热炉的能耗占轧钢生产总能耗的70%左右，可见通过热平衡计算，找出降低能耗的方法，是加热炉节能的重要技术手段。本章所要讨论的就是加热炉的有关热平衡问题，这里的炉子热平衡，它表示一定时间内炉子系统、燃烧室、换热器等设备的热量收入与支出情况。

5.2.1 编制热平衡的目的

编制热平衡的目的在于：

(1)通过现场测试，编制热平衡，分析炉子的热工作，判断热量利用合理与否，提出提高炉子热效率的途径。

(2)在设计炉子时，通过热平衡计算确定炉子的燃料消耗量，有时也可以通过热平衡计算确定炉子的工件加热温度。

5.2.2 炉子热平衡计算

设计新炉子时，通过炉子热平衡计算，可以确定炉子的燃料消耗量，进而确定燃烧装置的供热能力。根据评价设备及热平衡编制目的的不同，可以有不同形式的热平衡。例如，可以是单位时间内炉子的热平衡，适用于连续式加热炉；也可按一个工作周期建立热平衡，适用于间歇操作的炉子，也可以是对热工设备的某一个局部区域做热平衡以深入研究该区域内的热量收支分配情况。总之，它是研究炉子热工特点的一个基本技术手段。

如前所述，一座炉子由几个主要部分组成，因而可以编制全炉的热平衡，也可以编制某一区域的热平衡，如炉膛热平衡、预热装置热平衡。必要时还可以划分更小的区域，如沿炉长方向将炉膛分为几个区域，分别编制热平衡。这里重点讨论轧钢加热炉炉膛的热平衡，它是炉子各区域热平衡中核心的一环。

热平衡计算一般包括如下项目：

热收入项：

1)燃料燃烧的化学热 Q_1

2)燃料带入的物理热 Q_2

3)空气带入的物理热 Q_3

4)钢坯氧化的化学热 Q_4

5)雾化剂带入的物理热 Q_5

热支出项：

1)钢坯加热所需的热量 Q_1'

2)出炉废气带走的热损失 Q_2'

3)燃料化学不完全燃烧损失 Q_3'

4)燃料机械不完全燃烧损失 Q_4'

5)炉体的散热损失 Q_5'

6)冷却水热损失 Q_6'

7)经开启炉门或窥视孔等的辐射热损失 Q_7'

8)经开启炉门或孔、缝等的逸气热损失 Q_8'

9)其他热损失 Q_9'

以下分别介绍热平衡各项的计算(基准温度为 0℃，热量的单位为 kJ/h)。

5.2.2.1 热收入项计算

(1)燃料燃烧的化学热。这项热量是炉子的工艺热源，是热收入的主要部分。

$$Q_1 = BQ_{低} \quad (5\text{-}4)$$

式中 B——燃料消耗量，kg/h 或 m^3/h；

$Q_{低}$——燃料的低发热量，kJ/kg 或 kJ/m^3。

(2)燃料带入的物理热。当用重油作燃料时，一般将其预热到 80～120℃，以保证雾化良好。在使用煤气时，为利用废热或提高燃料的燃烧温度，经常也将煤气预热。

$$Q_2 = Bc_{燃}\ t_{燃} \quad (5\text{-}5)$$

式中 $c_{燃}$——燃料的平均质量定压热容，kJ/(kg·℃)或 $kJ/(m^3·℃)$；

$t_{燃}$——燃料的入炉温度，℃。

(3)空气带入的物理热。采用预热器来预热助燃空气，它所带入的热量在热收入项中，它的大小主要取决于空气的预热温度。

$$Q_3 = BnL_0 c_{空}\ t_{空} \quad (5\text{-}6)$$

式中 $c_{空}$、$t_{空}$——助燃空气的平均质量定压热容 $kJ/(m^3·℃)$和入炉温度(℃)；

n——燃烧时的空气消耗系数；

L_0——燃料所需的理论空气量，m^3/m^3 或 m^3/kg。

(4)钢坯氧化的化学热。钢在高温火焰炉中加热时，要产生氧化烧损。其烧损率一般为 1%～3%，每 1kg 钢氧化反应放出的热量大约为 5652kJ。

$$Q_4 = 5652Ga \quad (5\text{-}7)$$

式中 G——炉子产量，kg/h；

a——钢的氧化烧损，kg/kg。计算时可取 0.01～0.03kg/kg。

(5)雾化剂带入的物理热。用蒸汽作雾化剂时，为保证重油的良好雾化，必须供给一定压力和一定量的蒸汽。

$$Q_5 = Bqc_{汽}t_{汽} \quad (5\text{-}8)$$

式中 q——每 kg 燃料油雾化用蒸汽量，kg/kg；

$c_{汽}$——蒸汽的平均质量定压热容，kJ/(kg·℃)；

$t_{汽}$——蒸汽的温度，℃。

5.2.2.2 热支出项计算

(1)金属加热所需的热量。这项热量是材料进行各种热加工所必须的热量，是加热工艺的目的。

$$Q_1' = G(c_2t_2 - c_1t_1) \quad (5\text{-}9)$$

式中 t_1、t_2——分别为金属入炉和出炉时的温度，℃；

c_1、c_2——分别为金属入炉和出炉时的平均质量定压热容，kJ/(kg·℃)。

(2)出炉废气带走的热损失。废气带走的热损失，在热平衡的支出项中，通常为最大的热损失，其所占的比例随炉型而异。一般连续式炉约为 25%～30%。影响这项热损失大小的主要因素是出炉废气温度和废气量。

$$Q_2' = BV_{废}\ c_{废}\ t_{废} \quad (5\text{-}10)$$

式中 $V_{废}$——单位燃料燃烧时产生的废气量，m^3/m^3 或 m^3/kg；

$t_{废}$——出炉废气温度，℃；

$c_{废}$——出炉废气的平均质量定压热容，$kJ/(m^3·℃)$。

(3)燃料化学不完全燃烧损失。当燃料燃烧时，由于空气量供给不足或燃烧装置的混合性能不好，都会造成燃料的化学不完全燃烧。在废气中含有可燃物质，其中主要是一氧化碳和氢气。一般可以认为废气中每含1%的一氧化碳就会同时存在有0.5%的氢气，这样混合气体中一标准立方米一氧化碳折算的发热量为18042kJ，因此这项热损失可按下式计算：

$$Q_3' = 18042 B V_{废}\ CO/100 \tag{5-11}$$

式中 CO——$100m^3$ 废气中一氧化碳的含量。

这项热损失的大小取决于燃料的完全燃烧程度，根据计算，废气中每含有1%的二氧化碳，大约就有2%～5%的燃料损失。

(4)燃料机械不完全燃烧损失。这项热损失通常是指烧固体燃料时漏下炉箅或被吹走的煤末，或是指烧液体和气体燃料时经管道不严密处漏损的燃料，也可以指废气中炭黑形成的损失。可按下式计算：

$$Q_4' = K B Q_{低} \tag{5-12}$$

式中 K——燃料机械不完全燃烧百分数。对于固体燃料 K 为3%～10%；气体燃料 K 为0.5%～1%；液体燃料 K 不超过1%。

(5)炉体的散热损失。在连续式加热炉上，热量通过炉墙、炉顶和炉底向外散失热量。其散热量的大小，主要决定于炉子的工作温度和构成砌体材质的性质和厚度。

$$Q_5' = \frac{3.6 \times (t_1 - t_2)}{\frac{S_1}{\lambda_1} + \frac{S_2}{\lambda_2} + \cdots + 0.06} F \tag{5-13}$$

式中 t_1——炉子内表面温度，℃；

t_2——炉子周围空气温度，℃；

S_1、S_2——各层耐火材料和绝热材料的厚度，m；

λ_1、λ_2——各层耐火材料和绝热材料的热导率，W/(m·℃)；

0.06——炉壁外表面与周围空气之间的热阻；

F——炉壁的散热面积，m。

由于炉体各部分砌体厚度不同，温度不同，所以炉体各部分的散热损失要分别计算，然后把它们加起来，才能求得整个炉体的散热损失。

(6)冷却水热损失。在连续式加热炉内，水冷滑轨及其他水冷部件将带走大量的热，约占热平衡支出项的10%～30%。

$$Q_6' = G_{水}(i' - i) \tag{5-14}$$

式中 $G_{水}$——冷却水消耗量(如为汽化冷却时，即产生的蒸汽量或补给水量与排污水量之差)，kg/h；

i、i'——冷却水入口和出口的焓，kJ/kg，如为汽化冷却时，即为进水时水的焓量与生成的蒸汽的焓。

(7)经开启炉门或窥视孔等的辐射热损失。当炉门或窥视孔打开时，由炉内向外辐射造成热损失。炉温越高、开启时间越长，热损失就越大，其数值可按下式计算：

$$Q_7' = 20.4\left(\frac{T_{炉}}{100}\right)^4 \varphi F \psi \tag{5-15}$$

式中 $T_{炉}$——炉门或窥视孔处炉气温度，K；

F——开启炉门或窥视孔的面积，m^2；

φ——综合角度系数，一般对大炉门 $\varphi=0.7\sim0.8$，小炉门 $\varphi=0.2\sim0.5$；

ψ——炉门或窥孔的开启时间，h。

(8)经开启炉门或孔、缝等的逸气热损失。当炉内压力大于大气压（炉子正压操作）时，炉气就要通过开启炉门或孔、缝等处向炉外逸出，而造成热损失。炉压越大，逸出热气体越多，热损失也越大。在现场测定时，可根据所测得的逸出气体的量和温度，按下式计算：

$$Q'_8=V_0 c_{炉气}\cdot t_{炉气} \tag{5-16}$$

式中 V_0——在标准状态下，从炉内逸出的气体量，m^3/h；

$c_{炉气}$——炉气的平均质量定压热容，$kJ/(m^3\cdot ℃)$；

$t_{炉气}$——炉气的温度，℃。

(9)其他热损失。此项包括炉子蓄热的热损失，炉体不严密而带来的热损失，氧化铁皮带走的热量，加热炉各种支架、链带、炉辊等的热损失等。这些项目有的可以计算，如间歇式炉蓄热损失、稳定态下炉底的热损失等，有的则很难计算，只能作大致估算。

5.2.2.3 求燃料消耗量 B

炉子的热平衡式为：

$$Q_1+Q_2+\cdots+Q_5=Q'_1+Q'_2+\cdots+Q'_9 \tag{5-17}$$

在炉子热平衡方程式(5-18)中，只有一个未知数，即燃料消耗量 B，故解此方程即得燃料消耗量。

5.2.2.4 编制热平衡表

为了便于对热平衡收、支各项进行比较，一般是把热平衡结果列成表格的形式，并表示出热收入和热支出各项在总热量中所占的百分数。有了热平衡表对炉子热量利用情况就可以一目了然。

实际在炉子上，测出热平衡的所有项目，往往是很困难的，一般测定一些主要项目，对分析研究问题也就够了。热平衡表的格式如表 5-1 所示。

表 5-1 热平衡表

热收入项			热支出项		
项目名称	热量/$kJ\cdot h^{-1}$	%	项目名称	热量/$kJ\cdot h^{-1}$	%
1.燃料燃烧的化学热	Q_1		1.金属加热所需的热量	Q'_1	
2.燃料带入的物理热	Q_2		2.出炉废气带走的热损失	Q'_2	
3.空气带入的物理热	Q_3		3.燃料化学不完全燃烧损失	Q'_3	
4.钢坯氧化的化学热	Q_4		4.燃料机械不完全燃烧损失	Q'_4	
5.雾化剂带入的热	Q_5		5.炉体的散热损失	Q'_5	
			6.冷却水热损失	Q'_6	
			7.经开启炉门或窥视孔等的辐射热损失	Q'_7	
			8.经开启炉门或孔、缝等逸气的热损失	Q'_8	
			9.其他热损失	Q'_9	
总计	$\sum Q_{收入}$	100	总计	$\sum Q_{支出}$	100

5.3 加热炉的燃耗及热效率

由于能源紧缺，节能已被提到极为重要的地位上来了。而能体现节能的重要指标如热效率、燃耗等指标已越来越得到人们的广泛关注。

5.3.1 加热炉的单耗

5.3.1.1 加热炉的单耗

它一般用生产单位质量(每 1t)的坯料或工件所消耗的燃料量来表示,又称单位燃耗。使用气体燃料时一般用“m^3(煤气)/t 坯料”表示。使用固体或液体燃料时用“kg(燃料)/t 坯料”表示。鉴于各种燃料发热量不同,用上述表示方法不便于比较,因此也可以将不同燃料的燃耗都折合成“标准燃料”消耗量,即用“kg(标准燃料)/t 坯料”表示。

(1)单位实物燃耗 b:

$$b=\frac{B}{G} \tag{5-18}$$

式中 b——单位燃耗,kg/t 或 m^3/t;

B——燃料消耗量,kg/h 或 m^3/h;

G——炉子小时产量,t/h。

(2)单位热耗 R:

$$R=\frac{BQ_{低}}{G} \tag{5-19}$$

式中 R——单位热耗,kJ/t。

(3)单位标准燃耗 b':

$$b'=\frac{BQ_{低}}{G\times 29302} \tag{5-20}$$

式中 b'——单位标准燃耗,kg/t;

$Q_{低}$——燃料低发热量。

每 1kg 标准燃料发热量规定为 29302kJ/kg(7000kcal/kg)。因此,单位标准燃耗很容易换算为“单位热耗”,即生产一吨坯料消耗的燃料所发出的热量,kJ/t。

在现场实际生产中,统计燃耗的方法有两种:一种是按炉子正常生产时每小时平均,即小时平均燃料消耗量除以小时产量;第二种是按每月、每季度或每年平均,也就是以一时期内燃料的总消耗量除以合格产品的产量。显然前一种统计方法可以说明炉子热工作状况的好坏,也是我们关心的指标,而后一种统计方法除了和炉子热工作状况好坏有关外,还和作业率、停炉次数、产品合格率、燃料漏损等因素有关。

5.3.1.2 加热炉的可比单耗

由于炉子所用燃料不同,加热坯料的品种不同,因而炉子单耗不具有可比性,为了取得可比性,采用炉子可比单耗,其计算公式如下:

$$炉子可比单耗=\frac{炉子单耗}{燃料换算系数\times[1+合金比\times(特殊钢消耗系数-1)]} \tag{5-21}$$

(1)燃料换算系数。不同燃料的换算系数见表 5-2。

表 5-2　不同燃料的换算系数

燃料种类	换算系数	燃换种类	换算系数
重油、焦油、天然气、焦炉煤气	1.0	发热量 $5024kJ/m^3$ ($1200kcal/m^3$)的混合煤气	1.30
煤	1～1.5	发生炉煤气	1.20
发热量 $8374～9211kJ/m^3$ ($2000～2200kcal/m^3$)的混合煤气	1.1	高炉煤气	1.50
发热量 $6699～7537kJ/m^3$ ($1600～1800kcal/m^3$)的混合煤气	1.15		
综合燃料换算系数 $=\sum_{n=1}^{i}$ i 种燃料百分比 $\times i$ 种燃料换算系数			

(2)特殊钢消耗系数一般取 1.5。

［例 5-1］　某厂小型加热炉采用重油与发生炉煤气为燃料，重油发热量为 40195kJ/kg，煤气发热量为 $5736kJ/m^3$，被加热钢料的合金比为 0.3。根据某月份统计，每 1t 钢消耗重油 40kg，煤气 $150m^3$，试计算可比能耗。

解:(1)炉子单耗

$40195\times40+5736\times150=2.47\times10^6 kJ/t$

(2)燃料百分比

油：$\dfrac{40195\times40}{2.47\times10^6}=65.18\%$

煤气：$\dfrac{5736\times150}{2.47\times10^6}=34.82\%$

(3)合金比已知等于 0.3

(4)特殊钢燃耗系数取 1.5

(5)综合燃耗系数

综合燃耗系数 $=0.6518\times1.0+0.3482\times1.2=1.069$

(6)炉子可比单耗

$$\text{炉子可比单耗}=\frac{2.47\times10^6}{1.069\times[1+0.3(1.5-1)]}=2.009\times10^6\ kJ/t$$

根据加热炉可比单耗，确定炉子的等级，如表 5-3 所示，按表中数据，该炉达到二等炉。

表 5-3 轧钢加热炉可比单耗等级表(×MJ/t)

炉子等级	大型>700		中小型			线材	中厚板	无缝		薄板
	开坯	成材	开坯	中型材	小型材		连轧	环形炉	斜底炉	一次成材
特级	<1.716 (<0.41)	<1.800 (<0.43)	<1.507 (<0.36)	<1.591 (<0.38)	<1.381 (<0.33)	<1.339 (<0.32)	<2.093 (<0.50)	<2.093 (<0.50)	<2.260 (<0.54)	待定
一等	<2.177 (<0.52)	<2.260 (<0.54)	<1.967 (<0.47)	<2.051 (<0.49)	<1.758 (<0.42)	<1.591 (<0.38)	<2.721 (<0.65)	<2.595 (<0.62)	<2.265 (<0.78)	<2.512 (<0.6)
二等	<2.763 (<0.66)	<2.930 (<0.70)	<2.295 (<0.62)	<2.721 (<0.65)	<2.428 (<0.58)	<2.219 (<0.53)	<3.558 (<0.85)	<3.642 (<0.87)	<3.935 (<0.94)	<3.558 (<0.85)
三等	<3.182 (<0.76)	<3.349 (<0.80)	<2.972 (<0.71)	<3.140 (<0.75)	<2.930 (<0.70)	<2.637 (<0.63)	<4.396 (<1.05)	<4.815 (<1.15)	<5.652 (<1.35)	<4.605 (<1.1)
等外	>3.182 (>0.76)	>3.349 (>0.80)	>2.972 (>0.71)	>3.140 (>0.75)	>2.930 (>0.70)	>2.637 (>0.63)	>4.396 (>1.05)	>4.815 (>1.05)	>5.652 (>1.35)	>4.605 (>1.1)

注：表中(　　)内数字为 $10^6 kcal/t$。

5.3.2 加热炉的热效率

由热平衡表可以看出，在热量收入方面，通常只有燃料燃烧的化学热才是炉子真正的外供热源。因为预热空气和预热燃料的物理热实际上是出炉废气所带走的热量反馈回来的一部分；金属氧化的化学热与总热量相比很小，一般可以忽略不计。在热量支出方面，只有用于加热金属才算是有效热，而其余各项除了通过预热空气和燃料的部分烟气物理热外，都是损失的热量。因此，炉子热能利用情况的好坏主要取决于用于加热金属的有效热和燃料燃烧的化学热这两项的比值，这个比值的大小，在炉子热工计算中叫做炉子热效率，用符号 η 表示。

$$\eta=\frac{\text{金属加热所需的热 } Q_1'}{\text{燃料燃烧的化学热 } Q_1}\times 100\% \tag{5-22}$$

炉子的热效率越大，说明热能的利用越好。一般连续式加热炉的热效率为 30%～50%。所以热效率也是评价炉子热工作状况的指标之一。

各种炉子热效率波动很大，一般波动在如下范围：

均热炉	30%～40%
连续加热炉	30%～60%
室状锻造炉	10%～15%
高炉	60%～80%
热处理炉	5%～20%

图 5-1 绘出了加热炉的热负荷(曲线 1)、燃料量 B、热效率 η(曲线 2)、单位热耗 b(曲线 3)与炉子单位生产率 P 之间的关系。可以看出热负荷随生产率的变化是一条单调上升的曲线；热效率则随 P 的提高起初上升，升到某一数值后又下降；单位热耗与热效率相反，先随 P 的提高而下降，降到某一最低点后又随 P 的提高而上升。按照这个规律从节能的观点出发，炉子在单位热耗最低处，即热效率最大值处所对应的热负荷上工作时，炉子最节省燃料，这个热负荷称合理热负荷。由此可知炉子合理热负荷应是热耗最低点处对应的生产率所要求的热负荷。

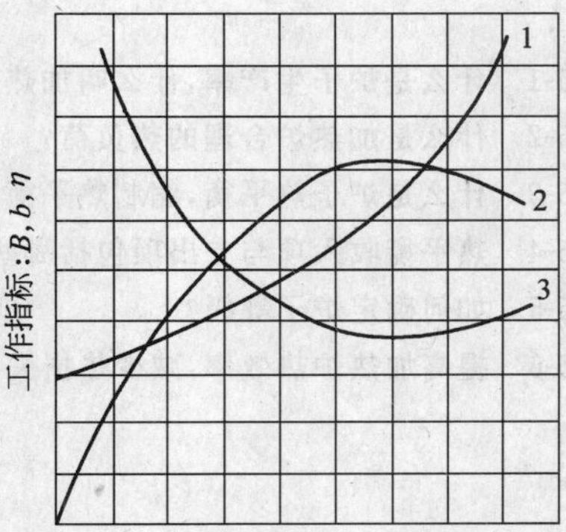

图 5-1 加热炉的热工指标

1—燃料消耗量(B)；2—热效率(η)；3—单位热耗(b)

显然，正确运用该曲线所描述的规律，通过合理的生产调度管理，可以收到节约能源的效果。

5.3.3 降低燃耗，提高炉子热效率的途径

分析炉子热平衡是了解炉子热工作状况好坏的重要方法，通过分析，可发现影响燃耗的主要因素，抓住主要矛盾，采取节约燃料的相应措施。对于大多数炉子，可从以下几个方面考虑。

(1)使燃料在炉膛内完全燃烧，为此需要有合理的燃烧器结构和合理的燃烧制度等。例如，近年来采用重油掺入一定数量水，使之形成水和油的乳浊液，利用油中水滴在高温下的

微爆作用，改善重油滴的雾化质量和燃烧条件。

(2)减少烟气带走的物理热并将此热量充分地利用。如在保证产量和加热质量情况下尽可能降低出炉烟气温度，控制好炉膛压力防止冷空气吸入炉内等措施，还可以利用烟气中余热，安装换热器来预热空气或煤气，安装余热锅炉产出蒸汽。

(3)减少炉膛内各项热损失。将炉内水管进行绝热包扎，改善炉衬绝热条件以减少热损失。采用无水冷滑轨可以完全杜绝水冷热损失，采用汽化冷却也可以利用一部分热量来产出蒸汽。采用新型高效节能型筑炉材料，可以减少炉墙蓄热并减少通过炉墙向外散失热量造成的热损失。

(4)尽可能强化向金属的传热过程，缩短加热时间，减少非作业时间，提高炉子生产率。这些措施在一定范围内可以降低燃耗指标，因为由于炉子产量的提高，对于单位产品燃耗来说相对降低了。由于提高了作业时间而降低燃耗的收效则可能更大，提高炉子生产率和降低燃耗关系见图 5-1，但当炉子热负荷超过最佳热负荷后会造成不完全燃烧等热损失量增加，这时虽然炉子生产率仍能提高，但单位燃耗指标将会增加。

(5)提高入炉坯料温度可以使燃耗指标降低，这对于有条件搞热装的炉子来说是行之有效的方法。

(6)减少燃料漏损，提高产品合格率。加强管理，改进操作必须引起足够的重视。

综上所述，对任何措施都要一分为二看待，从降低燃耗看有利，从其他方面看也可能出现不利影响，这里面有技术问题，也有管理和操作方面的问题。

复习思考题

5-1 什么是炉子生产率，什么叫加热炉燃耗、热耗及热效率？

5-2 什么是加热炉合理的热负荷？

5-3 什么是炉子热平衡，编制热平衡的目的是什么？

5-4 热平衡收入项与支出项包括哪些方面？

5-5 如何确定炉子等级？

5-6 提高加热炉热效率，减少热损失的途径有哪些？

6 金属的加热工艺

金属坯料在轧制、锻压等压力加工工艺之前的加热、金属工件在热处理工艺中的加热是金属热加工过程中的重要工艺环节。由金属的加热温度、加热速度和加热气氛等参数所规定的金属加热工艺制度，对于金属坯料或工件的加热质量，后序加热工艺的效果以及最终产品的质量都将产生重要的影响。本章主要围绕金属坯料或工件的加热工艺制度进行系统地分析讨论，并对加热缺陷的形成机理、影响因素及其对策进行分析。

金属坯料或工件在轧制和锻压之前的加热，是热加工过程中不可缺少的重要工艺环节。该环节的工艺目的可以概括为：

(1)提高金属的塑性，降低金属在热加工时的变形抗力。金属在冷的状态下可塑性很低，为了改善金属的热加工条件，必须提高金属的塑性。一般说来，金属的热加工温度越高，可塑性越好。

(2)使金属锭(坯)内外温度均匀。由于金属内外的温度差，使其内部产生温度应力，该应力会造成成品的严重缺陷或废品。例如初轧前在均热炉中对钢锭的加热主要目的就是为了缩小表面和中心的温差，通过均热使断面上温差缩小，避免出现危险的温度应力。

(3)改变金属的结晶组织或消除加工时所形成的内应力。金属经过冷加工后，组织结构改变，处于加工硬化状态，需要加热进行热处理，达到所要求的物理性能和力学性能。轧材成品经过加热退火或常化等热处理过程后可以得到所要求的金相组织，从而使成材的机械性能得到了大幅度的提高。有时钢锭在浇铸过程中会带来一些组织缺陷，比如高速钢中碳化物的偏析等，通过在高温下长时间保温后，就可以消除或减轻这类缺陷。

总之，金属的加热对于成品质量、产量、能耗以及相关设备寿命等都直接相关。采取正确的加热工艺可以提高金属的塑性，降低热加工时的变形抗力。为压力加工设备提供加热质量优良的坯料，以保证轧机正常、高产、优质、低耗。反之如果加热工艺不当，炉子不能与轧机很好配合而造成轧制线上生产不正常，目前不少轧钢厂轧机能力未能充分发挥出来，其中加热炉能力不足，加热工艺不当等都是重要原因。为此，我们应当掌握加热工艺的基本知识，以便能够正确制订加热制度，尽量防止加热缺陷的产生。

金属的加热工艺包括确定加热温度、加热速度、加热时间、炉温制度和炉内气氛等。为了正确制定加热工艺制度，就必须了解金属在加热过程中热物理性能与机械力学性能的变化规律，了解加热过程中缺陷产生的原因及防止措施。

6.1 金属加热时物理性能的变化

在不同的加热条件下，不同金属在加热过程中性能的变化也不相同，了解金属热物理性能和机械性能及它们随温度变化的情况，是正确制定加热工艺制度的重要依据。

6.1.1 热导率的变化

金属的热导率与钢的化学成分、温度、内部组织、杂质含量以及加工条件等都有关系。

钢的热导率随其含碳量的增加而降低。当含碳量小于0.2%时这种影响特别明显，其他杂质如锰、硅、磷、硫也会降低碳素钢的热导率。常温下碳素钢的热导率以 λ_0 表示，其值可用下面经验公式算出。

$$\lambda_0 = 69.78 - 10.12w_C - 16.75w_{Mn} - 33.73w_{Si} \quad (6\text{-}1)$$

式中 λ_0——热导率，W/(m·℃)；

w_C、w_{Mn}、w_{Si}——分别为碳、锰、硅的百分含量。

一般碳素钢的热导率随温度升高而降低，但大于900℃时由于组织中出现奥氏体，热导率又随温度的升高而略有升高。

碳素钢在高温时热导率的变化，可以通过常温下的热导率乘以一个修正系数 K 来修正。

$$\lambda_t = K\lambda_0 \quad (6\text{-}2)$$

K 值的大小如图 6-1 所示。

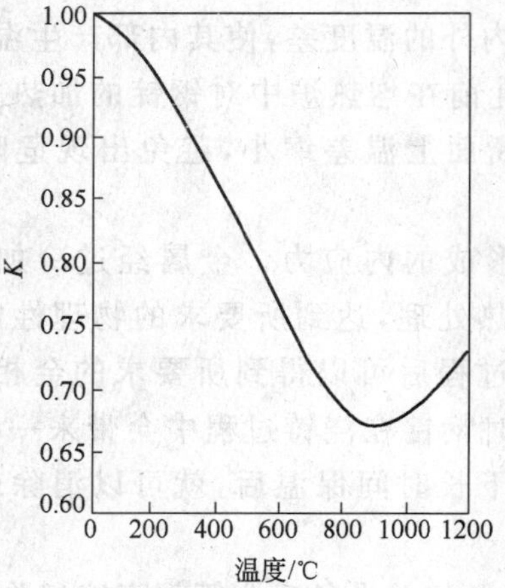

图 6-1 碳素钢温度对热导率影响的修正系数的曲线

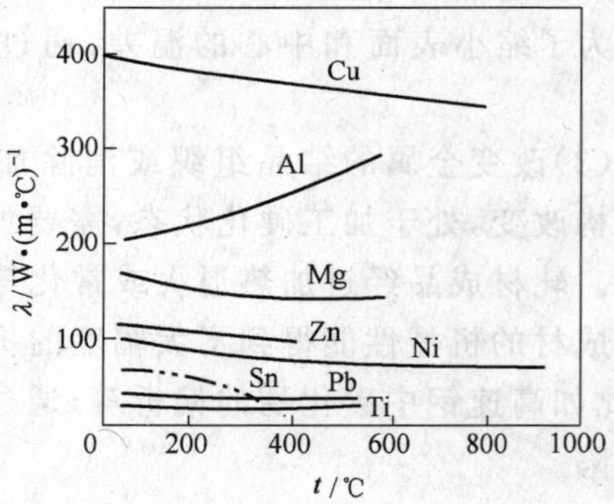

图 6-2 有色金属热导率与温度的关系

合金元素将使钢的导热性降低，钢中合金元素愈多则热导率愈小。目前的资料还不足以充分描述合金元素与热导率之间的规律性关系。因为 λ_0 还随金相组织的不同而异，例如，当由珠光体转变为马氏体时热导率有所降低，在各种金相组织中以奥氏体的热导率为最小。一般地，对于合金钢 $\lambda_0 < 23$W/(m·℃)时，其热导率随温度升高而升高。当 $\lambda_0 > 23$W/(m·℃)时，则其热导率随温度的升高对热导率几乎没有什么影响。

在有色金属中，铜、铝的导热性较好，$\lambda > 200$W/(m·℃)；而钛、铅、锡的导热性较差，$\lambda < 70$W/(m·℃)(图 6-2)。除铝以外，大多数有色金属的热导率随温度的升高而降低。有色金属加入杂质和添加元素后，其导热性能降低，降低的程度与添加元素的种类和含量有关。

6.1.2 金属的热容、密度和导温系数的变化

6.1.2.1 金属的热容

金属的热容通常是指金属的质量定压比热容。钢的热容主要取决于化学成分，温度和组织。在100℃以下至室温，钢的热容可按下面的经验公式计算：

$$c_p = 0.46618 + 0.019093C \tag{6-3}$$

式中 c_p——钢的比热容，kJ/(kg·℃)；

C——钢中碳含量，%。

总的来说，钢的化学成分对其热容的影响不大，但温度的影响则相对较大，无论碳素钢或合金钢。钢的热容均随温度的升高而增大，特别在800℃以下更为明显，超过900℃则变化不大，甚至某些钢种的热容值还略有下降。

不同有色金属的热容差别较大，在熔点以下各种有色金属的热容值通常随温度升高而略有增大。

6.1.2.2 金属的密度 ρ_0

金属的密度与其化学成分、温度和组织有关。例如碳素钢的密度因其含碳量的不同大约在7800～7850kg/m³ 之间，高合金钢的密度变化范围大约在7600～8700kg/m³ 之间，可参阅有关资料。

通常，当温度升高时，钢的密度因体积膨胀而降低。

6.1.2.3 导温系数 a

热导率 λ 越大时，表示通过金属传导热量的能力越大，但是传递热量的能力并不完全直接反映金属温度升高的快慢，因为升温的快慢不仅与导热性能有关，还和金属的热容及密度有关。表示这一关系的物理量称为导温系数 a，$a=\lambda/\rho c_p$，其单位为 m²/h。在传热计算时，由于大多以平均热导率和平均热容代入计算出 a 值，即 a 值的计算通常只是粗略的近似值。一般在常温下 a_0 值为：

碳钢 $a_0 = 0.04 \sim 0.06 m^2/h$

合金钢 $a_0 = 0.02 \sim 0.04 m^2/h$

一般来说，钢的导温系数随温度的升高而降低(在800℃以前)，这是由于钢的热导率随温度升高而降低所致。在800℃以后，由于相变而使钢的热容 c_p 显著上升，同时 λ 又不再降低而变为增加了，所以导致 a_0 又随温度的升高而有所升高。在高温下各种含碳量钢的导温系数 a 都几乎趋近一致。

多数有色金属的 a 值都大于钢铁。其中铜、铝、镁的 a 值较大，约为0.2～0.4m²/h。除铝以外，大多数有色金属的导温系数随温度的升高而减小。

6.2 金属的加热温度与加热速度

6.2.1 金属的加热温度

金属的加热温度指金属在炉内加热完毕出炉时的表面温度。对于热处理来说，金属加热是为了改变金属内部的结晶组织，加热温度主要根据与相变过程有关的热处理工艺要求来制订。它随着热处理工艺的不同而不同。金属的热加工过程，如轧制、锻压、挤压、焊接等

工艺所要求的加热温度则根据金属的性质、热加工工艺特点、热加工设备性能以及降低消耗等因素来确定。由于这些因素的不同通常要求不同的加热温度。最合适的加热温度，应使金属获得最好的塑性和最小的变形抗力，因为这样才有利于热加工，有利于提高产量、减少设备磨损和动力消耗。

6.2.1.1　金属性质对加热温度的影响

金属的加热温度，一般来说需要参考金属的状态相图、塑性图及变形抗力图等资料综合确定。

一般来讲，对高合金钢和合金钢是通过做专门试验来确定塑性与温度间的关系，从而确定最合适的加热温度。而对碳钢和低合金钢则可以参照铁碳平衡相图（图 6-3）确定加热温度。根据铁碳平衡相图，我们可以确定钢的加热温度的上限和下限。一般应在铁碳平衡相图中的奥氏体温度范围内进行钢的热加工，因为单相奥氏体具有较大的塑性，理论上说钢加热温度的下限应该大于相图上 A_{c3} 线，因为低于此温度进行加工由于相变会造成内应力而使钢材破裂，为此通常将钢加热温度定得至少比 A_{c3} 线高 30～50℃，对热加工是有利的。根据压力加工工艺的要求，在压力加工终了时，钢必须保持一定的温度，该温度称为终轧温度。终轧温度按钢的成分和变形特点，一般范围在 850～900℃之间。因此，加热温度下限值（最低加热温度）应该受终轧温度的限制。

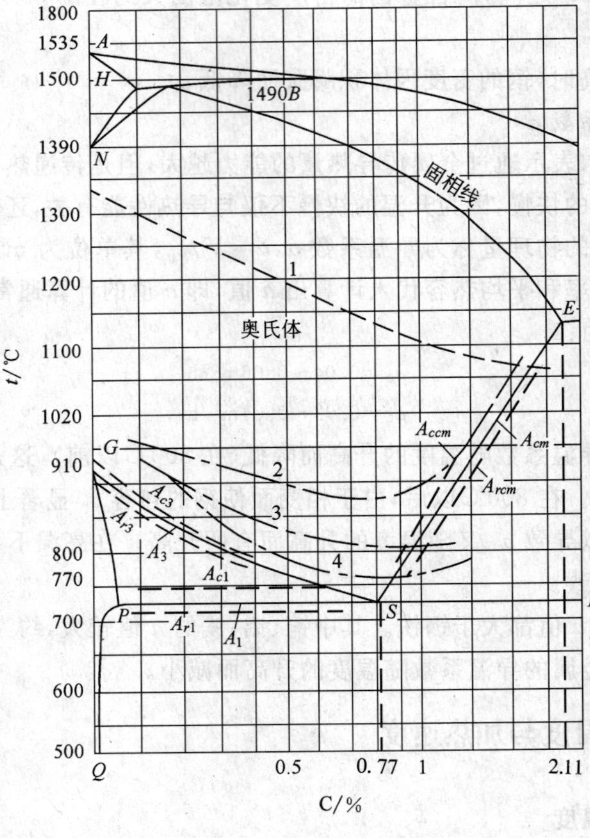

图 6-3　Fe-C 合金状态图（其中指出了加热温度界限）

1—锻造的加热温度极限；2—常化的加热温度极限；

3—淬火时的温度极限；4—退火的温度极限

钢加热温度的上限从理论上说应该是铁碳平衡相图中固相线所代表的温度，实际上加热温度的上限是不可能达到这样高的，因为要受过烧温度的限制。由于钢中偏析以及非金属夹杂物的存在（对高合金钢更甚），因此加热还不到固相线温度就可能在晶界出现熔化现象，因而导致过烧。同时，加热温度超过氧化铁皮熔点后钢材表面氧化铁皮熔化，这会带来一系列的害处，如：粘钢、烧损增加、清渣困难、缩短炉体寿命等。因此最好不要使钢表面氧化铁皮发生熔化。考虑到上述过烧、过热、氧化铁皮熔化等原因，通常钢加热温度上限一般比理论过烧温度（固相线）要低100～150℃。

对于热加工的有色金属，它们的加热温度应该根据金属的状态图、塑性图及变形抗力曲线综合确定。合金状态图是选择加热温度的重要依据，但合金状态图只能给出大概的温度范围，还必须同时参考金属的塑性图。塑性图是确定有色金属加热温度的主要依据，它给出了金属塑性最高的温度范围，加热温度的上限应取在塑性最高的区域附近。根据状态图和塑性图确定加热温度范围后，还要用变形抗力图（变形抗力随温度的变化曲线）来校正，以保证整个热加工过程在金属变形抗力最小的区间内完成。

各种有色金属热轧前的加热温度列于表6-1。

表6-1　有色金属热轧加热温度范围

金属种类		加热温度范围/℃	金属种类		加热温度范围/℃
铝合金	L4	350～450	黄铜合金	H80、HNi65-5	820～850
	LF2	480～510		H70、H68	820～840
	LF3	470～500		H62	800～820
	LF5	450～480		H59、HPb59-1	740～770
	LF6	430～470	青铜合金	QA15、QA17	840～860
	LF21	440～480		QBe2、QBe2.5	780～800
	LY11、LY12、LY16	390～430		B19、B30、BFe30-1-1	1000～1030
	LD2	410～500		BZn15-20	950～970
	LC4	370～410		N6-8、NY1-3	1150～1250
钛合金	T2-4、TUP	800～860		NCu28-2.5-1.5	1100～1200
黄铜	H96、H90、HSn90-1	850～870	锌合金	Zn1、Zn2	160～180

6.2.1.2　*压力加工方式的影响*

不同的压力加工方式通常要求不同的加热温度，即使对同一大类热加工方式也会因坯料工艺的差异加热温度也是不一样的。例如迭轧薄板，加热温度不能太高，否则在轧制过程中容易出现粘连现象；多数薄板虽然是低碳钢，但加热温度一般不能超过950℃；厚板坯的加热温度一般可适当高一点。又如硅钢片板坯，因为要求板坯在加热过程中脱碳，以增加钢的韧性，所以有意识地适当提高其加热温度，可达1100℃左右。无缝管坯在穿孔时，温度会有所升高，所以钢坯加热温度要适当低一些，否则已加热到接近过热的温度，穿孔时就会造成破裂。

6.2.1.3　*坯料尺寸和加工道次对加热温度的影响*

在轧制过程中，钢坯尺寸较大时咬入困难，轧制道次较多时温度降落就大，另一方面又要保证终轧仍能在奥氏体区域内进行，所以就要提高加热温度的下限值，以保证终轧温度在A_{c3}线以上。反之，如果钢坯断面尺寸小，加工道次少，对这样的钢坯加热温度就可稍低一些。对工字钢和异型钢坯因棱角处散热快，加热温度就要稍高一些。

一些炉子出钢温度偏高，不仅对钢材质量不利，而且又浪费热能。因此，应通过控制出钢速度与加工速度的匹配，通过控制炉温水平和分布，把出钢温度控制在一定范围内。此外，国外近年比较推崇低温轧制，认为由于轧制温度偏低所多耗的电能，在经济上比提高加热温度所消耗的热能要少得多，因而经济上更合算。

总之，影响加热温度的因素很多，有时各因素之间甚至是互相矛盾、互相制约的。因此在针对某一具体钢种确定加热温度时，必须加以具体分析，并且往往要进行反复试验，不断总结经验，才能最后确定出比较合适的加热温度。比如，碳素工具钢对过热、过烧敏感，在高温下易脱碳；弹簧钢对脱碳要求比较严格，故加热温度较低，钢料在高温下停留时间不宜过长。高速钢的加热温度应适当提高，使其在轧制时不产生裂纹，并且能够改变碳化物的不均匀度。加热温度一般都在技术操作规程中将不同品种钢的加热温度作出规定，按照技术操作规程一般均能满足要求。

6.2.2 金属的加热速度

金属的加热速度通常是指金属表面的升温速度(℃/h)，或者指将单位厚度的金属加热至工艺要求的温度所需的时间(min/mm)以及单位时间将金属加热至工艺温度的厚度(mm/min)。前者通常用来表示某加热阶段金属的升温速度，后二者则通常指的是各阶段平均的加热速度。

对于薄材来说，加热速度仅仅受到炉子供热能力的限制。但对厚材来说，不仅受炉子供热能力的限制，而且还受到金属内部传热能力的限制以及工艺上金属本身所允许的加热速度的限制。从工艺上看，这些限制也可归纳为在加热初期对断面上温差的限制，在加热末期断面上温度均匀性的限制和因炉温过高造成加热缺陷的限制。下面分述它们对加热速度的影响：

(1)在加热初期，金属表面与中心形成温度差。表面的温度高，热膨胀较大；中心的温度低，热膨胀较小。而表面与中心是一块不可分割的金属整体，所以膨胀较小的中心部分将限制表面的膨胀，使金属表面部分受到压应力；同时，膨胀较大的表面部分将强迫中心部分和它一起膨胀，使中心受到拉应力。这种应力叫做“温度应力”或“热应力”。显然，从断面上的应力分布来看，表面与中心处的温度应力都是最大的，而在表面与中心之间的某层金属则既不受到压应力也不受到拉应力。可以证明，金属加热时的温度应力曲线与温度曲线一样，也是呈抛物线分布。

加热速度愈大，内外温差愈大，产生的温度应力也愈大。当温度应力在金属的弹性极限以内时，对金属的质量没有影响，因为随着温度差的减小和消除，应力会自然消失。当温度应力超过钢的弹性极限时，则金属将发生塑性变形，在温度差消除后所产生的应力将不能完全消失，即生成所谓残存应力。如果温度应力再大，超过了金属的强度极限时，则在加热过程中就会破裂。这时温度应力对于坯料中心的危害性更大，因为中心受的是拉应力，一般金属的抗拉强度远低于其抗压强度，所以中心的温度应力易造成内裂。

如果金属的塑性很好，即使在加热过程中形成很大的内外温差，也只能引起塑性变形，这时以任意速度加热，都不会因温度应力而引起坯料断裂。如果金属的导热性好(或热导率高)，则在加热过程中形成的内外温差就小(因 $\Delta t=qs/2\lambda$)，因而加热时温度应力所引起的塑性变形或断裂的可能性较小，例如低碳钢。但是，高碳钢和合金钢的热导率小，在加热时容易形成较大的内外温差，而且这些钢在低温时塑性差、硬而脆，所以它们在刚入炉加热时，容易发生因温度应力而引起的断裂。

如果被加热坯料的断面尺寸较小，则加热时形成的内外温差也较小；断面尺寸大的坯料，因加热时形成较大的内外温差，容易因温度应力而导致坯料变形或断裂。

根据上述分析，可概括出下列结论：

1)在加热初期，限制加热速度的目的在于减少温度应力。加热速度愈快，表面与中心的温度差愈大，温度应力愈大，这种应力可能超过金属的强度极限，而造成金属的破裂。

2)对于塑性好的金属，温度应力只能引起塑性变形，危害不大。因此，对于压力加工的低碳钢温度在500～600℃以上时可以不考虑温度应力的影响，但对于工件的热处理仍然需要认真考虑温度应力产生的影响。

3)允许的加热速度还与金属的物理性质(特别是导热性)、几何形状和尺寸有关，因此，对尺寸较大的高碳钢和合金钢坯料的加热要特别小心，而对薄材则一般可以任意速度加热而不致发生断裂的危险。

(2)在加热末期，金属断面同样具有温度差。加热速度愈大，则形成的内外温度差愈大。这种温度差可能超过所要求的烧透程度，而造成压力加工上的困难。因此，为了达到要求的烧透程度，往往需要保温均热，这就限制了坯料加热末期的加热速度。

但是，实际和理论都说明，为了保证所要求的最终温度差而降低整个加热过程的加热速度是不合理的。因此，往往是在比较快的速度加热以后，再降低它的加热速度或执行均热，以求得内外温度均匀。这个过程叫做“均热过程”。

(3)金属表面的温度是和炉温相联系的。炉温过高的，会给准确地控制金属表面温度带来困难。特别是在炉子待轧时，如果炉温过高会造成严重的氧化、脱碳、粘钢、过烧等。因此，必须通过限制炉温，将加热速度限制在一定的范围之内。

如前所述，加热初期为避免裂纹和断裂所允许的内外温差以及加热末期因烧透程度要求的内外温差都对加热速度有所限制，再加上为准确地控制金属达到所要求的加热温度所需要确定的加热时间，构成了加热制度制定的理论基础。

6.3 金属的加热制度和加热时间

6.3.1 金属的加热制度

金属加热制度的内容包括：金属的最终加热温度、断面允许温差、各阶段允许的加热速度以及与之相关的炉温制度等。

金属加热制度的选择，应综合考虑炉型、炉子生产率、金属的性质、坯料的尺寸与形状、坯料在炉内的布置情况以及工艺过程的要求等因素。

6.3.1.1 连续加热炉的加热制度

在连续加热炉上常采用的加热制度是两段式加热制度与三段式加热制度，其加热制度通过设计相应的炉型加以实现。

A 两段式加热制度

两段式加热制度是使金属先后在两个不同的温度区域内加热，有时是由加热期和均热期组成(如图 6-4),有时是由预热期和加热期组成。

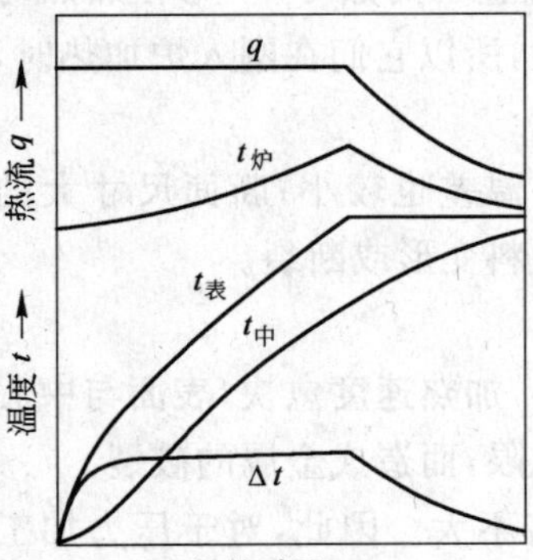

图 6-4　两段式加热制度

由加热期和均热期组成的两段式加热制度,是把金属直接装入高温炉膛进行加热,加热速度快。这时金属表面上升快,而中心温度上升得慢,金属断面上的温差大。为了使断面温度趋于均匀,需要经过均热期。在均热阶段,金属表面温度基本保持一定,而中心温度不断上升,使表面与中心的温度差逐渐缩小而趋于均匀。这种温度制度的特点是加热速度快,最后断面上温度差小,但出炉废气温度较高,热量的利用率较低。通常冷装或低温热装的低碳钢钢锭及热装的合金钢钢锭,在均热炉或室状炉内加热,可以采用这种加热制度。此外,这种加热制度也适用于对管束、板迭或成批小件的加热。

由预热期和加热期所组成的两段式加热制度,特点是出炉废气温度低,金属加热速度较慢,因为中心与表面的温差小,一些导热性差的金属适于先在预热段加热,温度应力小,待温度升高进入金属的塑性状态后,再在高温区域进行快速加热。这种加热制度由于没有均热期,最终不能保证断面上温度的均匀性,所以不宜用于加热断面大的坯料。

B　三段式加热制度

三段式加热制度是把钢料放在三个温度条件不同的区域(或时期)内加热,依次是预热段、加热段、均热段,如图 6-5 所示。

这种加热制度是比较完善的加热制度,坯料首先在低温区域进行预热,这时加热速度比较慢,温度应力小,不会造成危险。当坯料温度超过 500～600℃以后,进入塑性范围,这时就可以快速加热,直到表面温度迅速升高到出炉所要求的温度。加热期结束时,金属断面上还有较大的温度差,需要进入均热期进行均热,此时钢的表面温度不再升高,而使中心温度逐渐上升,缩小断面上的温度差。

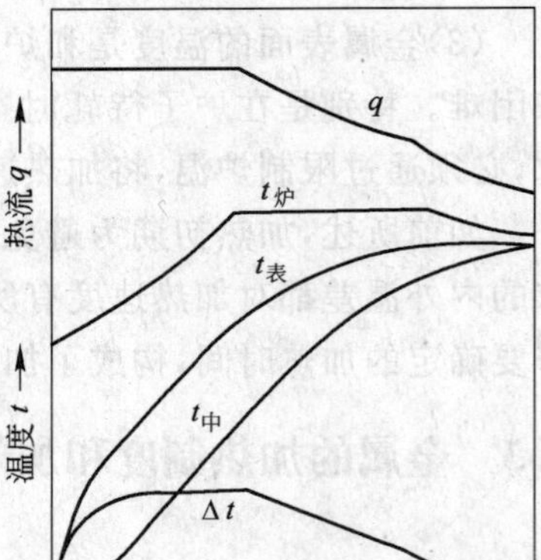

图 6-5　三段式加热制度

三段式加热制度既考虑了加热初期温度应力的危险,又考虑了中期快速加热和最后温度的均匀性,兼顾了产量和质量两方面。在连续加热炉上采用这种加热制度时,由于有预热段,出炉废气温度较低,热能的利用较好,单位燃料消耗较低。加热段可以强化供热,快速加热减少了氧化和脱碳,并保证炉子有较高的生产率,所以对许多坯料的加热来说,这种加热制度是比较完善与合理的。

这种加热制度适用于大断面坯料、高合金钢、高碳钢和中碳钢冷坯加热。

6.3.1.2　热处理炉的加热制度

金属在热处理炉内的加热制度,取决于热处理工艺的要求,如退火、正火、淬火、回火、渗碳、渗氮和碳氮共渗等。金属在热处理炉内的加热,不仅要达到加热温度的要求，而且还要有充分时间保证组织转变和化学作用的完成。因此，金属在热处理时的加热制度对于加热速度、加热的均匀性、加热时间、保温时间有更为严格的要求。

由于热处理的种类与方法很多，因此其加热制度也很多。但金属的各种热处理过程基本上包括三个加热阶段，即加热期（或称升温期）、保温期（或称均热期）和冷却期。有些热处理工艺还要求经过多次的加热、保温、冷却等过程来完成。图 6-6 为简单热处理示意图；图 6-7 为多级热处理曲线示意图。

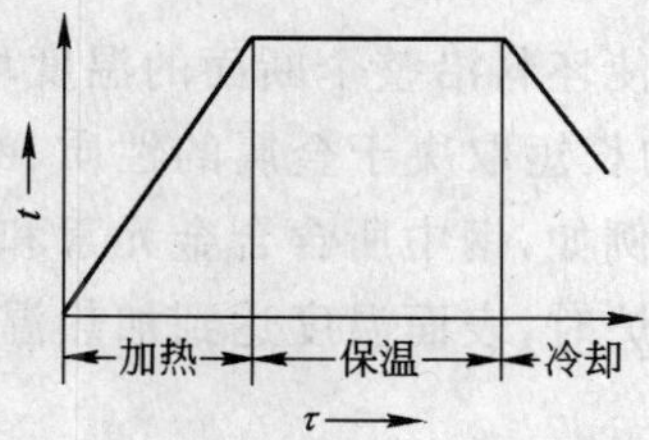

图 6-6 简单热处理示意图

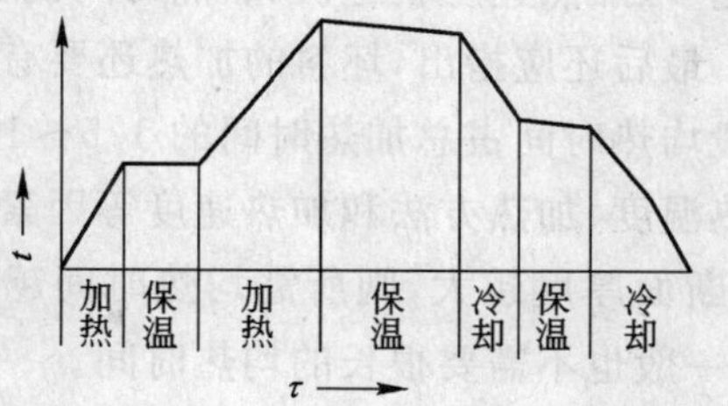

图 6-7 多级热处理曲线示意图

6.3.2 金属的加热时间

金属的加热时间是指金属在炉内加热至压力加工或热处理所要求的温度时所必须的最少时间。要精确的确定金属的加热时间是比较困难的。因为它受很多因素影响，目前大都根据现有炉子的实践经验大致估计，亦可根据推荐的经验公式进行计算。除了影响金属加热速度的因素外，影响金属的加热时间的因素有：

(1)金属性质对加热时间的影响。对于导热性能差、塑性差的高碳钢和合金钢（如硅钢），通常要求加热时间要长，因为加热速度过快会产生过大的温度应力而使坯料形成加热缺陷。对于导热性能好、塑性好的低碳钢，则所需加热时间就短得多。

(2)坯料和尺寸对加热时间的影响。坯料的断面尺寸越大，加热时间越长；当坯料厚度相同而宽度不同时，则其加热时间随宽度的增加而延长。

(3)加热方法对加热时间的影响。坯料由于加热方式不同，所需的加热时间也不一样，加热方式有一面加热、两面加热及多面加热等。被加热的面越多，加热就越快，所需时间就越短。图 6-8 为几种加热方法的比较。第一种情况(a)是坯料放在实炉底上加热，这时坯料仅能从上部获得热量，加热速度就慢，加热时间就长；第二种情况(b)是坯料放在具有上下加热能力的连续式加热炉内加热，这样加热时间约较前一种情况缩短一半；第三种情况(c)是

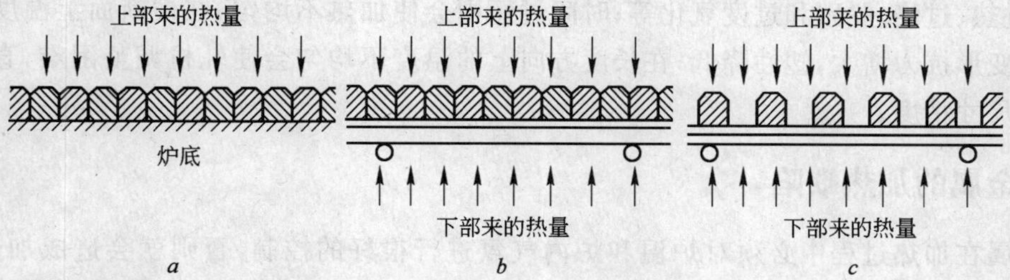

图 6-8 坯料加热方法示意图

坯料放在上下加热的步进式炉内加热，且坯料间相隔一定距离排列，近似从四面均匀获得热量，其加热时间比第二种情况又可缩短很多。

(4)原料装炉前的温度对加热时间的影响。原料热装入炉，不仅可以充分利用原料本身的热量，而且可以缩短坯料的加热时间。

(5)炉子温度的影响。影响加热时间的最主要的因素是炉子温度，由于传给坯料的热量是与炉子和坯料表面之间的温度差有着密切的关系，这个温度差越大，传给坯料表面的热量就越多、加热速度就越快、加热时间就越短。

最后还应指出，坯料的加热还要有均热时间，以便使坯料沿整个断面的温度均匀一致，一般均热时间占总加热时间的1/5～1/3。均热时间的长短取决于金属的性质、断面大小、加热温度、加热方法和加热速度等因素，应灵活掌握。例如，钢中所含合金元素和含碳量越多，断面厚度越大，则所需均热时间越长；钢坯热装入炉时，表面温度达到加热温度的时间短，一般也不需要很长的均热时间。

钢的加热时间采用理论计算很复杂，并且准确性也不大，所以在生产实践中，一般采用经验公式进行计算，例如连续式加热炉加热钢坯常采用的经验公式为：

$$\tau = CS \tag{6-4}$$

式中 τ——加热时间，h；

S——钢料厚度，cm；

C——单位钢料厚度加热所需要的时间，h/cm。

对低碳钢 $C=0.1\sim0.15$

对中碳钢和低中合金钢 $C=0.15\sim0.2$

对高碳钢和高合金钢 $C=0.2\sim0.3$

对高级工具钢 $C=0.3\sim0.4$

在实际生产中，钢料的加热时间往往是变化的。这是因为加热炉必须很好地和轧机配合。在生产某些产品的过程中，炉子生产率小于轧机的产量时，常常为了赶上轧机的产量而造成加热不均，使坯料内外温差加大。有时为了提高产量和坯料出炉温度而将钢坯表面已经烧化，而其中间温度仍很低，结果造成加热质量很坏。若炉子生产率大于轧机的产量时，则钢在炉内的停留时间大于所需要的加热时间，会造成较大的氧化烧损量，这些情况均不符合加热要求。如遇到上述情况，应对炉子结构及操作方式作合理的改造或调整，使炉子产量和轧机产量相适应。

钢的加热时间直接影响加热炉的产量和产品质量。加热时间过长就会造成某些缺陷，比如：过热、过烧、脱碳和过度氧化等；时间过短则会使加热不均匀，在横断面上温度不均匀会使得变形抗力增大，塑性降低；在长度方向上的温度不均匀会使轧机调整困难，直接影响产品的尺寸精度。

6.4 金属的加热缺陷

金属在加热过程中必须对炉温和炉内气氛进行很好的控制，否则就会造成加热缺陷。比如钢的氧化、脱碳、过热、过烧以及加热温度不均匀等，这些缺陷严重地影响金属的加热质量，甚至造成废品，所以在加热过程中必须力求避免和减少。

6.4.1 钢的氧化

钢在加热时受到炉气中 CO_2、H_2O、O_2 和 SO_2 的作用而使钢的表面被氧化而形成氧化铁皮，大约每加热一次就约有 0.5%～3%的钢被氧化成为氧化铁皮（即烧损）。若以年产量为 60 万 t 钢材的中型轧钢厂计算，则年烧损量为 3000～18000t，如果使烧损降低 1%则相当于年增产 6000t 钢材。

氧化不仅造成收得率低，脱落的氧化铁皮堆积在炉底上，特别是实炉底上，会造成耐火砖的侵蚀而使炉子寿命降低。为了清除炉底氧化铁皮，加热工的劳动强度极大，严重时只好停炉清理。氧化铁皮在轧制中若不彻底清除会在轧后成品上形成麻点缺陷，损害了成品的表面质量。有时为了轧前清除氧化铁皮又不得不增加一道工序，使成本增加。

此外，氧化铁皮的热导率比金属低很多，这就恶化了钢坯的传热条件，从而使炉子产量降低，燃耗增高。总之，氧化铁皮有百害而无一利，必须在加热过程中使其尽量减少。

6.4.1.1 氧化铁皮的生成

钢在常温下的生锈就是氧化的结果，在低温条件下氧化速度非常慢。当温度达到200～300℃时就会在钢的表面生成薄薄的一层氧化铁皮。温度继续升高氧化的速度也随之加快，当温度达到 1000℃以上时，氧化开始剧烈进行，当温度达到 1300℃以后时，氧化铁皮就开始熔化，这时的氧化速度更为剧烈。如果 900℃时的烧损量作为 1，则 1000℃时为 2，1100℃时就是 3.5，到 1300℃时则为 7。

钢的氧化是炉气中氧化性气体（O_2、CO_2、H_2O、SO_2）和钢的表面进行化学反应的结果。根据氧化程度的不同，氧化时生成了几种不同程度的铁的氧化物——Fe_2O_3、Fe_3O_4、FeO。

铁的氧化反应方程式如下：

O_2： $Fe+1/2O_2=FeO$　　H_2O： $Fe+H_2O=FeO+H_2$

$3FeO+1/2O_2=Fe_3O_4$　　$3FeO+H_2O=Fe_3O_4+H_2$

$2Fe_3O_4+1/2O_2=3Fe_2O_3$　　$3Fe+4H_2O=Fe_3O_4+4H_2$

CO_2： $Fe+CO_2=FeO+CO$　　SO_2： $3Fe+SO_2=FeS+2FeO$

$3FeO+CO_2=Fe_3O_4+CO$

$3Fe+4CO_2=Fe_3O_4+4CO$

钢的氧化过程不仅仅是化学过程，而且还是物理过程（即扩散过程）。首先是炉气中的氧在钢的表面被吸附后便发生以上的化学反应。而开始生成薄薄一层氧化铁皮层，以后继续氧化，则是铁和氧的原子（分子）透过已生成的氧化物薄层向相反的方向互相扩散，并发生化学反应的结果。在一个方向上，是氧原子透过已生成的氧化物层向钢的内部扩散。在另一个方向上则是铁的离子（原子）由钢的内部透过已形成的氧化物层向外部扩散。当两种元素在相互扩散中相遇时，便发生化学反应而生成铁的氧化物。内层因为铁离子浓度大于氧原子浓度因而生成低价氧化铁，最外层为高价氧化铁，如图 6-9 所示。它表明了氧化铁皮结构分层的情况。

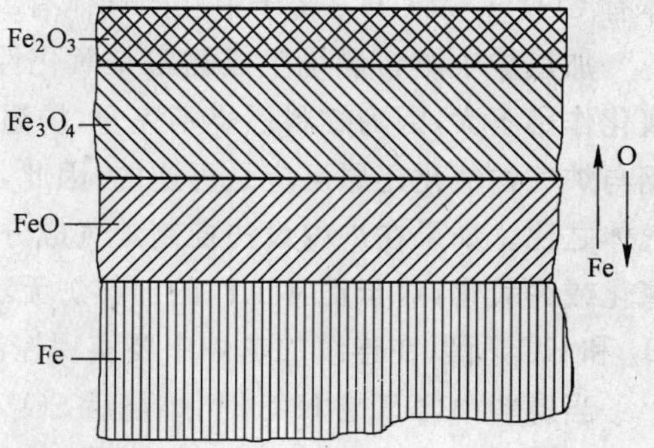

图 6-9　氧化铁皮结构示意图

由示意图中可以大致看出各层所占的比例，实验结果指出：Fe_2O_3 占 10%，Fe_3O_4 占 50%，FeO 占 40%，这样的氧化铁皮其熔点约为 1300～1350℃，相应的纯物质的熔点为：FeO—1377℃，Fe_3O_4—1538℃，Fe_2O_3—1565℃。

氧化烧损层的厚度有以下关系：

$$\delta=\frac{\alpha}{\rho g} \tag{6-5}$$

式中 δ——氧化铁皮的厚度，m；

α——钢的表面烧损量，kg/m^2；

ρ——氧化铁皮的密度，计算时可按 $\rho=3900\sim4000kg/m^3$ 选取；

g——氧化铁皮中铁的平均含量，它的范围为 0.715～0.765。

一般认为，钢的氧化受加热温度、加热时间、炉气成分、钢的成分等诸多方面的影响，尤其是炉气成分、加热温度、钢的成分对钢的氧化影响较大。

6.4.1.2 影响氧化的因素

影响氧化的因素有：加热温度、加热时间、炉气成分、钢的成分，这些因素中炉气成分、加热温度、钢的成分对氧化速度有较大的影响，而加热时间主要影响钢的烧损量。

A 加热温度的影响

因为氧化是一种扩散过程，所以温度的影响非常显著，温度愈高，扩散愈快，氧化速度愈大。常温下钢的氧化速度非常缓慢，600℃以上时开始有显著变化，钢温达到 900℃以上，氧化速度急剧增长。

B 加热时间的影响

在同样的条件下，加热时间越长，钢的氧化烧损量就越多。开始时氧化铁皮随时间的增长比较快，而后逐渐减缓。这是因为形成氧化铁皮后，阻碍了扩散。但是氧化铁皮并不是很致密的，不能完全防止继续氧化，所以还是应当尽可能缩短加热时间。例如提高炉温可能会使氧化增加，但如果能实现快速加热，反而可能使烧损由于加热时间缩短而减少。又如钢的相对表面越大，烧损也越大，但如果由于受热面积增大而使加热时间缩短，也可能反而使氧化铁皮减少。

C 炉气成分的影响

炉气成分对氧化的影响是很大的。炉气成分决定于燃料成分、空气消耗系数 n、完全燃烧程度等。

炉气有不同性质，炉气中属于氧化性的气体有 O_2、CO_2、H_2O 及 SO_2，属于还原性的气体有 CO、H_2 及 CH_4，属于中性的气体有 N_2。

加热炉中燃料燃烧生成物常是氧化性气氛，在燃烧生成物中保持 2%～3%CO 对减少氧化作用不大，因为燃料燃烧不完全，炉温降低，将使加热时间延长而使氧化量增加。由于钢与炉气的氧化还原反应是可逆的，因此，炉内气氛的影响主要取决于氧化性气体与还原性气体之比。如果在炉内设法控制炉气成分，使反应逆向进行，就可以使钢在加热过程中不被氧化或少氧化，对于正常工作的加热炉无法实现还原性气氛，因为炉气中不可能存在大量的 H_2 和 CO，所以在连续加热炉中要实现控制气氛的加热是相当困难的。

当燃料中含 S 或 H_2S 时，燃烧后 SO_2 气体或极少量 H_2S 气体，它们对 FeO 作用后生成低熔点的 FeS，熔点为 1190℃，这会使钢的氧化速度急剧增大，同时生成的氧化铁皮更加容易熔化，这都大大加剧了氧化的进行。

D　钢的成分

对于碳素钢随其C含量的增加，钢的烧损量有所下降，这很可能是由于钢中的C氧化后，部分生成CO而阻止了氧化性气体向钢内扩散的结果。

合金元素如Cr、Ni等它们极易被氧化成为相应的氧化物，但是由于它们生成的氧化物薄层组织结构十分致密又很稳定，因而这一薄层的氧化膜就起到了防止钢的内部基体免遭再氧化的作用。耐热钢之所以能够抵抗高温下的氧化，就是利用了它们能生成致密而且机械强度很好又不易脱落的这层氧化薄膜，比如铬钢、铬镍钢、铬硅钢等都具有很好的抗高温氧化的性能。

6.4.1.3　减少氧化的措施

由上述可知，氧化在一般生产条件下是不可避免的，但是我们可以将它的生成量降至最低限度，在一定的条件下，还可使之降至很低甚至不氧化(即所谓无氧化加热)。

(1)要掌握好加热温度和时间这两个重要因素，减少钢坯在高温区的停留时间，尽量做到高温快速加热。在短期停轧时，注意不要减风操作，以免形成还原性气氛，将已形成的高价氧化铁还原成低价氧化铁，从而使其熔点降低而发生“粘钢”现象，并且防止轧后形成“麻点”。

一般来说，“麻点”主要是由于钢坯表面生成的氧化铁皮较厚，在轧制前没有完全清除而被压入钢中所致。特别是停轧时间较长，钢坯在炉内保温时间过长和钢温降低时所生成的铁皮更不易脱落(因靠近钢的基体部分FeO数量增加发黏所致)，这时轧后会出现上下两面都有麻点，明显的氧化铁皮被压后形成的麻点，其表面呈灰色，用小锤打掉铁皮后还会在钢板上留下小的亮坑。

(2)控制炉内气氛，减少冷空气吸入，对三段式连续加热炉来讲，这就要求必须控制好炉压，即将零压面($p_g=0$的面)控制在出料端炉底斜坡处。在均热段采用小煤气量、小风量(还原性气氛)，使其温度略低于加热段，从而抑制了氧化铁皮的进一步形成，而加热段采用大风量又使均热段没有完全燃烧的那部分燃料在加热段实现完全燃烧，促进了高温区的进一步集中，这种操作方法称之为“大风量低炉压快热法”，既先进，又实用。

(3)采取特殊措施，对减少氧化收效较大。但热效率低，成本高，一般都在特殊需要时使用。如：

1)采用间接加热。即用保护罩、辐射管或电加热，同时在被加热金属周围通保护性气体，如N_2、CH_4、H_2、CO等，这种工艺主要用于热处理炉。

2)无氧化直接加热。又称“敞焰无氧化加热”，见图6-10所示。在连续炉及室状炉上均有采用。其基本原理是高温段采取很小的空气消耗系数n，靠高温预热助燃空气来保证必要的燃烧温度，没有完全燃烧的产物在炉子另一部分供入必要的空气使其燃烧完全，缺点是能见度差，也不能保证不脱碳。

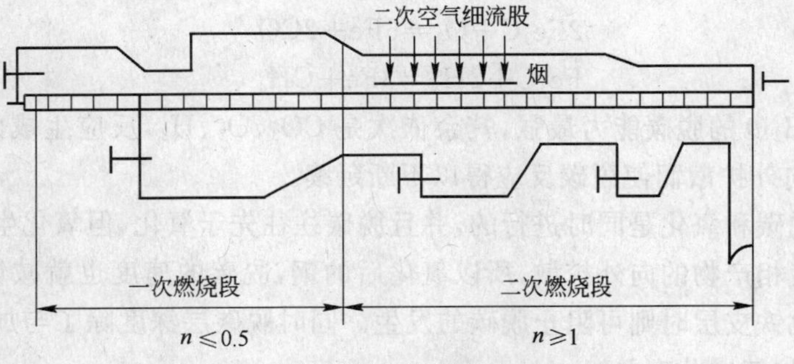

图6-10　敞焰无氧化连续加热炉示意图

3)在浴炉内加热。有盐浴、铅浴、玻璃浴等。

4)采用保护涂料,涂于金属表面,如涂硼酸等。

6.4.2 有色金属的氧化

有色金属加热时表面的氧化程度与合金成分、坯料尺寸、加热温度、加热时间及炉内气氛有关。例如白铜、锡青铜、低锌黄铜、铝青铜等合金在高温下极易氧化,且氧化膜不完整,应采用微还原性或中性气氛加热。高锌黄铜、含锰、镉的铜合金及镍合金加热生成的氧化膜薄而硬,致密度高,能减少进一步的氧化,可以采用微氧化气氛加热。无氧铜在氧化气氛中加热,氧对铜的渗透不仅产生表面氧化,而且产生晶间氧化,可以与铸造时吸附的氢生成水汽,造成热轧开裂,或者退火时出现起泡。因此,无氧铜应在还原或中性气氛中加热。

有色金属加热时减少氧化和控制炉内气氛的方法与钢加热时的措施类似,如快速加热,调节空气和燃料的比例,控制燃烧程度,控制炉压以及使用保护气氛等。

6.4.3 钢的脱碳

钢在加热时,在生成氧化铁皮的基础上,由于高温炉气的存在和扩散的作用,未氧化的钢表面层中的碳原子向外扩散,炉气中的氧原子也透过氧化铁皮向里扩散,当两种扩散会合时,碳原子被烧掉,为此导致的未氧化的钢表面层中化学成分贫碳的现象叫脱碳。脱碳后的钢机械强度(尤其是硬度)大为降低。比如,高碳工具钢就是依靠钢中的碳而具有足够的硬度,如果表面脱碳则硬度会大大降低,甚至成为废品。

在合金钢中,除不锈钢外大多数是高碳钢,只有电工硅钢希望减少轧制时的脆性而允许部分脱碳外,其他钢种发生脱碳则被认为是钢的缺陷,特别是工具钢、滚珠轴承钢、弹簧钢等都是不允许发生脱碳的钢,严重脱碳则被认为是废品。脱碳严重的钢不仅硬度大为降低,脱碳后其抗疲劳强度也降低(弹簧钢就如此),若需淬火的钢则达不到要求,同时还容易出现裂纹等等。

在工件加工时,为了清除钢的脱碳层就必须增加额外加工量和金属消耗量,从而加大产品的成本。因此在防止氧化的同时还应当注意防止和减少钢的脱碳发生。

6.4.3.1 钢的脱碳过程

钢的脱碳过程也就是炉气中的 H_2O、CO_2、O_2、H_2 和钢中的 Fe_3C 进行反应的过程,这些反应式为:

$$Fe_3C+H_2O=3Fe+CO+H_2$$

$$Fe_3C+CO_2=3Fe+2CO$$

$$2Fe_3C+O_2=6Fe+2CO$$

$$Fe_3C+2H_2=3Fe+CH_4$$

炉气中以 H_2O 的脱碳能力最强,其余依次是 CO_2、O_2、H_2,反应生成的气相产物(CO、H_2、CH_4)不断向外扩散而使脱碳反应得以不断延续。

在高温下脱碳和氧化是同时进行的,并且脱碳往往先于氧化,但氧化生成铁皮后阻止了脱碳时生成的气相产物的向外扩散,所以氧化后的钢,脱碳的速度也就减慢了,当钢的表面生成致密的氧化铁皮层时则可阻止脱碳的发生。同时脱碳层深度除了与加热温度和加热时间有关外,还与炉气成分有关。

6.4.3.2 影响脱碳的因素及防止脱碳的方法

和氧化一样，影响脱碳的主要因素是温度、时间、气氛，此外钢的化学成分对脱碳也有一定的影响。下面说明这些因素对脱碳的影响以及减少脱碳的措施。

A 影响脱碳的因素

影响钢脱碳的因素有如下四点：

(1)加热温度对脱碳的影响。加热温度对金属可见脱碳层厚度的影响对不同金属其影响也有所不同，一些钢种随加热温度升高，可见脱碳层厚度显著增加，另有一些钢种随着温度的升高，脱碳层厚度增加，加热温度到一定值后，随着温度的升高，可见脱碳层厚度不仅不增加，反而减小。

(2)加热时间对脱碳的影响。加热时间愈长，可见脱碳层厚度愈大。所以，缩短加热时间，特别是缩短金属表面已达到较高温度后在炉内的停留时间，以达到快速加热，是减少金属脱碳的有效措施。

(3)炉内气氛对脱碳的影响。气氛对脱碳的影响是根本性的，炉内气氛中 H_2O、CO_2、O_2 和 H_2 均能引起脱碳，而 CO 和 CH_4 却能使钢增碳。实践证明，为了减少可见脱碳层厚度，在强氧化气氛中加热是有利的，这是因为铁的氧化将超过碳的氧化，因而可减少可见脱碳层厚度。

(4)钢的化学成分对脱碳的影响。钢中的含碳量越高，加热时越容易脱碳，若钢中含有铝(Al)、钨(W)等元素时，则脱碳增加；若钢中含有铬(Cr)、锰(Mn)等元素时，则脱碳减少。

B 防止脱碳的方法

防止脱碳的主要方法有如下三种：

(1)对于脱碳速度始终大于氧化速度的钢种，应尽量采取较低的加热温度；对于在高温时氧化速度大于脱碳速度的钢，既可以低温加热又可以高温加热，因为这时氧化速度大，脱碳层反而薄。

(2)应尽可能采用快速加热的方法，特别是易脱碳的钢应避免在高温下常时间加热。

(3)由于一般情况下火焰炉炉气都有较强的脱碳能力，即使是空气过剩系数为 0.5 的还原性气氛，也不免产生脱碳。因此，最好的方法只能根据钢的成分要求、气体来源、经济性及要求等，选用合适的保护性气体加热。在无此条件的情况下，炉子最好控制在中性或氧化性气氛，可得到较小的脱碳层。

6.4.4 钢的过热与过烧

如果钢加热温度过高，而且在高温下停留时间过长，钢内部的晶粒增长过大，晶粒之间的结合能力减弱，钢的机械性能显著降低，这种现象叫做钢的过热。过热的钢在轧制时极易发生裂纹，特别是坯料的棱角、端头尤为显著。

钢的过热不仅取决于加热温度，而且取决于加热时间、钢的性质和初始晶粒度的大小，通常没有明确的温度界限。产生过热的直接原因，一般为加热温度偏高和待轧保温时间过长。因此，为了避免产生钢的过热缺陷，必须按钢种对加热温度和加热时间，尤其是高温下的加热时间，加以严格的控制，并且应适当减少炉内的过剩空气量，当轧机发生故障时，在待轧时间内还必须将炉温适当降低。

过热的钢可以采用正火或退火的办法来补救，使其恢复到原来的状态再重新加热进行轧制，但是这样会增加成本和影响产量。所以，应尽量避免产生钢的过热。

如果钢加热温度过高，时间又长，使钢的晶粒之间的边界上开始熔化，并且有氧渗入，形成晶粒间氧化，这样钢坯失去了晶粒间的结合力，因而失去其正常的强度和可塑性。在轧制过程中或出炉受到振动时，就会断为数段或裂成小块脱落，或者表面形成粗大的裂纹，这种现象叫钢的过烧。

过烧的钢无法挽救，只能报废，回炉重炼。生产中有局部过烧，这时可切掉过烧部分，其余部分还可重新加热轧制。

影响过烧的因素有：1)加热温度越高和高温停留时间越长，过烧越容易发生，而且越严重。2)炉子氧化气氛越强，过烧越容易发生。3)钢的含碳量越高，发生过烧的温度越低。

与钢的过热相同，发生钢的过烧往往也是在高温区域停留时间过长，例如在轧机发生故障、换辊时，要及时采取措施，设法降低炉温并减少进入炉内的空气量。

6.4.5 表面烧化和粘钢

由于操作不慎，钢坯的表面温度过高，可以使氧化铁皮熔化，如果持续时间过长，还会导致过热或过烧。

表面烧化了的钢容易粘结，粘结严重的钢出炉后分不开，不能轧制，从而导致报废。因此表面烧化的钢出炉时要格外小心。比如，如果表面烧化过多，还容易使钢坯的皮下气孔暴露，从而使气孔内壁氧化，轧制后不能弥合，因此产生发裂缺陷。

一般情况下，产生粘钢的原因有两个：

(1)加热温度过高使钢坯表面熔化，而出炉时温度又较低。

(2)在一定的推钢压力条件下，长时间高温加热。当加热温度达到或超过氧化铁皮的熔化温度(1300～1350℃)时，氧化铁皮开始熔化，并流入钢料与钢料之间的缝隙中，当钢料从加热段进入均热段时，由于温度降低，氧化铁皮凝固，便产生了粘钢。此外，粘钢还与钢种及钢坯的表面状态有关，一般酸洗钢容易发生粘钢。钢坯的剪口处容易发生粘钢。

发生粘钢后，如果粘的不多，应当采用快拉的方法把粘住的钢尽快拉开，但切不可用关闭烧嘴或减少风量的方法降温，因为降低温度会使氧化铁皮凝固，反而使粘钢更为严重。一般情况下应当在处理完粘住的钢之后，再调整炉温。如果粘钢严重，尤其是两个以上的钢坯之间发生粘钢，需用一定重量的撬棍在粘钢处进行多次冲击，方能撬开。

防止表面烧化的措施，主要是控制加热温度不能过高，在高温下的时间不能过长，火焰不直接烧到钢上。

6.4.6 加热温度不均匀

钢坯加热时温度不均匀会给轧制带来调整和操作上的困难，而且对轧制产品的质量影响也很大。对带钢轧机，尤其是连续轧机上影响更大。因为温度不均匀，在轧制时辊跳值就不一样，温度低的地方抗力大，辊跳值大，板厚就可能超出公差，温度高的地方抗力小，辊跳值就小，板厚就可能小于公差，从而造成废品。在实际生产中，通常允许钢坯在出炉时有一定的温差，如果脱离实际片面追求小的温差，将延长加热时间，增加燃料消耗量、降低产量；但是如果温差过大，则将对轧制造成不利的影响。对于钢坯加热温度不均匀的原因及其对轧制的影响简介如下：

(1)上下面温度不均匀。上下面温度不均匀,经常都是下面温度较低,这是由于坯料在一面加热的炉子中单面加热造成,或者是在两面加热炉子中下加热供热不足或在均热段停留时间过短所致。上下面温度不均匀的坯料,在轧制时其延伸系数就不一样,于是就会造成轧件轧出方向弯曲或冲向辊道,甚至造成设备或人身事故。

(2)内外温度不均匀。内外温度不均匀表现为坯料表面已达到或超过了加热温度,而中心还远远没有达到加热温度,即表面温度高,中心温度低,这主要是高温段加热速度太快和均热时间太短造成的。内外温度不均匀的坯料,在轧制时其延伸系数也不一样,有时在轧制初期还看不出来,但经过轧制几个道次之后,钢温就明显降低,甚至颜色变黑和变硬,如果继续轧制就有可能轧裂或者发生断辊现象。

(3)长度方向温度不均匀。长度方向温度不均匀有四种情况:

1)两端温度高、中段温度低。这是因为两侧炉墙辐射造成的。所以对于较宽的炉子在加热时应适当减少两侧烧嘴的煤气量。

2)两端温度低、中段温度高,这种情况一般是侧出料的炉子由于两侧炉门经常打开,炉内吸进冷风造成的,因此在加热时应关闭两侧炉门,同时出钢门也应开得较小,以防止炉内吸入冷风使坯料两端钢温降低。

3)一端温度低,另一端温度高,这种情况一般是长短料偏装造成的,只要在装炉操作上加以注意是可以避免的。

4)钢坯底面的黑印,这是由于水冷滑轨的影响,并且在均热段没有完全消除的原因。如果加热的是板坯生产带钢,这种钢坯在轧成带钢后会出现周期性的厚薄不均。为了消除炉筋管黑印,目前已对炉筋管做了很多改进,如采用无水冷滑轨、变轨距滑轨等。

6.4.7 加热裂纹

加热裂纹分为表面裂纹和内部裂纹两种,加热中的表面裂纹往往是由于原料表面缺陷(如皮下气泡、夹杂、裂纹等)消除不彻底造成的。原料的表面缺陷在加热时受温度应力的作用发展成为可见的表面裂纹,在轧制时则扩大成为产品表面的缺陷,此外过热也会产生表面裂纹。

加热中的内部裂纹则是由于加热速度过快以及装炉温度过高造成的。尤其是高碳钢和合金钢的加热,因为这些钢的导热性都较差,在装炉温度过高或者加热过快的条件下,由于内外温差悬殊造成温度应力过大,致使被加热的金属内部不均匀膨胀而产生内部裂纹,在轧制时内裂纹露出,并且继续扩大,在钢坯上便形成很深的穿孔。

复习思考题

6-1　钢加热的目的是什么?

6-2　钢的加热工艺内容有哪些?

6-3　钢的加热温度如何确定?它与什么因素有关?

6-4　钢的加热制度是什么?它们之间的关系如何?

6-5　钢的加热缺陷有哪些?如何防止钢的加热缺陷?

6-6　简述减少钢氧化措施有哪些?

6-7　过热与过烧有什么区别?

7 耐火材料

砌筑加热炉广泛使用各种耐火材料和绝热材料，耐火材料的合理选择、正确使用是保证加热炉的砌筑质量，提高炉子的使用寿命，减少炉子热能损耗的前提。耐火材料的种类繁多，了解各种耐火材料的性能、使用要求及方法，是正确使用耐火材料的必要条件。

砌筑加热炉的耐火材料应满足以下要求：

(1)具有一定的耐火度。即在高温条件下使用时，不软化不熔融。各国均规定：耐火度高于1580℃的材料才称为耐火材料。

(2)在高温下具有一定的结构强度，能够承受规定的建筑荷重和工作中产生的应力。

(3)在高温下长期使用时，体积保持稳定，不会产生过大的膨胀应力和收缩裂缝。

(4)温度急剧变化时，不能迸裂破坏。

(5)对熔融金属、炉渣、氧化铁皮、炉衬等的侵蚀有一定的抵抗能力。

(6)具有较好的耐磨性及抗振性能。

(7)外形整齐，尺寸精确，公差不超过要求。

以上是对耐火材料总的要求。事实上，目前尚无一种耐火材料能同时满足上述要求，这一点必须给与充分的注意。选择耐火材料时，应根据具体的使用条件，对耐火材料的要求确定出主次顺序。

耐火制品通常根据耐火度、形状尺寸、烧制方法、耐火基体的化学矿物组成等进行分类。

(1)按耐火材料的化学成分分类：

1)硅质制品

硅砖	SiO_2 含量不小于93%
石英玻璃	SiO_2 大于99%

2)硅酸铝质制品

半硅砖	SiO_2 含量大于65%，Al_2O_3 含量小于30%
黏土砖	SiO_2 含量小于65%，Al_2O_3 含量30%～46%
高铝砖	Al_2O_3 含量大于或等于46%

3)镁质制品

镁砖	MgO含量85%以上
镁铬砖	MgO含量55%～60%，Cr_2O_3 含量8%～12%
白云石制品	CaO含量40%以上，MgO含量30%以上
镁铝砖	MgO含量不小于80%，Al_2O_3 含量5%～10%

4)铬质

5)碳质及碳化硅质制品

6)锆质

7)特种氧化物制品

(2)按耐火度、形状尺寸和烧制方法分类：

1)耐火度为1580～1770℃时为普通耐火制品，1770～2000℃时为高级耐火制品，＞2000℃时为特级耐火制品。

2)按尺寸形状分为块状耐火材料和散状耐火材料。

3)按烧制方法分为不烧砖、烧制砖和熔铸砖。

(3)根据耐火材料的化学性质分类：

1)酸性耐火材料；

2)碱性耐火材料；

3)中性耐火材料。

7.1 耐火材料的性能

耐火材料的性能包括物理性能和工作性能两个方面。物理性能如体积密度、气孔率、热导率、真密度、线膨胀系数等往往能够反映材料制造工艺的水平，并直接影响着耐火材料的工作性能。耐火材料的工作性能指材料在使用过程中表现出来的性能，主要包括耐火度、高温结构强度、高温体积稳定性、抗渣性等，耐火材料的工作性能取决于耐火材料的化学矿物组成及其制造工艺。

7.1.1 耐火材料的物理性能

7.1.1.1 体积密度

耐火材料的体积密度指的是单位体积(包括全部气孔在内)的耐火材料的质量，常用单位为 g/cm^3 或 kg/m^3。

7.1.1.2 气孔率

因制造工艺局限性，耐火材料中总存在着一些大小不同、形状各异的气孔。耐火材料中所有气孔的体积与材料总体积的比值就称为耐火材料的气孔率。

耐火材料的气孔按其状态分为开口气孔、闭口气孔和贯通气孔三种。其中一端封闭，另一端与大气相通的气孔称为开口气孔；被封闭在材料内部与外界隔绝的气孔称为闭口气孔；贯穿材料内部，两端均与大气相通的气孔称为贯通气孔。开口气孔和贯通气孔合称显气孔。

设 V_1、V_2、V_3 分别代表耐火材料中开口气孔、闭口气孔、贯通气孔的体积，V 代表耐火材料的总体积，显然

$$\text{气体的气孔率}=\frac{V_1+V_2+V_3}{V}\times100\% \tag{7-1}$$

$$\text{显气孔率}=\frac{V_1+V_3}{V}\times100\%$$

$$\text{闭气孔率}=\frac{V_2}{V}\times100\%$$

除特别表明者外，我国有关耐火材料文献、资料中的气孔率通常是指显气孔率。

7.1.1.3 真密度

耐火材料的真密度是指不包含气孔在内，单位体积耐火材料的质量，单位 kg/m^3。

体积密度、气孔率、真密度这些指标反映了耐火材料的致密程度，是评定耐火制品质量的重要指标之一。耐火材料的这些指标直接影响着耐火制品的耐压强度、耐磨性、抗渣性、导热性能等。

7.1.1.4 热膨胀性

耐火材料的长度和体积随温度升高而增大的性质，称为耐火材料的热膨胀性。耐火材料的热膨胀是一种可逆变化，即受热后膨胀，冷却后收缩。

耐火材料的热膨胀性一般用线膨胀百分率表示。

$$\beta=\frac{L_t-L_0}{L_0}\times 100\% \tag{7-2}$$

式中，L_t 和 L_0 是 t℃和 0℃时的试样长度。

7.1.2 耐火材料的工作性能

7.1.2.1 耐火度

耐火材料在高温状态下抵抗熔化和软化的性能称为耐火度。它是衡量耐火材料承受高温能力的基本尺度，是表征耐火材料耐高温性能的一项基本技术指标。

耐火度与材料熔点的意义不同。熔点是纯物质熔化时的温度，是一个确定的温度。由于耐火材料由多种矿物组成，在一定温度范围内熔融软化，故耐火材料的耐火度是指由这种耐火材料特制而成的耐火三角锥受热后软化到一定程度时的温度。耐火度的测定如图 7-1 所示。

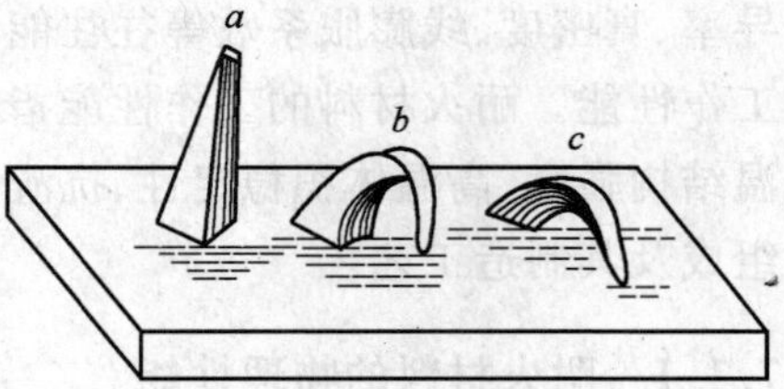

图 7-1 耐火锥软倒情况

a—软倒前；b—在耐火温度下软倒情况；c—超过耐火度是软倒情况

耐火材料的耐火度愈高，表明材料的耐高温性质愈好。耐火材料实际使用温度应低于耐火度。

7.1.2.2 高温结构强度

加热炉中的耐火材料都是在一定的负荷下工作的，故要求其必须具有一定的抗负荷能力。耐火材料在高温下承受压力、抵抗变形的能力称为耐火材料的高温结构强度。耐火材料的高温结构强度通常用荷重软化点作为评定的指标。所谓荷重软化点，是指耐火材料在一定的压力(0.02MPa)下，以一定的升温速度加热，当材料开始变形、4%及 40%的软化变形时对应的温度，分别称为荷重软化开始温度、4%、40%时的荷重软化温度。

各种耐火材料的荷重软化开始点是不一样的。一般常用耐火黏土砖的荷重软化开始点为 1550℃。耐火材料的使用温度不能超过其荷重软化开始温度。

7.1.2.3 高温体积稳定性

耐火材料在高温及长期使用的情况下，应保持一定的体积稳定性。这种体积的变化不是指一般的热胀冷缩，而是指耐火材料在烧制时，由于其内部组织未完全转化，在使用过程中内部组织结构会继续变化而引起的不可逆的体积变化。

在工程上，耐火制品的高温体积稳定性一般用无荷重条件下材料的重烧体积变化率或重烧线变化率表示。

$$\Delta V=\frac{V_2-V_1}{V_1}\times 100\% \qquad \Delta l=\frac{l_2-l_1}{l_1}\times 100\% \tag{7-3}$$

一般耐火制品允许的残余收缩或残余膨胀不超过 1%。

7.1.2.4 抗热震性

耐火材料抵抗温度急剧变化而不致破裂和剥落的能力称为抗热震性，又称耐热剥落性和耐热崩裂性。在炉子的操作过程中，如炉门开启时冷空气进入炉膛、台车式炉出炉时炉底空冷等，都会使耐火材料的温度处于波动之中，如果耐火材料没有足够的抗热震性能，就会过早地损坏。

耐火材料的抗热震性主要取决于其热膨胀性、导热性、抗张强度、弹性模量等性质，与材料的组织结构、形状尺寸等也有关系。一般而言，线膨胀系数小、热导率大、抗张强度高和弹性模量较低且在温度急变范围内无晶型转化的材料，具有较好的抗热震性。就同种材料而言，形状简单、尺寸较小的材料具有较好的抗热震性。

耐火材料抗热震性的指标可以用试验来测定。目前采用的标准方法是将耐火材料试样加热至850℃，然后在流动水中冷却，如此反复加热、冷却，直至试样的脱落部分质量为原质量的20%为止，以所经受的反复加热、冷却的次数作为该材料的抗热震性指标。

7.1.2.5 化学稳定性

耐火材料在高温下抵抗熔融金属、物料、炉渣、熔融炉尘等侵蚀作用的能力称为耐火材料的化学稳定性。这一指标通常也用抗渣性来表示。对轧钢加热炉而言，经常遇到的是熔融氧化铁皮对耐火材料的侵蚀，在某些热处理炉中还存在炉内气氛对耐火材料的侵蚀。熔渣对耐火材料的侵蚀包括可能同时发生的三种作用：化学侵蚀、物理溶解和机械冲刷等。根据对不同炉渣侵蚀的抵抗作用，耐火材料分为：

酸性耐火材料：能抵抗酸性炉渣的侵蚀作用。

碱性耐火材料：能抵抗碱性炉渣的侵蚀作用。

中性耐火材料：对碱性炉渣和酸性炉渣的侵蚀均有较强的抵抗作用。

影响化学稳定性的因素很多，很难通过试验测出准确结果。

7.1.2.6 耐火材料的外观

耐火材料按其外观分为块状（耐火制品）和不定形耐火制品。块状耐火制品根据其外形和尺寸又分为普通型砖、标准型砖、异型砖和特型砖。块状耐火制品不允许有裂纹、铁斑、熔洞、结瘤、黑心、裂缝、缺棱和缺角、扭曲、鼓胀和尺寸偏差等外观缺陷，这些外观缺陷不但影响耐火制品的品质，而且还会影响炉子的砌筑质量，进而影响到炉子的使用寿命。

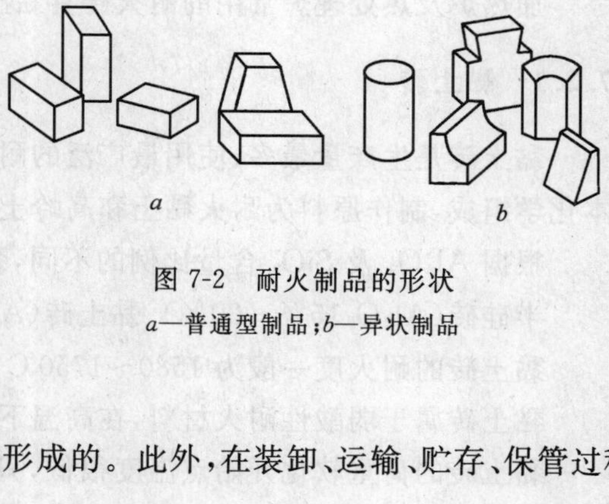

图 7-2 耐火制品的形状

a—普通型制品；*b*—异状制品

耐火制品的外观缺陷主要是在生产过程中形成的。此外，在装卸、运输、贮存、保管过程中也可产生。

7.1.3 加热炉中耐火制品常见的损毁形式

加热炉中耐火材料常见的损毁形式如表7-1所示。

表 7-1 耐火材料常见的损毁形式

类 型	产 生 原 因	说 明
熔失（熔渣侵蚀）	熔渣等与耐火材料发生反应生成低熔点物质，当这些物质熔融流失时，使耐火材料熔失	主要损坏形式之一

续表 7-1

类型		产生原因	说明
气损		与气体接触的耐火材料发生化学变化，造成耐火材料侵蚀和破坏	在特定的气氛和特殊的温度区域产生
磨损		与装入的物料、气流、装料设备等发生机械摩擦而使耐火材料产生磨损	多数情况下和侵蚀一起发生
剥裂	热剥裂	耐火材料受急冷急热时，由于表面和内部的膨胀差产生应变，从而造成耐火材料表面剥落	耐火材料种类不同，发生热剥裂的温度范围不一样
	机械剥裂	随着温度的升高，由于热膨胀等原因，耐火材料结构体局部受到大的压力造成的耐火材料的剥裂	易被误认为热剥裂，又称"挤裂"
	结构剥裂	与加热面接触的熔渣、粉尘、气体等侵入耐火材料，使耐火材料表面层发生变质引起剥裂	最普通的损坏形式之一，一般一层一层剥落，碱性耐火材料易发生
永久收缩		耐火材料因长时间受热而收缩，砖缝裂开，引起拱砖脱落	可通过外部冷却降低之
软化损伤		因受热使耐火材料的压缩强度降低，耐火砖被压坏，造成炉壁倒塌	改进炉体结构可减少此类损坏
可逆膨胀		由于耐火材料发生可逆热膨胀，使结构体龟裂、凸出或破坏	通过留较大的膨胀缝可避免

7.2 常用块状耐火制品

加热炉及热处理炉常用的耐火砖有黏土砖、高铝砖、硅砖、镁砖和碳化硅质制品等。

7.2.1 黏土砖

黏土砖是生产量最多、使用最广泛的耐火材料，属于硅酸铝质，以 Al_2O_3 及 SiO_2 为其基本化学组成，制作原料为耐火黏土和高岭土。

根据 Al_2O_3 及 SiO_2 含量比例的不同，黏土类耐火材料分为三种：

半硅砖（Al_2O_3 15%～30%）、黏土砖（Al_2O_3 30%～48%）和高铝砖（Al_2O_3>48%）。

黏土砖的耐火度一般为 1580～1750℃，随着 Al_2O_3 含量的增加耐火砖的耐火度提高。

黏土砖属于弱酸性耐火材料，在高温下容易被碱性炉渣所侵蚀。

黏土砖的荷重软化开始点温度很低，只有 1250～1300℃，而且其荷重软化开始温度和终了温度（即 40%变形温度）的间隔很大，约为 200～250℃。

黏土砖有良好的抗热震性能，在 850℃水冷次数可达 10～25 次。其线膨胀系数、热导率、比热容均小于其他耐火材料。

黏土砖在高温下出现再结晶现象，使砖的体积缩小。同时产生液相，由于液相表面张力的作用，使固体颗粒相互靠近，气孔率低，使砖的体积缩小，因此黏土砖在高温下有残存收缩的性质。

黏土砖表面为黄棕色（Fe_2O_3 的含量愈多颜色愈深），表面有黑点。

由于黏土砖化学组成的波动范围较大，生产方法不同，烧成温度的差异，各类黏土砖的性质变化较大。普通黏土砖根据组成中 Al_2O_3 含量的多少分为（NZ）—40、（NZ）—35、

(NZ)—30 三种牌号。

我国耐火黏土资源极为丰富，质量好，价格便宜，被广泛的应用于砌筑各种加热炉和热处理炉的炉体、烟道、烟囱、余热利用装置和烧嘴等。

7.2.2 高铝砖

高铝砖是含 Al_2O_3 48％以上的硅酸铝质制品。按照矿物组成的不同，高铝质制品分为刚玉质（95％以上的 Al_2O_3）、莫来石质（$3Al_2O_3 \cdot 2SiO_2$）及硅线石质（$Al_2O_3 \cdot SiO_2$）三大类，工业上大量应用的是莫来石质和硅线石质的高铝砖。

高铝砖的耐火度比黏土砖和半硅砖的耐火度都要高，达 1750～1790℃，属于高级耐火材料。高铝制品中 Al_2O_3 高，杂质量少，形成易熔的玻璃体少，所以荷重软化温度比黏土砖高，但因莫来石结晶未形成网状组织，故荷重软化温度仍没有硅砖高，只是抗热震性比黏土砖稍低。由于高铝砖的主要成分是 Al_2O_3，接近于中性耐火材料，对酸性、碱性炉渣和氧化铁皮的侵蚀均有一定的抵抗能力。高铝砖在高温下也会发生残存收缩。随着 Al_2O_3 含量的不同，普通高铝砖分为三种牌号：(LZ)—65、(LZ)—55、(LZ)—48。

高铝砖常用来砌筑均热炉的吊顶、炉顶、下部炉墙，连续加热炉的炉底、炉墙、烧嘴砖、吊顶等。另外，高铝砖也可用来砌筑蓄热室的格子砖。

7.2.3 硅砖

硅砖是含 SiO_2 在 93％以上的硅质耐火材料。由于 SiO_2 在烧成过程中发生复杂的晶型转变，体积发生变化，因此硅砖的制造技术和使用性能与 SiO_2 的晶型转变有着密切的关系。在使用中通常通过测量其真密度的数值，判断烧成过程中的晶型转变的完全程度。真密度越小，表明转化越完全，在使用时的体积稳定性就越好。普通硅砖的真密度在 2.4g/cm³ 以下。

硅砖属于酸性耐火材料，对酸性渣的抵抗能力强，对碱性渣的抵抗力较差，但对氧化铁有一定的抵抗能力。硅砖的荷重软化开始温度较其他几种常用砖都高，为 1620～1660℃，接近于其耐火度（1690～1730℃），这一特点允许硅砖可用于砌筑高温炉的拱顶。硅砖的抗热震性不好，在 850℃的水冷次数只有 1～2 次，因此不宜用在温度有剧烈变化的地方和周期工作的炉子上。

硅砖在 200～300℃和 575℃时有晶型转变，体积会骤然膨胀，故烘炉时在 600℃以下升温时不能太快，否则会有破裂的危险。同样，在冷却至 600℃以下时也应避免剧烈的温度变化。

硅砖是酸性冶炼设备主要的砌筑材料，在加热炉上一般用来砌筑炉子的拱顶和炉墙，尤其是拱顶。此外硅砖也用来砌筑蓄热室上层的格子砖。

7.2.4 镁砖

镁砖是含 MgO 在 80％～85％以上，以方镁石为主要矿物组成的耐火材料。

镁砖按其生产工艺的不同，分为烧结镁砖和化合镁砖两类。化合镁砖的强度较低，性能不如烧结镁砖，但价格便宜。

镁砖属于碱性耐火材料，对碱性渣有较强的抵抗作用，但不耐酸性渣的侵蚀，在 1600℃

高温下，与硅砖、黏土砖甚至高铝砖接触都能起反应，故使用时必须注意不要和硅砖等混砌。镁砖的耐火度在2000℃以上，但其荷重软化开始温度只有1500～1550℃。镁砖的抗热震性较差，只能承受水冷2～3次，这是镁砖损坏的一个重要原因。镁砖的线膨胀系数大，故砌砖过程中，应留足够的膨胀缝。

煅烧不透的镁砖会因水化造成体积膨胀，使镁砖产生裂纹或剥落。因此，镁砖在储存过程中必须注意防潮。

镁砖在冶金工业中应用很广，加热炉和均热炉的炉底表面层及均热炉的炉墙下部都用镁砖铺筑。镁砖和硅砖一样，不能用于温度波动激烈的地方，用镁砖砌筑的炉子在操作过程中应注意保持炉温的稳定。

7.2.5 碳化硅质耐火材料

碳化硅质耐火材料是以碳化硅为主要原料制得的耐火材料。根据其制品结合相的性质，碳化硅质耐火材料分为三类：氧化物结合碳化硅制品、直接结合碳化硅制品和氮化物结合碳化硅制品。

碳化硅耐火材料具有优异的耐酸性渣或碱性渣及氧化铁皮侵蚀的能力和耐磨性能，其高温下强度大、线膨胀系数小、导热性好、抗热冲击性强。碳化硅制品的耐氧化性较差，价格昂贵，故多被用于工作条件极为苛刻且氧化性不显著的部位。

碳化硅矿物原料在自然界极为罕见，工业上采用人工合成的方法获得。

7.3 不定形耐火材料

不定形耐火材料是由耐火骨料、粉料和一种或多种结合剂按一定的配比组成的不经成型和烧结而直接使用的耐火材料。这类材料无固定的形状，可制成浆状、泥膏状和松散状，用于构筑工业炉的内衬砌体和其他耐高温砌体，因而也通称为散状耐火材料。用此种耐火材料可构成无接缝或少接缝的整体构筑物，故又称为整体耐火材料。

不定形耐火材料通常根据其工艺特性和使用方法分为浇注料、可塑料、捣打料、喷射料和耐火泥等。

近年来，不定形耐火材料得到快速发展。目前，在加热炉中，不仅广泛使用普通不定形耐火材料，还使用轻质不定形耐火材料，并向复合加纤维的方向发展。目前，在一些发达国家，不定形耐火材料的产量已占其耐火材料产量的二分之一以上。

不定形耐火材料施工方便，筑炉效率高，能适应各种复杂炉体结构的要求。不定形耐火材料的使用，也可以改善炉子的热工指标。

7.3.1 耐火浇注料

耐火浇注料是由耐火骨料、粉料、结合剂组成的混合料，加水或其他液体后，可采用浇注的方法施工或预先制作成具有规定的形状尺寸的预制件，构筑工业炉内衬。由于浇注料的基本组成和施工、硬化过程与土建工程中常用的混凝土相同，因此也常称此材料为耐火混凝土。

耐火浇注料的骨料由各种材质的耐火材料制成，其中以硅酸铝质和刚玉质材料用的最多；粉料是与骨料相同材质的、等级更优良的耐火材料；结合剂是浇注料中不可缺少的重要组分，目前广泛使用的结合剂是铝酸钙水泥、水玻璃和磷酸盐等。为了改善耐火浇注料的理化性能和施工性能，往往还加入适量的外加剂，如增塑剂、分散剂、促凝剂或缓凝剂等，如以水玻璃作结合剂的浇注料常采用氟硅酸钠为促凝剂。

根据结合剂的不同，耐火浇注料可分为铝酸盐水泥耐火混凝土、水玻璃耐火混凝土、磷酸盐耐火混凝土及硅酸盐耐火混凝土等。几种常用耐火混凝土的性能见表 7-2。

表 7-2　几种耐火混凝土的性能

材　　料	铝酸盐水泥耐火混凝土	磷酸盐耐火混凝土	水玻璃耐火混凝土
荷重软化开始温度/℃	1250～1280	1200～1280	1030～1090
耐火度/℃	1690～1710	1710～1750	1610～1690
抗热震性/次	>50	>50	>50
显气孔率/%	18～21	17～19	17
体积密度/g·cm^{-3}	2.16	2.26～2.30	2.19
常温耐压强度/kg·cm^{-2}	200～350	180～250	300～400
1250℃烧后强度/kg·cm^{-2}	140～160	210～260	400～500

耐火浇注料是目前生产和使用最为广泛的一种不定形耐火材料，主要用于砌筑各种加热炉内衬等整体构筑物。如广泛用于均热炉等冶金炉的磷酸盐浇注料。

耐火混凝土可以直接浇灌在模板内，捣固以后经过一定的养护期即可烘干使用。也可以做成混凝土预制块，如拱顶、吊顶、炉墙、炉门等。

7.3.2　耐火可塑料

耐火可塑料是以粒状的耐火骨料和粉状物料与可塑黏土等结合剂和增速剂配合，加入少量水分经充分搅拌后形成的硬泥膏状并在较长时间内保持较高的可塑性的耐火材料。可塑料与耐火浇注料的骨料是相同的，只是结合剂不同，耐火可塑料的结合剂是生黏土，而耐火浇注料是用水泥等作结合剂。

根据所用骨料的不同，耐火可塑料分为黏土质、高铝质、镁质、硅石质等。目前国内采用的都是以磷酸—硫酸铝为结合剂的黏土质耐火可塑料。

由于耐火可塑料中含有一定的黏土和水分，在干燥和加热过程中往往产生较大的收缩。如不加防缩剂的可塑料干燥收缩 4%左右，在 1100～1350℃内产生的总收缩可达 7%左右。故体积稳定性是耐火可塑料的一项重要技术指标。耐火可塑料的抗热震性能高于其他同材质的不定形耐火材料。

耐火可塑料的施工不需特别的技术。制作炉衬时，将可塑料铺在吊挂砖或挂钩之间，用木锤或气锤分层（每层厚 50～70mm）捣实即可。若用可塑料制作整体炉盖，可先在底模上施工，待干燥后再吊装。

耐火可塑料特别适用于各种加热炉、均热炉及热处理炉。耐火可塑料制成的炉子具有整体性、密封性好，热导率小，热损失少，抗热震性好，炉体不易剥落，耐高温，有良好的抗蚀性，炉子寿命较长等特点。目前国内耐火可塑料在炉底水管的包扎、加热炉炉顶、烧嘴砖、均热炉炉口和烟道拱顶等部位的使用都取得了满意的效果。

7.3.3 耐火泥

耐火泥是由粉状物料和结合剂组成的供调制泥浆用的不定形耐火材料。主要用作砌筑耐火砖砌体的接缝和涂层材料，用以使耐火砖相互连接，保证炉子具有一定强度和气密性。

耐火泥一般由熟料与结合黏土组成，熟料是基本成分，结合黏土(生料)是结合剂，能在水中分散，增加耐火泥的可塑性。结合黏土适宜的数量随熟料的颗粒度而变，熟料粒度大，结合黏土含量则应多，耐火泥中熟料含量多，则耐火泥的机械强度增大；结合黏土的含量增加，耐火泥的透气性则降低。

耐火泥的耐火度取决于原料的耐火度及其配料比，一般耐火泥的耐火度应稍低于所砌筑耐火砌体的耐火度。在工业炉中，耐火泥的选择要考虑砌体的性质、使用环境和施工特点，通常所选耐火泥的化学成分、抗化学侵蚀性、热膨胀率等应该接近于被砌筑的耐火制品的相应性质。

根据耐火泥化学成分的不同，分为黏土质、硅质、高铝质、镁质等，分别用于砌筑黏土砖、硅砖、高铝砖和镁砖。由于镁质耐火材料有水化反应，故镁质耐火泥不能加水调制，只能干砌或加卤水调制。

7.3.4 红外高温节能涂料

红外高温节能涂料是喷刷在工业炉窑内壁表面上的一种涂料。该涂料是由耐火粉料、过渡金属氧化物、增黑剂、烧结剂、黏结剂和悬浮剂等组成的黏稠悬浮流体，喷刷在工业炉窑内壁上，形成 0.3～0.5mm 的涂层。该涂层的作用是：

(1)表面涂层在高温下具有高而稳定的发射率(黑度)，从而增强了炉窑内衬的辐射中介面作用，强化了炉膛内的传热，减少了炉窑的能耗。

(2)表面涂层的粘结强度高，抗热震性和抗腐蚀性好，可以保护炉衬，延长炉衬的使用寿命。

红外节能涂料的研制始于 20 世纪 60 年代起，英国、美国、日本、澳大利亚等国均有经营涂料的公司，我国很多单位开发和生产了红外节能涂料，目前国产涂料有的已达到国际名牌产品的水平，以 BJ 红外高温节能涂料为例，产品具有如下特点：

(1)采用混合型基料，在各种温度条件下均能保证涂料具有高而稳定的发射率(黑度)，为 0.9 左右。

(2)采用复合型黏结剂，使涂料与炉壁的黏结性好，抗热震性和抗腐蚀性好，使用过程中涂层不剥落，不开裂，可保护炉衬，延长炉衬的使用寿命。

(3)涂料中加入 3%以上的悬浮剂，悬浮剂由无机物和阴离子型表面活性剂等复合材料组成，从而形成一种胶体，触变性好，涂料不分层，不结块，存放时间长，从而保证良好的施工性能。

节能涂料在国内工业炉窑上得到广泛的应用，一般火焰炉节能 3%～7%，电加热炉节能 20%～28%。如全国普遍推广应用，所产生的节能经济效益每年将达到数亿元人民币。

7.4 隔热材料和特殊耐火材料

在炉子的热支出项目中，炉壁的蓄热和通过炉壁的散热损失占有很大比例。为了减少这方面的损失，提高炉子的热效率，需选用比热容小、热导率低的筑炉材料，即保温隔热材料。炉衬的外层一般砌筑保温隔热材料。炉子保温隔热材料的种类很多，常用的有轻质耐火砖、轻质耐火混凝土、耐火纤维和其他绝热材料，如硅藻土、石棉、蛭石、矿渣棉及珍珠岩制品等。

7.4.1 轻质耐火砖

轻质耐火砖是在耐火砖中加入某些特殊物质后烧成的，其气孔率比普通耐火砖高一倍，体积密度比同质耐火砖小 50%～70%。轻质耐火砖的热导率小，常用来作为炉子的隔热层或内衬。

轻质耐火砖按所用材质不同，主要有轻质黏土砖、轻质高铝砖和轻质硅砖。轻质耐火砖的耐火度与一般相同材质的耐火砖的耐火度相差不大，荷重软化点则略低。由于多数轻质砖在高温下长期使用时，会继续烧结而不断收缩，从而造成裂纹甚至破坏，故多数轻质砖有一个最高使用温度。轻质黏土砖只有 1150～1300℃，轻质高铝砖不超过 1350℃，轻质硅砖高些，可达 1600℃。

轻质耐火砖的抗热震性、高温结构强度和化学稳定性均较差，故不适合用于高速气流冲刷和振动大的部位。

综合来看，轻质耐火砖的优点是主要的。因此，国内外对轻质耐火材料的研究都十分重视，其应用愈来愈广泛，是一种有发展前途的材料。

轻质耐火砖宜用于炉子的侧墙和炉顶，用轻质黏土砖所砌的炉子重量轻、炉体蓄热损失少，因此炉子升温快，热效率高，这对周期性作业的炉子意义尤为重要。

与轻质耐火砖工艺相似，在耐火混凝土配料中，加入适当的起泡剂，可以制成轻质耐火混凝土，体积密度是黏土砖的二分之一，热导率是黏土砖的三分之一。如果用蛭石或陶粒一类材料作骨料，则密度及热导率更低。

7.4.2 石棉

石棉是纤维结构的矿物，它的主要成分是蛇纹石($3MgO \cdot 2SiO_2 \cdot 2H_2O$)。松散的石棉密度为 0.05～0.07g/$cm^3$，压紧的石棉密度为 1～1.2g/$cm^3$。石棉的熔点超过 1500℃，但在 700℃时就会成为粉末，使强度降低，失去保温性能，故石棉制品的最高使用温度不得超过 500℃。

石棉板是将石棉纤维用白黏土胶合而成的，石棉绳则是用石棉纤维和棉线编织而成的。

7.4.3 硅藻土

硅藻土是由古代藻类植物形成的一种天然沉积矿物，其主要成分是非晶型的 SiO_2，含量为 60%～94%。硅藻土制品含有大量气孔，重量很轻(500～600kg/m^3)，是一种具有良好隔热性能的保温材料，其允许的工作温度一般不大于 900℃。松散的硅藻土粉可作填料，也可制成硅藻土砖使用。

7.4.4 蛭石

俗称黑云母或金云母。其成分大致为：SiO_2 2%～40%，Fe_2O_3 6%～23%，Al_2O_3

14%～18%，MgO 11%～20%，CaO 1%～2%。蛭石内含有大量水分，受热时水分蒸发而体积膨胀，加热到800～1000℃时体积胀大数倍，称为膨胀蛭石。去水后的蛭石可直接填充使用，也可用高铝水泥作结合剂制成各种保温制品。蛭石的最高工作温度为1100℃。

7.4.5 矿渣棉、珍珠岩及玻璃纤维

矿渣棉：煤渣、高炉渣和某些矿石，在1250～1350℃熔化后，用压缩空气或蒸汽直接使其雾化，形成的线状物称为矿渣棉，可以直接使用，也可制成各种制品使用。矿渣棉的最高使用温度不超过750℃。

珍珠岩：这是一种较新型的保温材料，具有体积密度小、保温性能好、耐火度高等特点。其组成以膨胀珍珠岩为主，加磷酸铝、硫酸铝并以纸浆液为结合剂。珍珠岩的最高使用温度为1000℃。

玻璃纤维：玻璃纤维是液态玻璃通过拉线模拉制成的，可作为保温材料填充使用。其最高使用温度为600℃。

7.4.6 耐火纤维

耐火纤维又称陶瓷纤维，是一种纤维状的新型耐火材料，它不仅可用作绝热材料，而且可作炉子内衬。耐火纤维的生产方法有多种，但目前工业规模采用的都是喷吹法，即将配料在电炉内熔化，熔融的液体流出小孔时，用高速高压的空气或蒸汽喷吹，使熔融液滴迅速冷却并被吹散和拉长，就可以得到松散如棉的耐火纤维。耐火纤维以松散棉状用于工业炉只是使用方法之一，更多的是制成纤维毯、纤维纸、纤维绳，或与耐火可塑料制成复合材料，可适应多种用途。耐火纤维的节能效果显著。

陶瓷纤维使用的基本原料是焦宝石，它的成分属于硅酸铝质耐火材料，但因为形态是纤维，因此性能与黏土砖不尽相同，持续使用温度为1300℃，最高使用温度为1500℃。在1600℃以上，陶瓷纤维失去光泽并软化。其优点：重量轻、绝热性能好、抗热震性好、化学稳定性好、容易加工。

7.4.7 耐火材料的选用

耐火材料的正确选用对炉子工作具有极重要意义，能够延长炉子的寿命，提高炉子的生产率，降低生产成本等。相反，如果选择不好，会使炉子过早损坏而经常停炉，降低作业时间和产量，增加耐火材料的消耗和生产成本。选择耐火材料时应注意下述原则：

(1)满足工作条件中的主要要求。耐火材料使用时，必须考虑炉温的高低、变化情况、炉渣的性质、炉料、炉渣、熔融金属等的机械摩擦和冲刷等。但是，任何耐火材料都不可能全部满足炉子热工过程的各种条件，这就需要抓住主要矛盾，满足主要条件。例如，砌筑炉子拱顶时，所选用的材料首先应考虑到有良好的高温结构强度，而就抗渣性来说却是次要的要求。反之，在高温段炉底上层的耐火材料则必须满足抗渣性这个要求。又如，对间歇性操作的炉子来说，除了考虑抗渣性等基本条件外还应选择热稳定性好的材料。总之，就一个炉子来说，各部位的耐火材料是不相同的。应根据各部位的技术条件要求来选取合适的耐火材料。

(2)经济上的合理性。冶金生产消耗的耐火材料数量很大，在选用耐火材料时除了满足

技术条件上的要求外，还必须考虑耐火材料的成本和供应问题，某些高级耐火材料虽然具备比较全面的条件，但因价格昂贵而不能采用。当两种耐火材料都能满足要求的情况下应选择其中价格低廉，来源充足的那一种，即使该材料性能稍差，但能基本符合要求也同样可以选用。对于易耗或使用时间短的耐火制品更应考虑采用价格低，来源广的耐火材料。不必要使用高级耐火材料的地方就应当不用，以节约国家的资源。此外，经济上的合理性，不仅表现在耐火材料的单位价格，同时还应考虑到其使用寿命。

总之，选择耐火材料，不仅技术上应该是合理的，而且经济上也必须是合算的。应本着就地取材，充分合理利用国家经济资源，能用低一级的材料，就不用高一级的，当地有能满足要求的就不用外地的。

7.5 加热炉的砌筑

7.5.1 耐火材料验收、存放和保管

耐火材料的验收一般包括：

(1)质量证明书。质量证明书上一般按牌号和砖号列出耐火制品的各项指标值，并注明是否符合技术要求、技术条件和设计要求。必要时，还需由实验室进行检验。

(2)外形外观检查。根据炉子所用耐火材料标准中所列的项目进行全数检查或批量抽查。

(3)耐火预制件的尺寸精度按相应标准进行。

耐火材料一般在有盖仓库内妥善保管，对受潮易变质的耐火材料还应采取必要的防潮措施。存放于仓库内的耐火材料，要按牌号、砖号和砌筑顺序合理地规划和堆放，并做出标志。不定形耐火材料、耐火泥浆、结合剂等应分别保存在防止潮湿和防污垢的仓库内，并且对易结块的不定形耐火材料堆放不能过高；对有时效性的不定形耐火材料，根据不同结合剂和外加剂的保管要求，妥善保管，并注明其名称、牌号和生产时间。耐火预制构件堆放时，必须考虑支承的位置和方法，以防止构件受力不均而造成损伤。

7.5.2 加热炉砌砖规定

加热炉砌砖规定如下：

(1)砌筑加热炉用的耐火材料及隔热材料，一般要防止受潮。

(2)砌筑耐火砖所用耐火泥的耐火度和化学成分与所用砖的耐火度和化学成分相适应。

(3)耐火砌体一般要求错缝砌筑，砖缝以泥浆填满；干砌时以干耐火粉填满。

(4)加热炉砌体的表面应勾缝。

(5)耐火砌体和隔热砌体，从施工到投产的过程都要预防受潮。

(6)禁止直接在砌体上砍凿砖，砌耐火砖时，一般要求用木槌找正。

(7)砖的砍凿面一般不应朝向炉膛、炉子通道的内表面或膨胀缝。

(8)烟道同下沉很大的烟囱和其他建筑物连接时，应在这些建筑物的全高建完，沉降基本稳定后，或者在烟道与烟囱或其他建筑物间设有沉降缝时，才允许砌筑烟道，沉降缝应防止透气和渗水。

7.5.3 砌砖方法

根据砖在砌体中的位置分为平砌 1、侧砌 2 和竖砌 3 三种(见图 7-3)。一般,砖的长侧表面叫顺面,端头短的表面叫顶面,两个宽表面叫大面。当砖的长边顺着墙平砌时叫做顺砌,当砖的长边在墙上横着平砌时叫顶砌。

7.5.3.1 *炉墙砌筑*

砌墙时,在同一砖层内,前后相邻砖列和上下相邻砖层的砖缝应交错。

墙的砌体要平整和垂直。为了保持砖层的水平,砌墙按拉紧的线绳进行。用水平尺和靠尺检查砌体表面的平整度,用控制样板检查墙的垂直度或倾斜度。

砌墙中断时,应留成阶梯形退台。

砌筑砖垛时,上下相邻砖层的垂直缝均应交错。

弧形墙错缝与直形墙错缝的方法相同(见图 7-4)。弧形墙应按中心线砌筑,当炉壳中心线的垂直误差符合规定时,弧形墙也可以炉壳作导面进行砌筑,并用样板进行检查。

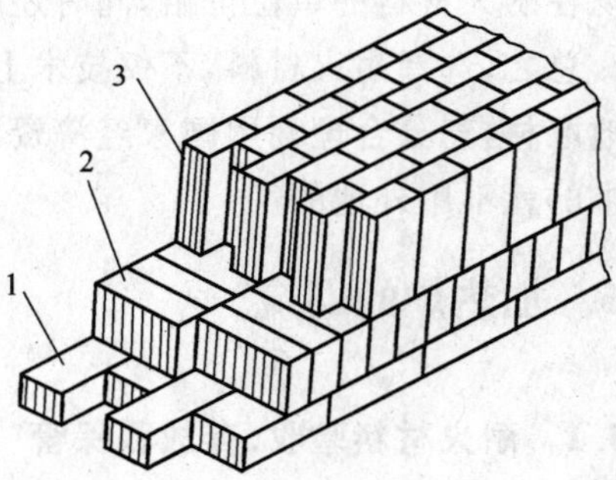

图 7-3 砖的平砌、侧砌和竖砌

1—平砌;2—侧砌;3—竖砌

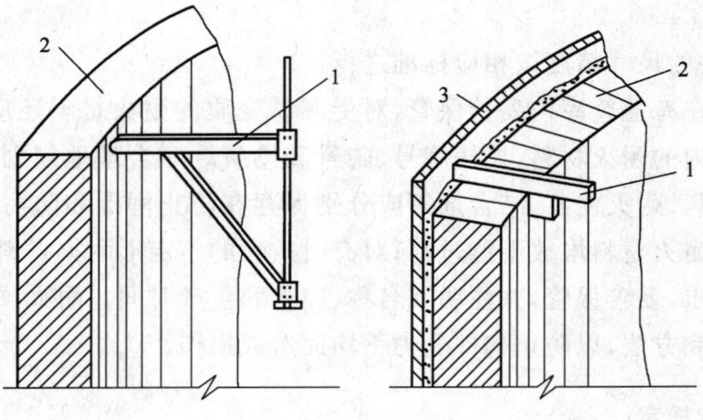

图 7-4 弧形墙的砌筑

1—样板;2—弧形墙;3—炉壳

7.5.3.2 *炉底砌筑*

炉底分死底和活底。砌筑时,先砌底后砌墙,墙压在底上,这种底叫死底。先砌墙后砌底,这种底叫活底。

砌底一般由炉子中间开始向两端进行。

砌筑炉子、通道和烟道的底的最上层砖时,一般将砖横砌,与炉渣及气体的流动方向垂直。根据炉子的生产要求,也有将炉底砌成反拱的。

7.5.3.3 拱顶砌筑

拱顶分为弓形拱、半圆形拱和平顶三种。突起与跨度之比在 1/12～1/2 之间(不包括 1/2)的拱称为弓形拱;突起为跨度的 1/2 的拱称为半圆形拱;没有突起的拱称为平顶,平顶多为悬挂式的。

砌筑拱顶有错砌和环砌两种方法。除设计规定或特殊结构部位环砌外，拱顶一般为错缝砌筑(如图 7-5)。

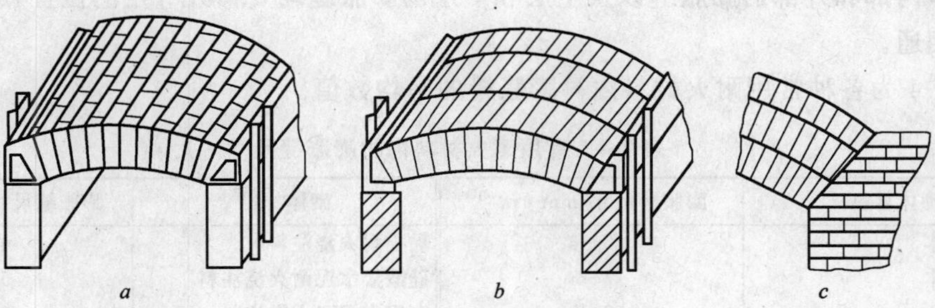

图 7-5 拱顶的砌法

a—错砌拱顶；*b*—环砌拱顶；*c*—分层砌法

拱顶均用楔形砖砌筑，砌筑时先安装与拱顶形式相对应的拱架。对于连续作业炉的拱顶或工作温度比较高、易损坏，需要经常修理的拱顶可用环砌的方法，即炉顶砌砖前后通缝。

拱顶砌筑从两边拱脚同时向拱顶中心对称进行，拱脚砖的角度与拱的角度应一致，并紧靠拱脚梁砌筑。如拱脚砖的后面有砌体时，则在该砌体砌完后，再开始砌筑拱顶。拱脚砖后面一般不砌强度低的硅藻土砖或轻质黏土砖等材料。拱顶拱砖的放射缝应与半径方向吻合。

为了增加炉顶的牢固性，拱顶砌砖最后要用锁砖锁紧。锁砖应沿拱顶的中心线对称、均匀的分布。打入锁砖时，先将靠近两边拱脚的锁砖同时均匀打入，最后打入中间的锁砖。矩形砖、砍掉厚度 1/3 以上的砖或砍凿侧面使大面成楔形的砖，不能作锁砖。

为了保持锁砖列的尺寸一致，两边拱脚砖的标高和间距在全长上应保持一致。

7.5.3.4 *砌缝和膨胀缝*

为了保证炉子砌体的坚固和耐久，避免透过气体和渗入熔融金属及炉渣，砌体的错缝和砖缝的厚度应特别注意，不允许有直通缝。加热炉各部位砌体的砖缝厚度见表 7-3。

表 7-3 加热炉各部位砌体的砖缝厚度

炉子名称	砌体部位名称	砖缝厚度(不大于)/mm
均热炉	底墙和吊挂炉盖	2
	烧嘴砖	2
	拱形炉盖	1.5
加热炉和热处理炉	镁砖或镁铬砖底	2
	加热炉预热段、加热段和均热段炉墙	2
	其他底和墙	3
	炉顶和拱	2
	烧嘴砖	2

由于耐火砖受热要膨胀，膨胀的数值与泥浆收缩或砖的重烧收缩不完全相等，因此需要根据砖的线膨胀系数及承受的温度计算膨胀缝，以避免钢结构和砌体的变形。炉子的膨胀缝既不许减弱砌体的强度，也不允许漏过气体、炉渣及钢液。

为了保证膨胀均匀，膨胀缝应均匀分布，每个膨胀缝的尺寸要小，而膨胀缝的数量要多。一般膨胀缝间的间距不超过 2m。在不致引起漏气和逸出燃烧产物的条件下，可以留集中膨胀缝，如拱顶两端靠近端墙处的膨胀缝。钢架及炉底结构与砌体之间也应留膨胀缝，以供钢结构自由膨胀。

砌体内部和外部的膨胀缝以及上层和下层的膨胀缝均要错开一定的位置，成“弓”字形，彼此不相通。

表 7-4 为各种常用耐火材料内衬膨胀缝的平均数值。

表 7-4 常用耐火材料内衬膨胀缝尺寸

砌体材料	膨胀缝尺寸/$mm \cdot m^{-1}$	砌体材料	膨胀缝尺寸/$mm \cdot m^{-1}$
黏土砖砌体	5～6	黏土耐火浇注料	4～6
高铝砖砌体	7～8	硅酸盐水泥耐火浇注料	5～8
硅砖砌体	12～13	高铝水泥耐火浇注料	6～8
刚玉砖砌体	9～10	水玻璃耐火浇注料	4～6
镁铝砖砌体	10～11	磷酸盐耐火浇注料	6～8
镁砖砌体	10～14		

复习思考题

7-1 什么是耐火材料，通常怎样分类？

7-2 耐火材料有哪些物理性能和高温使用性能，各有什么意义。

7-3 黏土砖有些什么性质，常用在什么地方。

7-4 高铝砖有些什么性质，常用在什么地方？

7-5 硅砖有些什么性质，常用在什么地方，使用硅砖时要注意哪些问题，为什么？

7-6 镁砖有些什么性质，常用在什么地方？

7-7 隔热材料的作用是什么，使用隔热材料应注意什么事项？

7-8 常用的隔热材料有哪几种，分别用在什么地方？

7-9 不定形耐火材料通常指哪些材料？

7-10 耐火混凝土的组成有什么共同特点，采用耐火混凝土筑炉有什么优点？

7-11 常用的耐火混凝土有哪几种，主要用途怎样？

7-12 耐火可塑料的组成有什么特点，采用耐火可塑料筑炉有什么优点？

7-13 目前推广使用的耐火可塑料有哪几种，主要应用在什么地方？

7-14 采用耐火纤维作炉子内衬或包扎炉底水管有什么好处？

7-15 常用耐火纤维有哪几种，它们的使用温度范围如何？

7-16 耐火砌体对耐火泥使用有什么要求？

7-17 常用耐火泥有哪几种，把它们调成泥浆时要注意些什么？

7-18 常用的耐火涂料有哪几种，加热炉为什么要采用涂料？

7-19 耐火材料的验收包括哪几方面，对耐火材料的保管应注意哪些问题？

7-20 砌砖有哪些基本规则，具体的砌砖方法应如何掌握？

8 连续式加热炉

连续式加热炉包括所有连续运料的加热炉，如推钢式炉、步进式炉、链带式炉、辊底炉、环形炉等，但是习惯上多指由推钢机运料的推钢式连续加热炉。推钢式连续加热炉的历史悠久，应用广泛，也是最典型的连续加热炉。

在连续加热炉的中，坯料不断由炉温较低的一端（炉尾）装入，以一定的速度向炉温较高的一端（炉头）移动，在炉内与炉气反向而行，当被加热坯料达到所要求温度时，便不断从炉内排出。在炉子稳定工作的条件下，一般炉气沿着炉膛长度方向由炉头向炉尾流动，沿流动方向炉膛温度和炉气温度逐渐降低，但炉内各点的温度基本上不随时间而变化。加热炉中的热工过程将直接影响到整个热加工生产过程，直至影响到产品的质量，所以对连续加热炉的产量、加热质量和燃耗等技术经济指标都有一定的要求，为了实现炉子的技术经济指标，就要求炉子有合理的结构、合理的加热工艺和合理的操作制度。尤其是炉子结构，它是保证炉子高产量、优质量、低燃耗的先决条件。由于炉子结构缺陷，造成炉子先天不足，会直接影响炉子热工过程、制约炉子的生产技术指标。从结构、热工制度等方面看，连续加热炉可按下列特征进行分类：

(1)按温度制度可分为：两段式、三段式和强化加热式。

(2)按所用燃料种类可分为：使用固体燃料的、使用重油的、使用气体燃料的、使用混合燃料的。

(3)按空气和煤气的预热方式可分为：换热式的、蓄热式的、不预热的。

(4)按出料方式可分为：端出料的和侧出料的。

(5)按钢料在炉内运动的方式可分为：推钢式连续加热炉、步进式炉等。

除此而外，还可以按其他特征进行分类，总的说来，加热制度是确定炉子结构、供热方式及布置的主要依据。

8.1 连续式加热炉的发展及节能规定

8.1.1 连续式加热炉炉型的发展

19 世纪末以来，随着冶金和机械制造工业的发展，在轧制和锻造生产中广泛地使用了连续加热炉。并且随着科学和技术以及工业的发展，特别是燃烧技术、耐火材料、热工仪表以及电子计算机的发展，连续加热炉也经历了由初级到高级，由简单到复杂，并重新趋向于简单的变化过程。

最早建造的是实底单面加热的连续加热炉，虽然实现了连续装出料，但由于采用单面加热，直接烧煤的技术，使得不完全燃烧较多，炉温波动大，热效率低，加热质量差，燃耗（标煤）高达 100kg/t。

随着 20 世纪工业的进步，到二次世界大战后一段时期，加热炉有了较大的进步，主要是实现了双面加热，由于出现炉底水管支撑结构，导致被加热坯料产生黑印，所以针对这一问题，炉子增设了均热段，确保出炉坯料温度和中心温差满足工艺的要求。燃料主要是重油和气体燃料，供热采用端部供热的方式，炉内坯料的输送靠推钢机。利用烟气余热预热空气和煤气，提高了炉子的热效率，降低了能耗。热工操作也从凭经验发展到配置热工测量和调节仪表，主要包括燃料和空气流量、压力和温度的检测、各段炉温的检测与自动调节。

20 世纪 70 年代初，由于工业的发展，同时燃料价格便宜，这一时期连续加热炉主要是大型化和强化加热，建造了许多产量达 200～300t/h 以上的炉子。这一时期加热炉技术主要有以下几个方面的发展：

(1)炉型结构上出现了步进梁和步进底式炉。有效地改善了推钢炉钢坯水冷黑印和表面划伤的缺陷，这一时期还出现了环形炉。

(2)快速加热。用高温高速燃气直接喷到坯料表面，加强对流换热，达到快速加热的目的。

(3)汽化冷却的使用，使得炉底水管结构冷却强度减少，水的消耗量锐减，产生的蒸汽可用于生产和生活。各加热炉水冷却损失减少到 15%以下。

(4)电子计算机控制。由于计算机的高速发展，到 20 世纪 60 年代末计算机已逐渐开始用于工业生产。炉子热工操作实现优化控制很难，经过大量研究已实现在经验和半经验数学模型的基础上对加热过程进行控制。

从 1974 年资本主义世界发生能源危机以来，对炉子的发展产生一定影响，这一阶段炉子的重点是节能技术的开发利用。炉子有效炉底强度控制在 500～600kg/(m^2·h)。这一时期加热炉技术主要有如下几方面的突破：

1)采用“热滑轨”以减小黑印的影响，取消了实底均热床。

2)热装和连轧技术的应用。初轧坯或连铸坯的热装或直接轧制是对旧的两火或者三火成材工艺的一次革命，工序能耗大大降低。

3)平焰烧嘴的应用，简化了炉顶结构，使炉温和炉压更易控制，炉温均匀。可解决出钢口吸冷风的问题。这一时期将可调烧嘴用于加热炉上也取得了良好效果。

4)喷流预热。将高温烟气用耐热风机抽回，通过布置在预热段坯料上面的喷管，直接喷射到坯料表面，强化对流给热，取得了显著的节能效果。

5)近几年新型耐火材料有了飞速发展，耐火混凝土、耐火可塑料、耐火纤维等新型耐火、绝热材料在炉子上得到了广泛的应用，增强了炉体气密性，提高了炉子的寿命，减少了炉体的热量损失。

6)计算机自动控制和管理。近几年新型集散型计算机系统的不断问世，取代了传统的热工测量和调节仪表，并且由于有相当充裕的内存、计算和实时控制功能，为实现炉子和整个工艺过程的最优控制和管理提供了良好的条件。目前加热炉计算机控制和管理能够对燃烧、炉压、炉温和坯料加热过程进行自动控制。金属加热的数学模型，加热温度和烟气成分的连续测定，坯料加热和燃烧过程的闭环控制等正在深入研究之中。

总之，经过多年发展，连续加热炉炉型和技术已趋于完善和成熟，可满足多种工艺的要求，随着科学技术的发展还将会进一步完善和提高，成为高效全自动的热工设备。

介绍连续加热炉的发展，主要目的在于告诉大家炉子是在不断地完善。作为炉子工作者一方面要继承发扬前人的成功经验，另一方面还要不断开拓创新，把先进的技术应用于设计之中。

8.1.2 轧钢加热炉的节能规定

我国的连续加热炉在建国后有了飞速发展。20世纪50年代通过引进技术建造了一批较大、而且较先进的炉子。20世纪60年代采用双面加热和多点供热，燃料也从烧煤改为烧煤气和重油。20世纪70年代高产、高炉温和高炉底强度是炉子的特点，一些炉子采用液体排渣，结果使炉子寿命缩短，坯料氧化烧损增大，能耗较高。1974年世界能源危机以来，我国由于工业的飞速发展，能源缺乏，满足不了生产发展的要求，所以节能技术日益受到重视。

鉴于我国国情，开源节流成为解决能源缺乏的主要措施，特别应指出的是，我国能源管理水平低，浪费严重，此外炉子能源利用率低，与世界上一些先进国家相比差距很大，节能潜力很大。1980年原冶金工业部提出了轧钢加热的节能规定。

其中提出了“五个必须”的规定：炉底水管必须包扎、炉子必须严密、炉体必须绝热、余热必须利用、必须有检测计量装置。

规定还指出，在正常生产的条件下，炉温要控制在1280～1320℃，最高不超过1350℃，超温和烧化要作为事故处理。炉压控制要保证均热段炉门下缘微正压。要合理组织燃烧，及时调整空燃比。对不同坯料和不同轧机产量要规定其经济热负荷制度。

规定中还指出，在满足开轧温度要求的前提下，要尽量降低出钢温度。所有加热炉都必须有减少“阴阳面”和水冷“黑印”的措施。钢坯加热炉一律采用干出渣。有热装条件的单位，在保证质量的前提下，要设法扩大热装品种，提高热装温度和热装率，等等。

新设计的炉子一定要符合原冶金部节能规定的各项要求，要在满足生产和质量的前提下，以节能为指导思想。

8.2 推送式连续加热炉

推送式连续加热炉仍是应用较广泛的型式。根据炉温制度可分为两段式加热炉、三段式加热炉、多点供热式加热炉。下面只介绍三段式和多点供热式加热炉。

8.2.1 三段式连续加热炉

如图8-1所示为一座推送式三段连续加热炉。

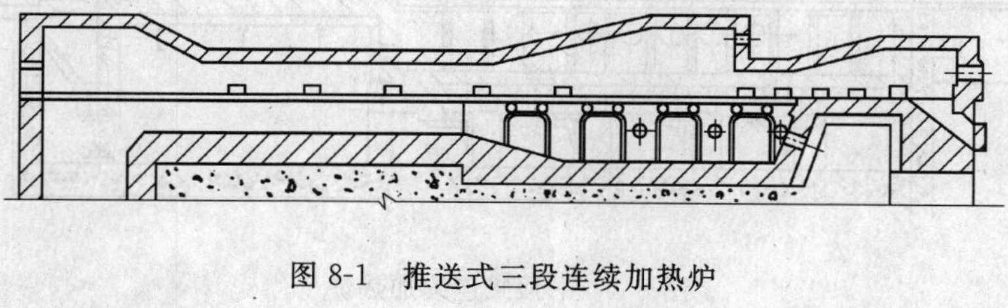

图8-1 推送式三段连续加热炉

8.2.1.1 炉型

所谓“炉型”主要是指炉膛空间形状、尺寸以及燃烧器的布置及排烟口的布置等。如果炉型结构不合理，则对炉子的产量、质量和能量消耗都会造成不利影响。随着轧机设备的大型化和自动化，加热炉的发展是很快的。现代炉子的特点是优质、高产、低耗、长寿和操作自动化。

炉型的变化很多，但结构上仍有一些共同的基本点。

炉顶轮廓曲线的变化是很大的，它大致与炉温曲线相一致，即炉温高的区域炉顶也高，炉温低的区域炉顶也相应压低。在预热段与加热段之间，有一个比较明显的过渡，加热段与均热段之间将炉顶压下。这是为了避免加热段高温区域有许多热量向预热段、均热段区域辐射，加热段是主要燃烧区间，空间较大，有利于辐射换热。预热段是余热利用的区域，压低炉顶缩小炉膛空间，有利于强化对流给热。

在加热高合金钢和易脱碳钢时，预热段温度不允许太高，加热段不能太长，而预热段比一般情况下要长一些，避免在钢内产生危险的温度应力。为了降低预热段的温度并延长预热段的长度，采用了在炉子中间加中间烟道的办法，如图 8-2 所示，以便从加热段后面引出一部分高温炉气。有的炉子还采用加中间扼流隔墙的措施，也是为了达到同样的目的。

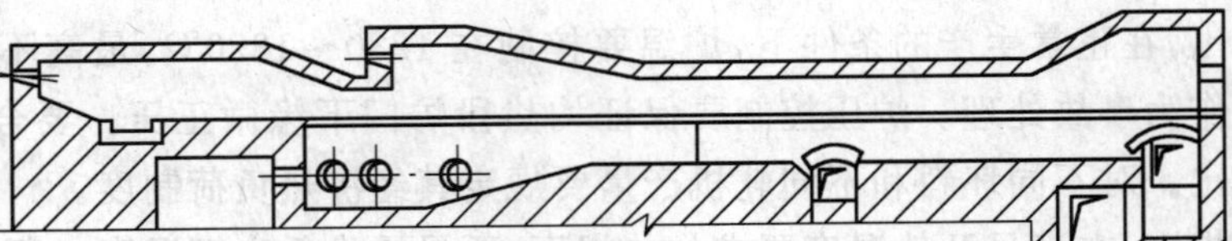

图 8-2　带中间烟道的三段式连续加热炉

在炉子的均热段和加热段之间将炉顶压下，是为了使端墙具有一定高度，以便于安装烧嘴。因此如果全部采用炉顶烧嘴及侧烧嘴，也可以使炉子结构更加简化，即炉顶完全是平的，上下加热都用安装在平顶和侧墙上的平焰烧嘴。炉温制度可以调节烧嘴的供热来实现，根据供热的多寡可以相当严格地控制各段的温度分布。例如产量低时，可以关闭部分烧嘴，缩短加热段的长度。这种炉型如图 8-3 所示。

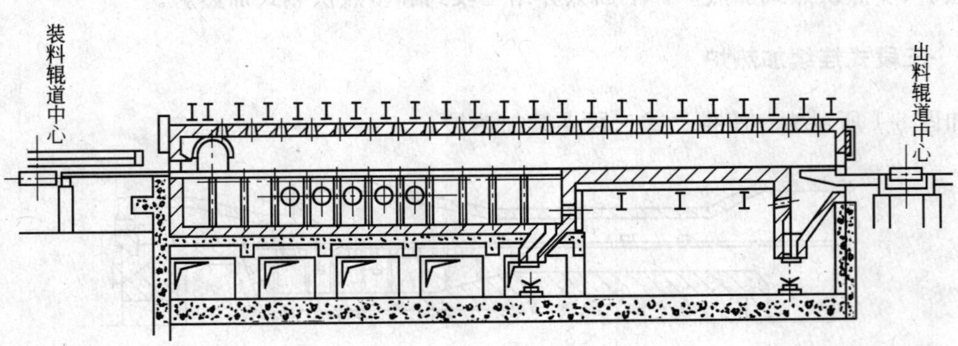

图 8-3　平顶式连续加热炉

多数推送式连续加热炉炉尾烟道是垂直向下的，这是为了让烟气在预热段能紧贴钢坯的表面流过，有利于对流换热。由于烟气的惯性作用，经常会从装料门喷出炉外，出现冒黑烟或冒火现象，造成炉尾操作环境恶劣，污染车间环境，并容易使炉后设备受热变形。为了改变这种状况，采取炉尾部的炉顶上翘并展宽该处炉墙的办法，其目的是使气流速度降低，部分动压头转变为静压头，也使垂直烟道的截面加大，便于烟气向下流动，从而减少了烟气的外逸。

8.2.1.2　炉子的热工制度

连续加热炉的热工制度，包括炉子的温度制度、供热制度和炉压制度。它们之间互相联系又互相制约。其中，主要是温度制度，它是实现加热工艺要求的保证；是制定供热制度与炉压制度的依据；也是炉子进行操作与控制最直观的参数。炉型或炉膛形状曲线是实现既定热工制度的重要条件。

A　温度制度

三段式温度制度分为预热段、加热段和均热段。

坯料由炉尾推入后，先进入预热段缓慢升温，出炉废气温度一般保持在850～950℃，然后坯料被推入加热段强化加热，表面迅速升温到出炉所要求的温度，并允许物料内外有较大的温差，最后，坯料进入温度较低的均热段进行均热，其表面温度不再升高，而是使断面上的温度逐渐趋于均匀。均热段的温度一般比坯料的出炉温度约高50℃。

B　供热制度

供热制度指在加热炉中的热量的分配制度。热量的分配既是设计中也是操作中的一个重要问题，目前三段式加热炉一般采用的是三点供热，即均热段、加热段的上下加热；或四点供热，即均热段上下加热，加热段的上下加热。合理的供热制度应该是强化下加热，下加热应占总热量的50%，上加热占35%，均热占15%。

三段式连续加热炉的供热点（即烧嘴安装位置）一般设在均热段端部和侧部，加热段上方和下方的端部和侧部。设在端部的烧嘴有利于炉温沿炉长方向的分布，但它的缺点是烧嘴安装比较复杂，且劳动条件较差，操作也不方便。烧嘴安装在侧部的优缺点正好与安装在端部相反。在连续式加热炉上设上、下烧嘴加热，有利于提高生产率，这是因为坯料受两面加热，其受热面积约增加一倍，这相当于减薄了近一半的坯料厚度，这样就缩短了对坯料的加热时间。另外两面加热还可消除坯料沿厚度方向的温度差，这对提高产品的质量无疑将是有利的，一般情况下，下加热烧嘴布置的数量应多于上加热烧嘴。这是因为：

(1)燃料燃烧后的高温气体会自动上浮，这样可以使上、下加热温度均匀；

(2)炉子下部有冷却水管，它要吸收一部分热量，这部分热量主要来自下加热；

(3)坯料放在冷却水管上容易造成其断面的温度差即平时看到的黑印，这样会影响产品的质量；

(4)如果上加热炉温高，钢料会出现一些熔化，而熔化的钢液则顺着两相邻的钢料缝隙向下流，发生通常所说的“粘钢”现象。

C　炉压制度及其影响因素

连续加热炉内炉压大小及其分布是组织火焰形状、调整温度场及控制炉内气氛的重要手段之一。它影响钢坯加热速度和加热质量，也影响着燃料利用的好坏，特别是炉子出料处的炉膛压力尤为重要。

炉压沿炉长方向上的分布，随炉型、燃料方式及操作制度不同而异。一般连续式加热炉炉压沿炉长的分布是由前向后递增，总压差一般为 20～40Pa，如图 8-4 所示。造成这种压力递增的原因，是由于烧嘴射入炉膛内流股的动压头转变为静压头所致。由于热气体的位

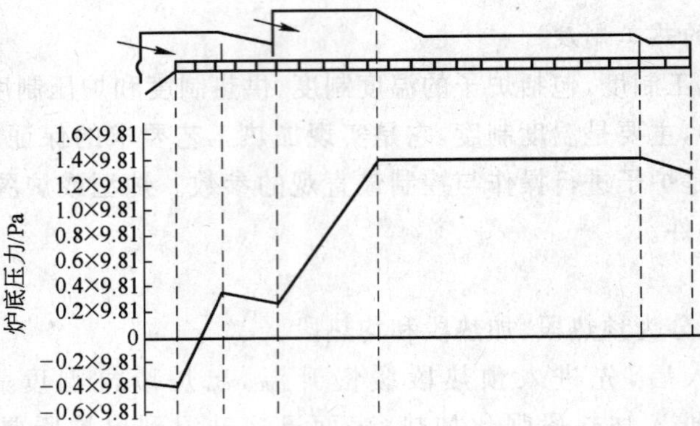

图 8-4　连续加热炉炉底压力曲线

差作用，炉内还存在着垂直方向的压差。如果炉膛内保持正压，炉气又充满炉膛，对传热有利，但炉气将由装料门和出料口等处逸出，不仅污染环境，并且造成热量的损失。反之，如果炉膛内为负压，冷空气将由炉门被吸入炉内，降低炉温，对传热不利，并增加了炉气中的氧含量，加剧了坯料的烧损。所以对炉压制度的基本要求是保持炉子出料端钢坯表面上的压力为零或 10～20Pa 微正压（这样炉气外逸和冷风吸入的危害可减到最低限度），同时炉内气流通畅，并力求炉尾处不冒火。一般在出料端炉顶处装设测压管，并以此处炉压为控制参数，调节烟道闸门。

炉压主要反映燃料和助燃空气输入与废气排出之间的关系。燃料由烧嘴和空气由喷嘴喷入，而废气由烟囱排出，若排出少于输入时炉压就要增加，反之炉压就要减小。影响炉压的因素如下：

（1）烟囱的抽力。烟囱的抽力是由于冷热气体的密度不同而产生的，抽力的计量单位用帕斯卡表示，其大小用下式计算，$(\rho_{冷}-\rho_{热})gH$　Pa，式中 $\rho_{冷}$、$\rho_{热}$ 分别为冷热气体的密度，单位为 kg/m^3；H 为烟囱高度，单位为 m。从公式可以看出，烟囱抽力的大小与烟囱的高度以及烟囱内废气状态有直接关系。烟囱高度确定后，其抽力大小主要取决于烟囱内废气温度的高低，废气温度高则抽力大，反之则抽力小。要使烟囱抽力增加，在操作上应该减少或消除烟道的漏气部分，保持烟道的严密性，如果不严密，外部冷空气吸入，不仅会使废气温度降低，而且会增加废气的体积，从而影响抽力。

烟道应具有较好的防水层，烟道内应保持无水，水漏入不但直接影响废气温度，而且烟道积水会使废气的流通断面减小，使烟囱的抽力减小。

（2）烟道阻力。它与烟道吸力方向相反。在加热炉中废气流动受到两种阻力，摩擦阻力和局部阻力，摩擦阻力是废气在流动时受到砌体内壁的摩擦而产生的一种阻力，该阻力的大小，与砌体内壁的光滑程度、砌体断面积大小、砌体的长度和气体的流动速度等有关。局部阻力是废气在流动时因断面突然扩大或缩小等而受到的一种阻碍流动的力。

8.2.1.3　连续加热炉炉膛尺寸的确定

连续加热炉的基本尺寸包括炉子的内宽、有效长度和炉高。

A　炉长的确定

炉子的长度可分为有效长度和全长，炉子的全长指炉子侧墙的砌砖长度。端出料炉子的有效长度指炉尾端墙外缘至出料滑坡转折点的距离；侧出料的炉子其有效长度指的是炉尾端墙外缘至出料门中心线的距离。

在设计时最基本的长度是有效长，当炉子的产量已定时，炉子有效长取决于加热时间，并受到推钢比的限制。

炉子的有效长度即被钢坯覆盖的长度，可按下面几种方法进行确定：

(1)根据炉子的产量来确定

$$L_{效}=\frac{G}{ng}\cdot\tau\cdot b \tag{8-1}$$

式中　$L_{效}$——炉子有效长度，m；

G——炉子的生产率，kg/h；

τ——加热时间，h；

b——每根钢坯的宽度，m；

n——坯料的排数；

g——每根钢坯的重量，kg。

炉子的全长 L 为：　$L=L_{效}+(1\sim3)\text{m}$　(8-2)

(2)利用有效炉底强度来确定

根据 $P_{效}=\frac{G}{F_{效}}$，$F_{效}=nlL_{效}$

得：

$$L_{效}=\frac{G}{n\cdot l\cdot P_{效}} \tag{8-3}$$

式中　$P_{效}$——炉子的有效炉底强度，kg/(m^2·h)；

l——坯料的长度，m。

可见只要选定一个 $P_{效}$，就可以确定一个 $L_{效}$。

在生产中，为了防止在推料过程中拱起、翻炉等事故的发生，如图 8-5 所示。炉子有效长度的确定要经过炉子允许最大推钢长度或允许推钢比的校核。

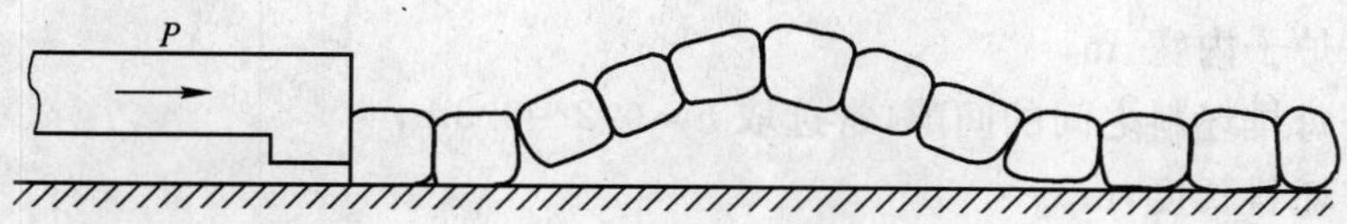

图 8-5　拱钢事故

$$允许推钢比=\frac{允许推钢长度}{钢坯厚度}$$

炉子的推钢长度等于炉内有效长度加上炉尾至推钢机推头工作位置之间的距离。

可见，翻炉除与推钢长度有关外，还与坯料厚度有关。坯料厚度愈小则愈易发生翻炉事故，此外坯料形状的规则程度亦有很大关系，不规则的料和炉底滑道不平都易造成翻炉事故。翻炉事故不仅难于处理，而且易损坏炉体，翻炉的钢要回炉重烧，所以在设计时为避免翻炉事故，炉子长度受允许推钢比的限制，即所设计炉长要比允许推钢长度所允许的短。

目前允许推钢比是参照已有炉子的经验值，一般方坯取 200～250，板坯取 250～300，也有的推荐 280～340。表 8-1 给出了一些炉子的实例，供设计时参考。

表 8-1 某些炉子推钢比

序号	炉子 $L_{效}$/m×炉宽/m	坯料尺寸厚/m×宽/m×长/m	$L_{效}$/mm	推钢比
1	21.1×1.47	0.12×0.12×1.0	177	195
2	31.2×3.8	0.2252×0.8×1.45	122	161
3	28.5×3.5	0.125×0.165×3.0	222	258
4	24.7×5.0	0.15 方坯	164	195
5	18.7×2.9	0.077 方坯	243	259
6	17×3.3	0.052 方坯	200	375
7	29×3.1	0.15 方坯	193	250

如果根据炉子情况计算出的炉长已超过了允许推钢比的要求，可考虑改用双排料，或者修建两座炉子。实践证明推荐的允许推钢比比较保守，其框框可以打破。但是由于推钢长度增加的同时，钢料之间的压力随之增大，有时会发生粘钢现象，所以目前推送式连续加热炉的长度不宜超过 40m。

(3)按炉子各段的长度来确定

预热段、加热段和均热段各段长度的比例，可根据坯料加热计算中所得各段加热时间的比例，以及类似炉子的实际情况决定。

三段式连续加热炉各段长度的比例分配大致如下：

均热段 15%～25% $L_{效}$

预热段 25%～40% $L_{效}$

加热段 25%～40% $L_{效}$

多点供热的炉子，其加热段较长，约占整个有效长的 50%～70%，预热段很短。

B 炉子宽度的确定

炉子的宽度取决于坯料的排数和长度，可利用下式来进行计算；

$$B=nl+(n+1)a$$

式中 B——炉子内宽，m；

a——每排坯料之间的间隙，常选取 $a=0.2\sim0.3$m；

l——坯料长度，m。

C 炉膛高度

炉膛的高度各段差别很大，炉高现在不可能从理论上进行计算，各段的高度都是根据经验数据确定的。决定炉膛高度要考虑两个因素：热工因素和结构因素。

炉子的设计要保证火焰能充满炉膛。烧煤的炉子不易组织火焰，炉高应低一些，否则火焰飘在上面，靠近坯料炉气温度较低，对传热很不利。但炉膛太低，炉墙辐射面积减少，气层减薄，也对热交换不利。炉膛高度要考虑到端墙有一定高度，以便安装烧嘴。

加热段供给的燃料最多，应有较大的加热空间，如果用侧烧嘴高度可以降低一些。加热段下加热的高度比上加热低一些，如果太深吸入冷风多，将使下加热工作条件恶化。

预热段的高度下部炉膛高度稍大于上部炉膛高度，因为下部炉膛有支持炉底水管的墙或支柱，又受炉底结渣的影响，使下部空间减少。适当加大高度可以减少气流的阻力。

均热段比加热段低，因为这里供热量少，还要保证炉膛正压和炉气充满炉膛，避免吸风现象。均热段和加热段之间压下越低越能保证正压，但必须至少比两倍坯料高200mm。

全炉顶平焰烧嘴的炉子，炉膛要低得多，各段高度都一样，至料面仅1～1.5m。

8.2.1.4　装出料方式

连续加热炉装料与出料方式有：端进端出、端进侧出和侧进侧出几种，其中主要是前两种，侧进侧出的炉子较少见。

一般加热炉都是端进料，坯料的入炉和推移都是靠推送机构进行的。炉内坯料有单排放置的，也有双排放置的，要根据坯料的长度、生产能力和炉子长度来确定。

出料的方式分侧出料与端出料两种，两者各有利弊。端出料的优点是：

(1)由炉尾推送机构直接推送出炉，不需要单独设出料机构，侧出料需要有出料机构；

(2)如坯料较宽时(如板坯)，只能用端出料，若用侧出料，出料门势必开得很大；坯料太长也不宜用侧出料，因为这时出料机推杆的行程很大，占用车间面积太大；

(3)轧制车间往往有几座加热炉，采用端出料方式，几个炉子可以共用一个辊道，占用车间面积小，操作也比较方便。但端出料的缺点是出料门位置较低，一般均在炉子零压线以下，出料门宽度几乎等于炉宽，从这里吸入大量冷空气到炉内。冷空气密度大，贴近料表面对温度的影响较大，并且增加金属的烧损，烧损量的增加又使实炉底上氧化铁皮增多，给操作带来困难。

为了克服端出料门吸入冷空气这一缺点，在出料口采取了一些封闭措施。常见的有：

(1)在出料口安装自动控制的炉门，开闭由机械传动，不出料时炉门是封闭的，出料时自动随推送机构一同联动而开启；

(2)在均热段安装反向烧嘴，即在加热段与均热段间的端墙或侧墙上，安装向炉前倾斜的烧嘴，喷入煤气或重油形成不完全燃烧的火幕，一方面增加出料口附近的压力，一方面吸入的冷空气可以参加燃烧；

(3)加大炉头端烧嘴向下的倾角，同时压低均热段与加热段的炉顶，利用烧嘴的射流驱散坯料表面低温的气体，均热段气体进入加热段时阻力加大，均热段内的炉压增加，对减少冷风吸入有一定的作用；

(4)在出料口挂满可以自由摆动的窄钢带或钢链，可以减少冷空气的吸入，并对向外的辐射散热起屏蔽作用。

目前只有加热小型坯料，或者加热质量要求较高的合金钢坯时，才采用侧出料方式。

8.2.2　多点供热的连续加热炉

由于轧机产量不断增加，要求炉子产量也相应增加，原有的三段式炉感到供热不足，于是出现了多点供热的连续加热炉。这种炉子的炉温制度仍属于三段式温度制度。如五点供热式的供热点为：均热段、第一上加热、第二上加热、第一下加热、第二下加热。六点供热又多了一个下均热供热点。炉顶平焰烧嘴的使用，使供热点的布置与分配很方便，可以根据材料品种不同，灵活调整各段的供热分配。

如图 8-6 所示为一六点供热的连续式加热炉。表 8-2 是某八点供热炉子各段热量分配。

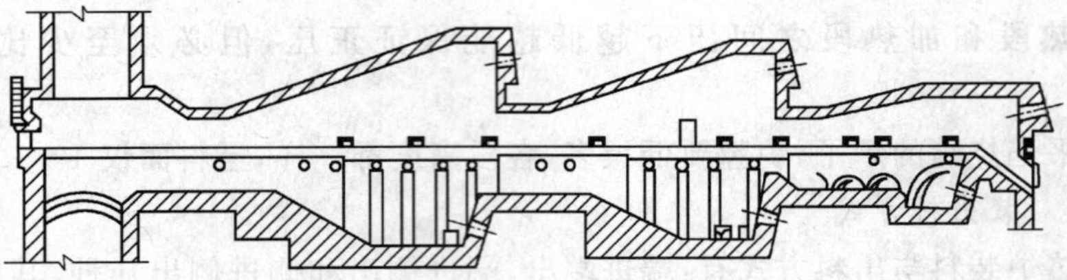

图 8-6　六点供热加热炉的供热分配

表 8-2　八点供热加热炉的供热分配

	上加热占比例/%	下加热占比例/%	合计/%
均热段	6.18	10.2	16.38
第一加热段	7.00	11.3	18.3
第二加热段	12.7	16.96	29.66
预热段	15.26	20.4	35.66
合　计	41.14	58.86	100.00

这类炉子的特点是在进料端的有限长度内，供给大部分热量，约占总热量的 65%，而第一加热段和均热段供给的比例只有 35%。在某种意义上预热段已经不是传统的概念，坯料一入炉就以大的热流量供热，因为低碳钢允许快速加热，不致产生温度应力的破坏，加强预热段的给热就改变了传统炉子只有半截炉膛供热的概念。当需要在低生产率条件下工作时，可以减少预热段的供热量。在这种炉温制度下废气带走的热量占总供热量的 60% 以上，必须有可靠的换热装置，才是合理的。目前这种大型炉子主要发展金属换热器，可以安置在炉子上方，即炉子采取上排烟的轻型结构。

多点供热连续加热炉由于炉温分布更加均匀，坯料所接受的热量大部分是得自后半段，此时料表面的温度还不致造成大量氧化，而在前半段高温区停留的时间相应缩短，烧损也因而下降，还减少了粘连的现象。所以多点供热的炉子加热质量也较好。

8.3　机械化炉底加热炉

8.3.1　环形加热炉

8.3.1.1　概述

对于一些难于采用推钢式加热炉加热的坯料如车轮、轮箍坯、饼、管坯各种异型锻坯等，开始时用室状炉加热，对于无缝钢管坯则在斜底炉内加热，在这些炉内加热主要的缺点是劳动强度大，一般都需要人工拨料。同时由于炉底是倾斜的(约 12°)，故不能控制沿炉底长度方向上炉气压力与外界压力相等，往往造成出料端负压，吸入大量冷风，促使氧化烧损增加，恶化传热，增加燃料消耗量。其次，管坯加热由于受操作条件限制温度不易均匀，对轧制产品质量有直接影响。而对于锻造车间来说，由于室状炉产量低，限制了锻锤生产率的提高。于是，在 20 世纪 40 年代开始使用环形加热炉，并取得了良好的效果。特别是在一些无缝钢管厂及锻造厂采用环形加热炉使生产翻了一番。采用环形加热炉代替室状炉及斜底炉的优点是明显的，它提高了产品产量及质量，减轻了劳动强度，但这种炉子造价比较贵，是建斜底炉造价的5～6倍。从长远看，其基本投资可以很快地从产量的增加，质量的提高，成本的降低所节约的资金中得到回收。

8.3.1.2　炉子结构

环形炉结构相当于把一个很长的侧出料单面加热的连续加热炉头尾相接，成为一个环形的炉子，但炉底不是固定的而是可以旋转的。它的平面图见图8-7，截面图见图8-8。

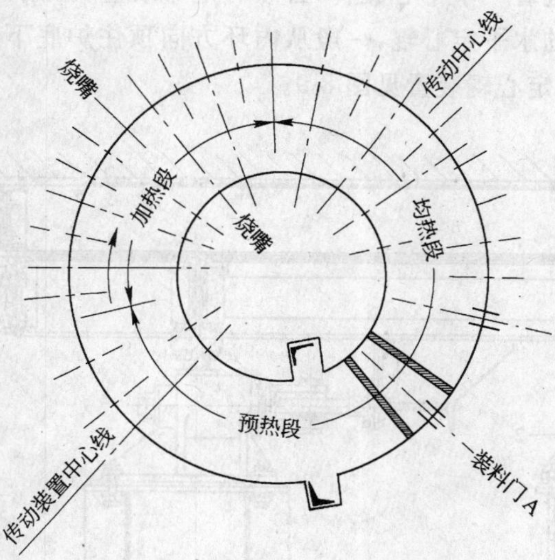

图8-7　环形加热炉平面示意图

环形炉工作情况是这样的，被加热的坯料由加料机送入装料门A(图8-7)放在炉底上，坯料随着炉底一起缓慢旋转。在炉子外侧和内侧墙上装有一定数量的烧嘴或喷嘴，对坯料进行预热、加热及均热。被加热好的金属坯料最后从出料门B由出料机取出供轧制或锻造用。

环形炉结构上最大的特点在于炉底结构。它要保证按需要的速度正常地旋转并和内外环固定炉墙保持一定的间隙而不卡死，在使用过程中炉子金属结构不致变形太大而妨碍炉底的正常旋转。

A　环形炉底

从图8-8可见，炉底耐火材料是砌筑在下环4和上环5二层钢结构上面的钢板上，上环5安放在下环4上允许受热后能自由膨胀，下环下面钢轨载着炉底重量放在很多个支撑辊2上，中小炉子采用一列或二列支撑辊，大直径的环形炉采用三列支撑辊，支撑辊采用滚珠轴承结构以减少摩擦阻力，增加转动时的动力，小型环形炉也有用滚珠代替支

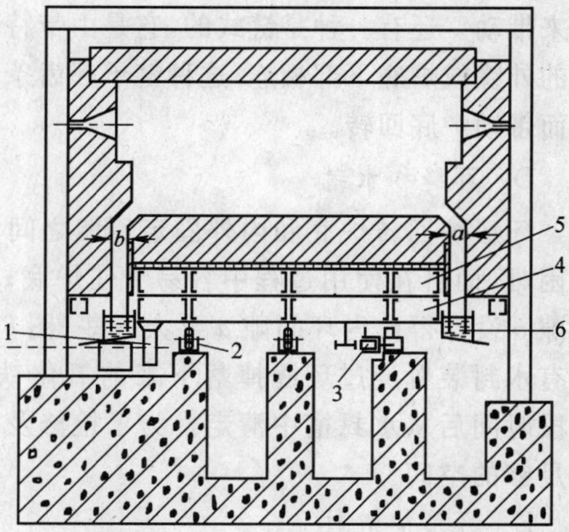

图8-8　环形加热炉截面示意图

1—传动齿轮；2—支撑辊；3—定心辊；

4—下环；5—上环；6—水封

撑辊的设计。

环形炉炉底耐火材料砖型、砌筑方式是很重要的。在炉子使用过程中由于热膨胀、温度急变、氧化铁皮等作用容易发生炉底边缘砖断裂而掉落发生卡住现象，另一方面是炉底不要堆积氧化铁皮，为此现场往往采用大块磷酸盐或高铝矾土耐火混凝土预制块来砌筑，使用效果较好。

B 环形炉底的定心装置

为了保证环形炉底围绕着一个中心旋转，必须有定心装置，常用的定心办法，即由沿圆周若干个带弹簧压紧装置的水平定心辊，一般从内环方向顶住炉底下环上的一圈轨道或钢板上面来实现定心，环形炉定心辊装置见图 8-9。

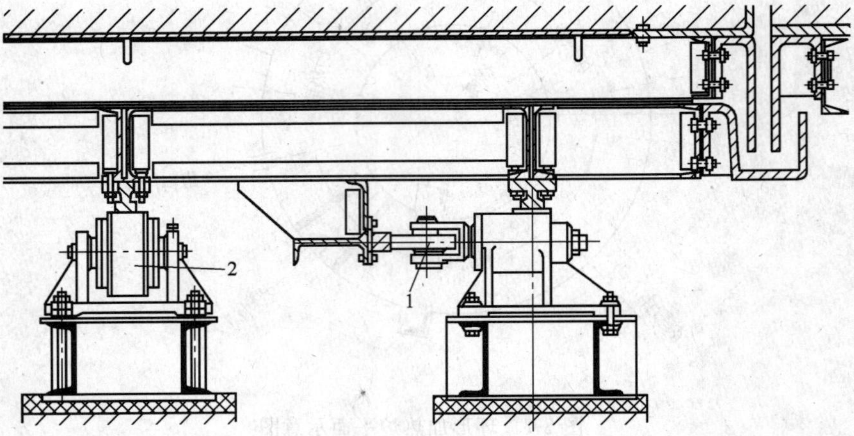

图 8-9 环形炉支撑辊及定心辊装置

1—定心辊；2—支撑辊

C 环形炉底回转装置

环形炉底回转装置有两种，一种是铸铁齿条沿圆周固定在下环下面，靠它下面的主动齿轮来带动。还有一种是链式的，它是由带特殊环节的重型链构成的，这些环节用螺栓与炉底壳的外缘或炉底下部相连，这种链子起齿条的作用，靠拨杆（油压驱动）同这种链式齿条相咬合而带动炉底回转。

D 环缝和水封

环形炉回转炉底和内外固定侧墙之间留有一定大小的环缝。环缝太小不但给施工造成困难，而且在使用过程中容易卡住炉底；太大热损失增大。由于外环热膨胀大，故外环间隙 b 设计得比内环间隙 a 要大一些（图 8-8）。为了避免冷空气从炉底环缝间隙吸入，故设有水封装置经过环缝掉落下来的氧化铁皮、耐火材料碎块等渣子也落在水封槽中，过一段时间后从水封槽中清走。为了检修及清理方便以改善劳动条件，环形炉底下部需要有足够的空间。

E 环形炉炉衬

环形炉炉衬用黏土砖或高铝砖砌成。我国一些工厂在环形炉上采用磷酸盐耐火混凝土及矾土耐火混凝土预制块砌筑炉顶、炉底及炉墙取得了良好的效果。主要是施工比较方便，避免了使用大量异型砖或施工时切砖、磨砖的麻烦。在环形炉出料门和装料门之间必须设置隔墙，它的作用是将装出料门彼此隔开，因该处的温度不同，使用隔墙后还可防止均热段的热气体短路直接进入烟道。此外往往在装料门和炉子排烟道间也设置隔墙，还在出料门对面内环侧墙上装有辅助烧嘴，采取这些措施的目的是保持被加热好的坯料的温度不致被冷却。隔墙下面一般采取1～2根冷却水管来支持上面砌砖的重量。环形炉炉衬上存在的问题是炉子使用一段时间后炉底外环边缘砖容易断裂而掉落以及氧化铁皮堆积后炉底涨高，炉子内环使用一段时间后，炉墙容易向炉内方向倾倒，尤其小炉子更甚。为防止炉子内环炉墙倾倒，目前采取的措施有：1)内墙用铁片或槽钢钩住（见图8-10)；2)采用倾斜内墙，为此内墙钢结构也必须做成倾斜的（见图8-11)。

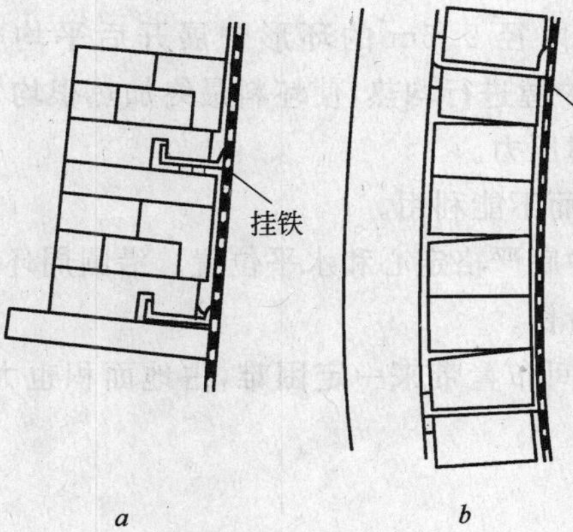

图8-10　采用挂铁防止内环炉墙倾倒的结构
a—用槽钢作挂铁；*b*—用钢板作挂铁

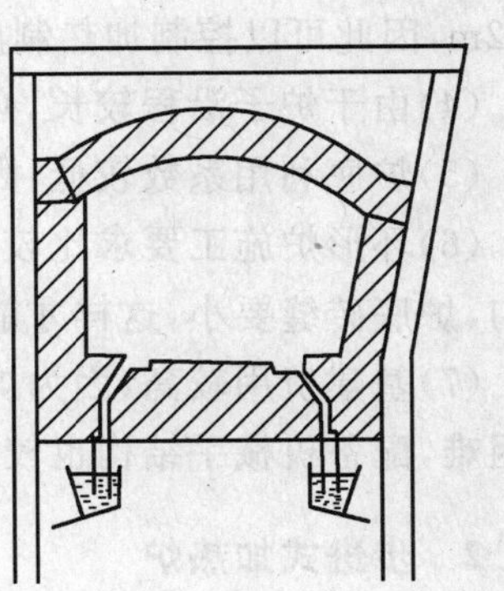

图8-11　为防止内环炉墙倾倒而采用的倾斜炉墙

F　燃烧器布置

对于炉宽比较小的炉子来说，只在外侧墙上布置有烧嘴（喷嘴），而它们往往是切向布置的。大一些的环形炉内外侧墙上都安装烧嘴（喷嘴），有两种布置方式，一种是切向，一种是径向布置，总的目的是保证炉温均匀，烧嘴大小、数目按拟定的温度制度来布置。一般预热段只布置很少小规格的烧嘴，主要烧嘴布置在加热段，均热段适当布置少量的或能力较小的烧嘴，燃料和空气分段供给，分段进行调节。最近环形炉有在炉顶上布置燃烧器的，这样可降低燃料消耗。

G　进出料装置

炉料由输送料装置（辊道、链条、滑板或钢丝绳小车等）送到炉前后，采用机械手将料一根根装入炉内，加热好后由另一个机械手从炉门将料取出，进出料机械手结构分：

1)固定框架高轨式；2)地面有轨小车式；3)落地出料机。它能将加热坯料（如车轮轮箍坯）直接送到锻锤下面。

出料机械手的动作有：前进、低头、夹紧、抬头、后退、张开等；装料机械手的动作有：夹紧、前进、张开、后退等。

机械手驱动方式分：机械传动和气动两种。

8.3.1.3　热工及施工特点

环形加热炉是从连续加热炉演变来的，因此在热工上有其共同点，但也还有它的独特性。

(1)环形炉底从均热段转到装料门再转到预热段时，这时炉底温度是很高的，它等于一个辅助的热源。对于普碳钢及低合金钢来说，这是改善金属下部加热的有利条件，试验表明，对低温塑性较好的1～2t高合金钢锭，如1Cr18Ni9以及低碳高铬钢锭直接装入环形炉也是没有什么问题的，对于塑性低的合金工具钢，必要时可在下面加一块垫板，以防止入炉时下表面温度升得太快而出现裂纹。

(2)坯料由装料机装入，因装料机夹子有一定厚度，因此可以使相邻坯料间留有一定的间隙，这样的布料方式对均匀加热坯料是很有利的，相邻坯料间的距离视需要可以改变，因此在环形炉内加热无缝管坯时沿断面温度分布是比较均匀的。

(3)环形炉展开后比较长，如外径21.2m，内径9.5m的环形炉展开后平均长度达44.2m，因此可以控制加热制度使其有较长一段炉膛进行均热，使坯料最终加热很均匀。

(4)由于炉子沿程较长，必须注意控制好炉膛压力。

(5)炉底利用系数较低，因坯料间存在间隙，而不能利用。

(6)环形炉施工要求比较严格，要注意保证炉底严格定心和水平位置。沿圆周环缝大小均匀，炉底砖缝要小，这样才能保证炉子使用寿命长。

(7)基建费用较高，因为炉子是圆形的，给车间布置带来一定困难，占地面积也大，扩建有困难，配备机械手结构也较复杂。

8.3.2 步进式加热炉

8.3.2.1 概述

步进式加热炉也是一种机械化炉底炉，它依靠步进梁的有顺序的运动使加热坯料在炉内逐步地从炉尾移动到炉头，使坯料达到规定的温度后出炉。这种炉子已存在多年，因受耐热钢使用温度的限制，开始只用在温度较低的地方，使用范围有一定的局限性。随着轧钢工业的发展，对加热产品质量、产量、自动化和机械化操作、计算机控制等方面的日益提高，在生产中要求在产量和加热时间上有更大的灵活性，这就要求与之相适应的炉子结构也应具有很大的灵活性，以适应生产的需要，基于上述原因，传统的推钢式加热炉已难于满足要求。

经过改造后的步进炉结构，采用了步进床耐火材料炉底或水冷步进梁的措施，已能应用于高温加热。目前，合金钢的板坯、方坯、管坯甚至钢锭等轧制前的加热已有不少采用步进炉加热，使用效果较好。它的炉长不受推钢比的限制，大型步进炉生产率高达420万吨/年。

在步进炉内坯料的是运动和推钢式加热炉是不同的。推钢式加热炉内坯料是一根挨一根地由推钢机推动从炉尾一直推至炉头；而步进炉内坯料运动步骤见图8-12所示。

图8-12*a*为坯料起始位置时的情况，这是活动炉底在坯料下面最低位置，坯料两端架在炉内的固定炉底上，以后在活动炉底升起将坯料托起如图8-12*b*及图8-12*c*所示，接着活动炉底水平移动l距离(向前或向后运动)，即将坯料向前移动l距离，如图8-12*d*所示。接着活动炉底下降将坯料放在固定炉底上，如图8-12*e*所示，最后活动炉底又回复到原来位置，如图8-12*a*所示。由上可知，活动炉底运动的轨迹为一个矩形，(由1234或4123组成)，它运动一个循环的时间叫“周期”，它运动一次使坯料前进的距离叫“行程”(l)。

步进炉加热的特点是：步进炉可以采取坯料之间分开的加热方式，这样加热速度快而且内外温度均匀，一般来说，在步进炉内可以实现三面或四面加热，但严格说起来这是不够确

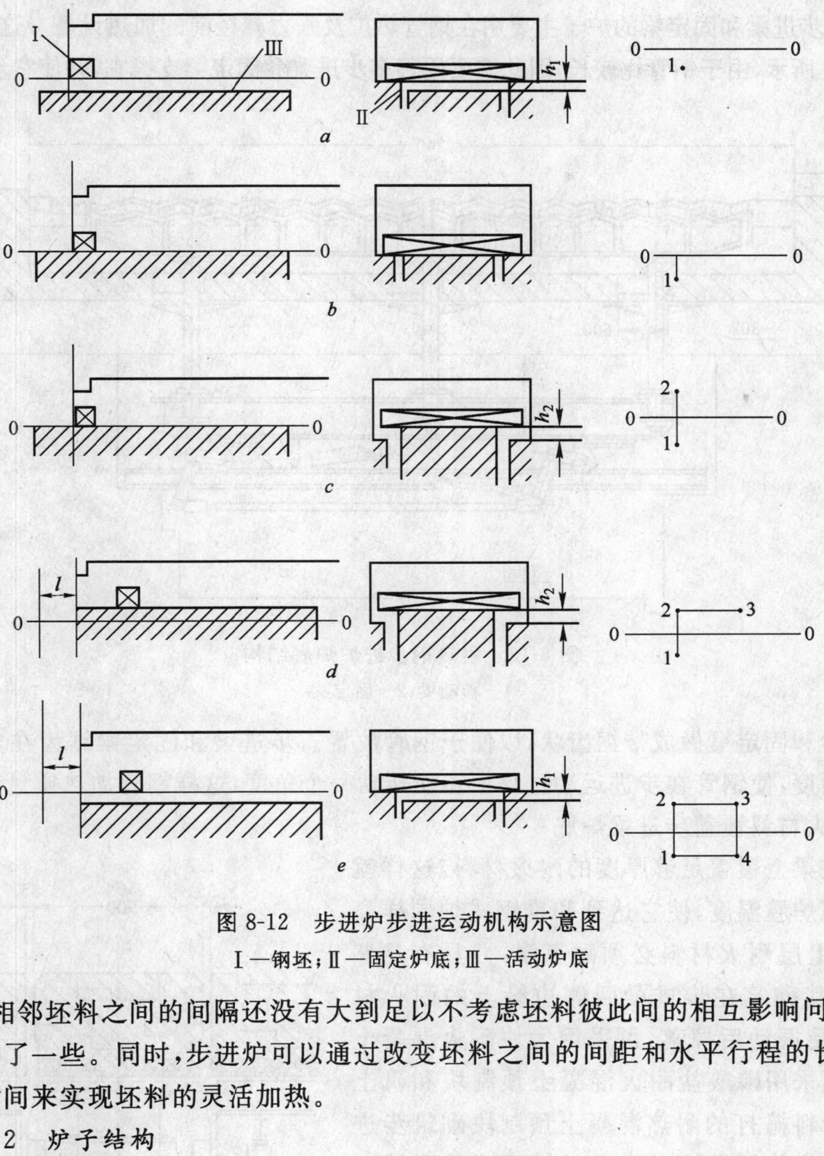

图 8-12　步进炉步进运动机构示意图

Ⅰ—钢坯；Ⅱ—固定炉底；Ⅲ—活动炉底

切的，因为相邻坯料之间的间隔还没有大到足以不考虑坯料彼此间的相互影响问题，但是加热面是增加了一些。同时，步进炉可以通过改变坯料之间的间距和水平行程的长短以及步进周期的时间来实现坯料的灵活加热。

8.3.2.2　炉子结构

A　步进炉炉底

步进炉炉底基本上可以分成两大部分：活动部分和固定部分。炉底下部有钢结构制成的梁，使炉底步进运动的机构安放在活动炉底下面。

按照炉底材质及构造不同又可分成三种情况：(1)步进梁和固定梁均由耐热钢铸件组成；(2)耐火材料覆盖步进梁(或步进床)；(3)水冷步进梁及固定梁，前二者属单面加热，后者系两面加热的情况。

a　耐热钢步进梁及固定梁炉底

采用耐高温合金钢来作为步进梁及固定梁的材质，如 Cr30Ni20、Cr26Ni14 等。它适用的炉膛温度为 1150～1200℃。这种步进炉的优点是重量轻而且可以做成锯齿状，最适用于钢管的加热，缺点是炉温因受耐热钢材质使用寿命的限制。此外要求耐热钢质量好，在高温下要有足够长的使用寿命(1～2 年甚至更高)。在目前我国用这种耐热钢供给工业炉用尚有一定的困难。

为了节省耐热钢,可以只在步进梁顶面上用一层耐热钢外壳,下面用耐热混凝土代替。目前用耐热钢做步进梁和固定梁的炉子主要用在钢管热扩及张力减径前的加热设备。这样的炉子构造如图 8-13 所示,由于钢管比较长,因此需要用很多步进梁和固定梁支撑它,并使它步进向前。

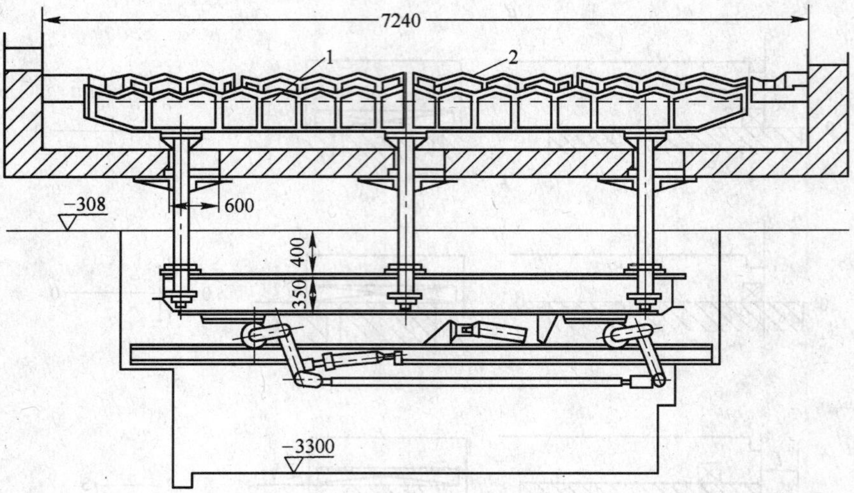

图 8-13　耐热钢步进炉炉底结构

1—移动梁;2—固定梁

步进梁和固定梁做成带锯齿状,以便于钢管放置。步进梁和固定梁锯齿在安装时有意错开一定角度,使钢管在步进运动过程中还能转动一个角度,这样钢管加热质量就更均匀。

b　耐火材料覆盖步进梁炉底

在步进梁上覆盖足够厚度的耐火材料,这样就有可能提高炉膛温度,使它达到和推钢式炉同样高的水平,最上层耐火材料必须耐高温,并具有足够的强度,尤其砌筑在步进梁两侧边缘上的耐火材料,为防止受振动后掉落,可采用大块耐火混凝土砌筑。我国采用磷酸盐耐火混凝土预制块和矾土水泥高铝骨料捣打的耐热混凝土预制块砌筑步进炉使用效果比较好。炉底耐火材料下面需要铺一层绝热砖和石棉板,这种步进炉炉底绝热和砌筑质量很重要,否则炉底钢梁温度升高会发生变形,甚至不能正常工作。设计良好的步进炉能保证炉底下面钢板温度在 150℃以下(图 8-14)。

当炉膛较宽或加热坯料长度有变化时可采用两个步进梁(见图 8-15),它们动作应该保证同步以防止坯料在炉膛中间歪斜。

这种耐火材料覆盖步进梁炉底的优点是炉温高,节省大量耐热钢,缺点是比较笨重。

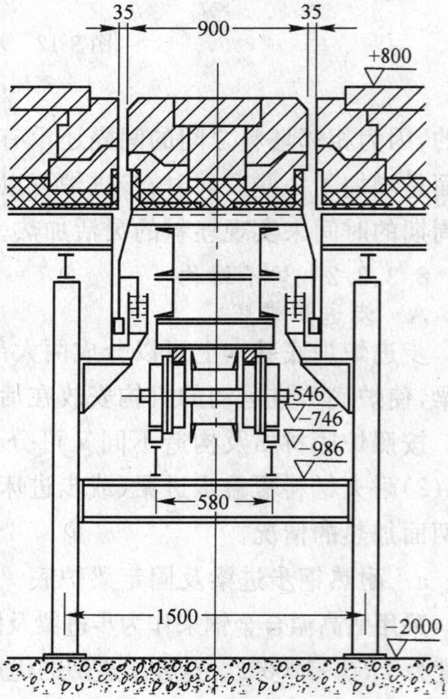

图 8-14　耐火材料炉底步进炉结构

c　水冷步进梁炉底

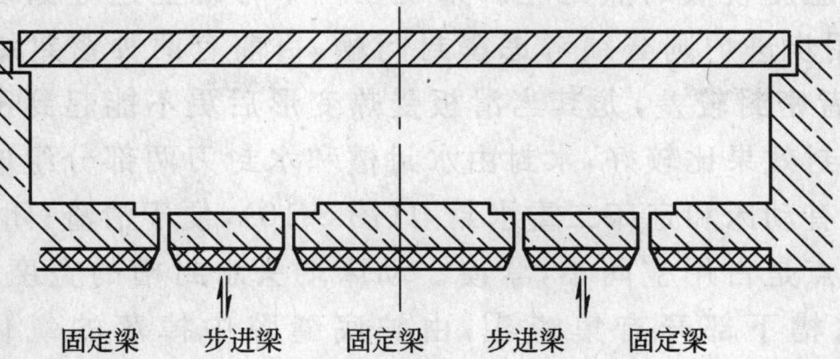

图 8-15　具有两个步进梁的炉型结构

上述两种炉底结构共同的缺点是不能进行上下两面加热，因此只能加热厚度比较小的坯料（150mm 以下）。为了克服这个缺点，最近又大力发展了水冷步进梁炉底，如图 8-16 所示，即步进梁采用冷却水管来支撑坯料，以便进行两面加热，这种炉子适用于板坯、方坯加热，尤其是合金钢坯料的加热，其产量大，加热质量好，机动灵活，可以和最新式的多段推钢式连续加热炉相媲美。但这种炉子也存在着一定的缺点，如冷却水消耗量大，带走热量多，造价高，需要良好的设备维护工作等。但目前这类步进炉在节约燃料、减少冷却水带走热量方面已取得了很大进展，有的已经达到推钢式连续加热炉的燃耗指标水平。

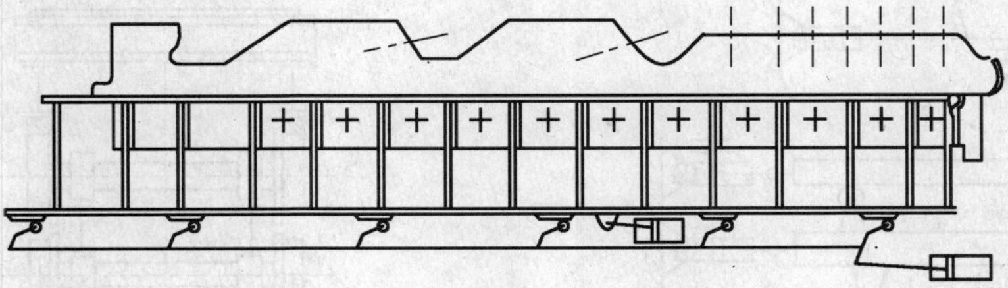

图 8-16　上下两面加热步进炉示意图

B　步进机构

步进机构包括活动梁（床）提升和平移运动机构以及驱动机构两部分，其中提升运动机构是最重要的。它的任务是使很笨重的炉底负荷（包括梁重、炉底耐火材料以及布满钢坯的重量）能平稳地提升至规定的高度，为了减小提升所需要的作用力，就需要采用一些省力机构，这就出现了多种结构型式如图 8-17 所示。图 8-17*a* 属油缸直接顶起式，结构简单，但只用于小炉子，要保证两个油缸同步比较困难，因此目前用得很少；图 8-17*b* 属杠杆式；图 8-17*c* 属斜块滑轮式；图 8-17*d* 属偏心轮式。图 8-17*b*、图 8-17*c*、图 8-17*d* 三种结构型式目前是比较常见的。我国应用较普遍为图 8-17*c* 所示的斜块滑轮式。

C　密封机构

为了保证步进炉活动梁（床）能正常无阻碍地运动，在活动梁（床）和固定梁（床）之间要有足够的缝隙，缝隙一般为 25mm 或 30mm，对步进梁来说则在梁支撑（或水管）穿过炉底部分有保证它运动的足够大的开孔。这些缝隙或开孔的存在虽然是必要的，但也容易吸入冷风，影响加热质量和降低燃料利用率，也可能造成炉气外逸，危害炉底下部设备，对于炉膛温度较低的热处理炉来说往往不考虑上述缝隙或开孔的密封问题，而对轧钢或锻造用步进炉则必须考虑密封问题，目前有两种密封结构，一是滑板式密封，一是水封，前者密封较差，尤其当滑板受热变形后更不能起到密封作用，水封是用得最多的结构，密封效果比较好，水封由水封槽和水封刀两部分组成，分开式和闭式两种结构，开式结构有动床和定床二重水封刀（图 8-18），便于清渣；闭式结构（图 8-14）仅有动床水封刀，优点是占用空间小，紧凑。动床端头水封槽的宽度要保证大于动床水平行程的长度，水槽下部开有集渣斗，由炉底缝隙中掉落的氧化铁皮随水流定期放出。

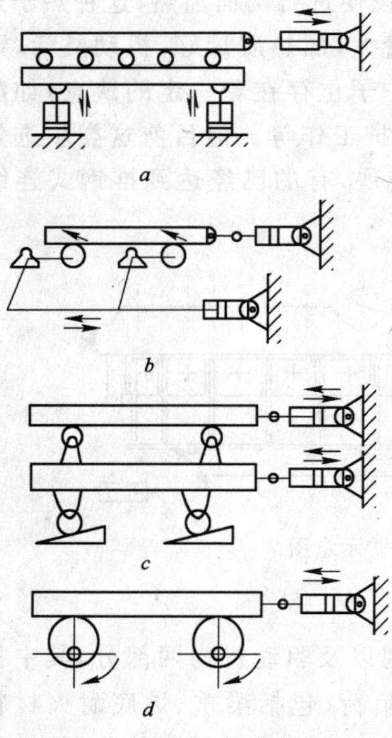

图 8-17　步进机构型式

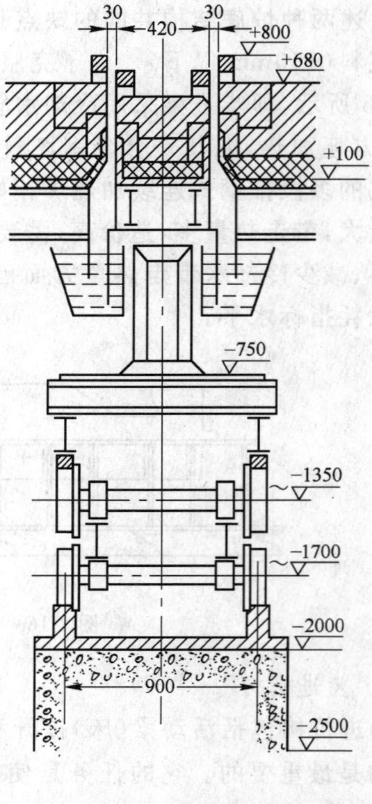

图 8-18　带耐热钢枕的耐火材料梁炉底

D　排烟方式

大部分步进炉采用炉尾上排烟或侧排烟的较多，因为炉子下部有步进机构，但有的小炉子也有用下排烟的。

E　进出料机构

步进炉进出料机构主要考虑能达到机械化自动化水平，以便和轧机很好配合，提高生产率并大大减轻劳动强度，进料部分包括进料辊道、料台、挡板以及推钢机、吊车或吸盘和布料机构等设备，出料方式及机构种类很多，有采用炉内耐热钢辊道出料，或利用步进梁端头推料出炉的端出料机构，或采用侧出料，即由步进梁端头将料推入出钢槽内，然后由出料机将料推出炉外。对于较大的坯料可采用托出机，它的出料杆从出料端伸入炉内将料取出，也有步进床直接将板坯送至炉头链带上的出料方式。

8.3.2.3 特点

和推钢式连续加热炉比较，步进炉有着如下的优越性：

(1)加热灵活。在炉长一定的情况下，炉内坯料数目是可变的。而在连续加热炉中则是不可变的，那样加热时间就受到限制。例如炉子产量降低一半时，则炉内坯料加热时间就会延长一倍，对有些钢种来说这是不利的，而步进炉在炉子小时产量变化的情况下可以通过改变坯料间距离来达到改变或保持加热时间不变的目的。

(2)加热质量好。因为在步进炉内可以使坯料间保留一定的间隙，这样扩大了坯料受热面，加热温度比较均匀，钢坯表面一般没有划伤的情况，两面加热时坯料下表面水管"黑印"的影响比一般推钢式连续加热炉的要小些。

(3)炉长不受限制。对连续加热炉来说炉长受到推钢长度的限制，而步进炉则不受限制。而且对于不利于推钢的细长坯料、圆棒、弯曲坯料等均可在步进炉内加热。

(4)操作方便。改善了劳动条件，在必要时可以将炉内坯料全部或部分退出炉外，开炉时间可缩短；由于不容易粘钢，因此可减轻繁重的体力劳动；和轧机配合比较方便、灵活。

(5)可以准确地控制炉内坯料的位置，便于实现自动化操作。

步进炉也存在着一定的缺点，主要是造价比较高，设备制造和安装技术要求较高，基建施工量大，要求机电设备维护水平高，在操作中要对炉底勤维护及时清渣，经常保持动床和定床平直以防坯料跑偏。

8.4 高效蓄热式加热炉

8.4.1 高效蓄热式加热炉的工作原理

高效蓄热式加热炉工作原理图如图8-19所示，由高效蓄热式热回收系统、换向式燃烧系统和控制系统组成，其热效率可达75%，这种换向式燃烧方式改善了炉内的温度均匀性。由于能很方便地把煤气和助燃空气预热到1000℃左右，可以在高温加热炉使用高炉煤气作为燃料，从根本上解决了因高炉煤气大量放散而产生能源浪费及环境污染的问题。

高效蓄热式连续加热炉的工作过程说明如下：

(1)在A状态，见图8-19*a*。空气、煤气分别通过换向阀，经过蓄热体换热，将空气、煤气分别预热到1000℃左右，进入喷口喷出，边混合边燃烧，燃烧产物经过炉膛，加热坯料，进入对面的排烟口(喷口)，由高温废气将另一组蓄热体预热，废气温度随之降至150℃以下，低温废气通过换向阀，经引风机排出。几分钟以后控制系统发出指令，换向机构动作，空气、煤气同时换向到B状态。

(2)在B状态，见图8-19*b*。换向后，煤气和空气从右侧通道喷口喷出并混合燃烧，这时左侧喷口作为烟道，在排烟机的作用下，使高温烟气通过蓄热体排出，一个换向周期完成。

蓄热连续式加热炉，就这样通过A、B状态的不断交替，实现对坯料的加热。

高效蓄热式加热炉取消了常规加热炉上的烧嘴、换热器、高温管道、地下烟道及高

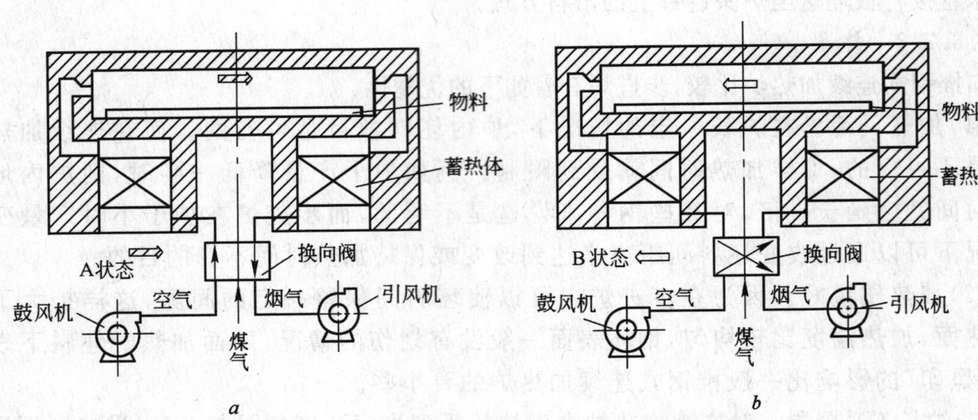

图 8-19 高效蓄热式加热炉工作原理图

大的烟囱。操作及维护简单，无烟尘污染，换向设备灵活，控制系统功能完备。采用低氧扩散燃烧技术，形成与传统火焰迥然不同的新型火焰类型，空、煤气双预热温度均超过 1000℃，创造出炉内优良的均匀温度分布，节能 30%～50%，钢坯氧化烧损可减少 1%。

8.4.2 蓄热式高风温燃烧技术的发展

8.4.2.1 高风温燃烧技术

高风温燃烧技术（High Temperature Air combustion—HTAC 或 Highly preheated Air combustion—HPAC）亦称无焰燃烧技术（Flameless combustion）是 20 世纪 90 年代开始在发达国家研究推广的一种全新型燃烧技术。它具有高效烟气余热回收，排烟温度低于 150℃，高预热空气温度，空气温度高于 1000℃，低 NO_x 排放等多重优越性。国外大量的实验研究表明，这种新的燃烧技术将在近期对世界各国以燃烧为基础的能源转换技术带来变革性的发展，给各种与燃烧有关的环境保护技术提供一个有效的手段，燃烧学本身也将获得一次空前完善的机会。该技术被国际公认为是 21 世纪核心工业技术之一。

8.4.2.2 国内外高风温燃烧技术的发展应用情况

1981 年英国 Hotwork 公司和 British Gas 公司合作研制成功了最早的蓄热式烧嘴，体现了在烧嘴上进行热交换分散式余热回收的思路。两公司合作改造了不锈带钢退火生产线，在其加热段设置了 9 对蓄热式烧嘴，取得了良好的效果。之后该技术在欧洲、美国推广应用。

日本考察了该技术的应用情况之后，决定引进优化，降低 NO_x 的排放量，以达到日本国标，一个"高性能工业炉"项目于 1993 年启动。1993～1999 年日本政府投资 150 亿日元用于该技术研究，其目的要达到节能 30%，CO_2 排放量降低 30%，NO_x、SO_x 排放量降低 30%。目前日本政府确定 2000～2004 年为"高效工业炉工业规模示范"年，仅日本工业炉株式会社（Nippon Furnace Kogyo kaisha Ltd-NFK）在 1992～1998 的六年间，已在近 150 台工业炉上应用高风温燃烧器近 900 台套。

我国在蓄热式高风温燃烧技术的研究应用方面尚处于起步阶段，但该技术独特的优越性已经引起我国冶金企业界和热工学术界的极大兴趣。20 世纪 80 年代末，我国开始研究开发适合中国国情的蓄热式燃烧器，以液体、气体为燃料，蓄热体为片状、微小方格砖、球体等系列的新型蓄热燃烧器，适用于冶金、石化、建材、机械等行业中的各种工业炉窑。

8.4.3 蓄热式高风温燃烧器的主要组成部分及特点

蓄热式高风温燃烧系统主要组成部分有蓄热体和换向阀等（见图 8-20 蓄热式加热炉组织结构图）。

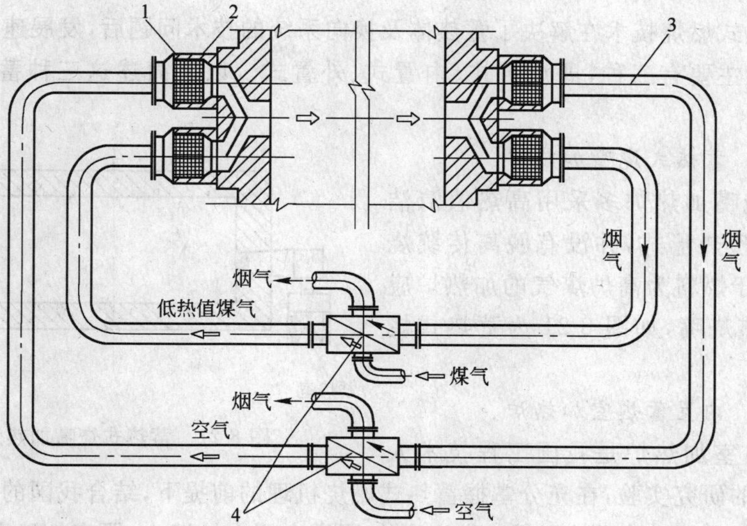

图 8-20　蓄热加热炉组织结构图

1—蓄热式烧嘴壳；2—蓄热体；3—管道；4—集成换向阀

传统的蓄热室采用格子砖作蓄热体，传热效率低，蓄热室体积庞大，换向周期长，限制了它在其他工业炉上的应用。新型蓄热室采用陶瓷小球或蜂窝体作为蓄热体，其比表面积高达 200～1000m^2/m^3，比老式的格子砖大几十倍至几百倍，因此极大地提高了传热系数，使蓄热室的体积可以大为缩小。由于蓄热体是用耐火材料制成，所以耐腐蚀、耐高温、使用寿命长。

换向装置集空气、燃料换向一体，结构独特。空气换向、燃料换向同步且平稳，空气、燃料、烟气决无混合的可能，彻底解决了以往换向阀在换向过程中气路暂时相通的弊病。由于换向装置和控制技术的提高，使换向时间大为缩短，传统蓄热室的换向时间一般为 20～30min，而新型蓄热室的换向时间仅为 0.5～3min。新型蓄热室传热效率高和换向时间短，带来的效果是排烟温度低（150℃以下），被预热介质的预热温度高（只比炉温低 80～150℃）。因此，废气余热得到接近极限的回收，蓄热室的热效率可达到 85%以上，热回收率达 70%以上。

蓄热式燃烧技术的主要特点是：1）采用蓄热式烟气余热回收装置，交替切换空气与烟气，使之流经蓄热体，能够最大限度地回收高温烟气的物理热，从而达到大幅度节约能源（一般节能 10%～70%）、提高热工设备的热效率，同时减少了对大气的温室气体排放(CO_2 减少 10%～70%);2)通过组织贫氧燃烧,扩展了火焰燃烧区域,火焰边界几乎扩展到炉膛边界,使得炉内温度分布均匀;3)通过组织贫氧燃烧,大大降低了烟气中 NO_x 的排放(NO_x 排放减少 40%以上);4)炉内平均温度增加,加强了炉内的传热,导致相同尺寸的热工设备,其产量可以提高 20%以上,大大降低了设备的造价;5)低发热量的燃料(如高炉煤气、发生炉煤气、低热值的固体燃料、低热值的液体燃料等)借助高温预热的空气或高温预热的燃气可获得较高的炉温,扩展了低热值燃料的应用范围。

8.4.4 高效蓄热式燃烧技术的种类

高效蓄热式燃烧技术在解决了蓄热体及换向系统的技术问题后,发展速度加快了,目前从技术风格上主要有三种,即烧嘴式、内置式、外置式。以下简述这三种蓄热式加热炉的区别。

8.4.4.1 蓄热式烧嘴加热炉

蓄热式烧嘴加热炉多采用高热值清洁燃料,空气单预热形式,并没有脱离传统烧嘴的形式,对于燃料为高炉煤气的加热炉应避免使用蓄热烧嘴,如图 8-21 为蓄热式烧嘴加热炉图。

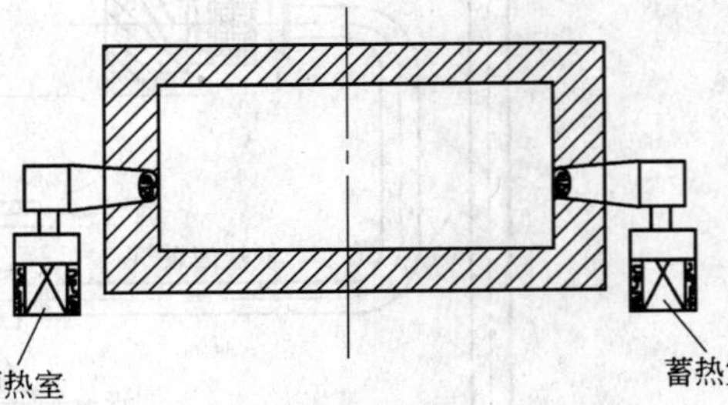

图 8-21 蓄热式烧嘴加热炉简图

8.4.4.2 内置蓄热室加热炉

内置蓄热室加热炉是我国工程技术人员经过 10 年的研究实验,在充分掌握蓄热式燃烧机理的前提下,结合我国的具体国情,开拓性地将空、煤气蓄热室布置在炉底,将空、煤气通道布置在炉墙内,既有效地利用了炉底和炉墙,同时没有增加任何炉体散热面。这种炉型目前在国内成功使用的时间已经有 10 年,技术非常成熟,尤其适用于高炉煤气的加热炉。

内置式蓄热加热炉所特有的煤气流股贴近钢坯,煤气和空气在炉内分层扩散燃烧的混合燃烧方式,由于在钢坯表面形成的气氛氧化性较弱,从而抑制了钢坯表面氧化铁皮的生成趋势,使得钢坯的氧化烧损率大幅度降低(韶钢三轧厂加热炉加热连铸方坯实测的氧化烧损率仅为 0.7%;苏州钢厂 650 车间加热钢锭的加热炉停炉清渣间隔周期超过一年半)。对于加热坯料较长和产量较大的加热炉,由于对加热钢坯宽度方向上即沿炉长方向的温差要求较高,常规加热炉由于结构和设备成本的限制,烧嘴间距一般均在 1160mm 以上,造成炉长方向上温度不均而影响加热质量,而内置式蓄热式加热炉所特有的多点分散供热方式,喷口间距最小处达 400mm,并且布置上随心所欲,不受钢结构柱距的限制,炉长方向上温度曲线几近平直,使得加热坯料的温度均匀性大大提高。

内置式蓄热加热炉对设计和施工要求较高,施工周期相对较长,对现有的加热炉的改造几乎无法实现,但对新建加热炉非常适合,并且适用于任何热值的燃料。

8.4.4.3 外置蓄热室加热炉

外置蓄热室加热炉(如图 8-22 所示)是介于内置式蓄热加热炉与蓄热式烧嘴(RCB)加热炉之间的一种形式,将蓄热室全部放到炉墙外,体积庞大,占用车间面积大,检修维护非常不便。炉体散热量成倍增加，蓄热室与炉体连通的高温通道受钢结构柱距的限制，空、煤气混合不好，燃烧不完全，燃料消耗高，更无法实现低氧化加热。它既没有蓄热式烧嘴(RCB)灵活性，又没有内置蓄热式加热炉的合理性，但适用于任何热值燃料的老炉型改造。

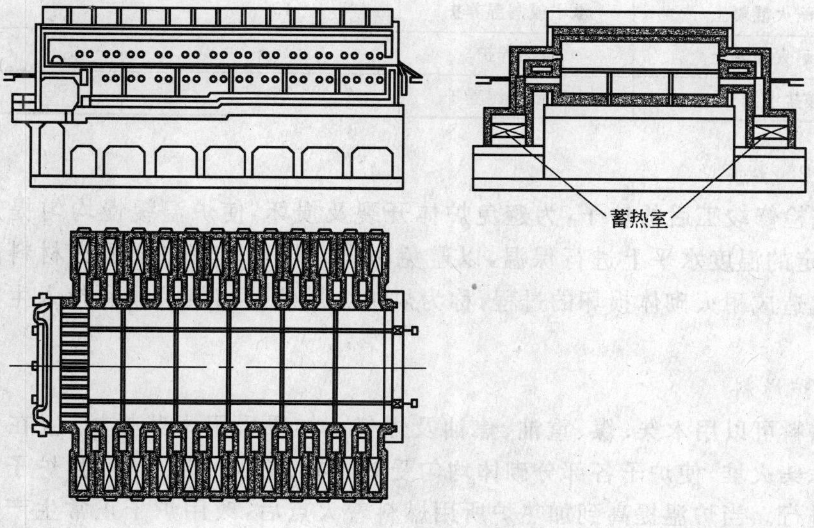

图 8-22　外置蓄热室加热炉

蓄热式加热炉目前在国内发展很快，但我们必须清醒地认识到还有许多有待完善的地方。特别是在选择炉型的问题上，必须结合现场实际情况，不能盲目照搬，做到稳妥可靠。

8.5　连续加热炉的操作、维护、检修及事故处理

这里以轧钢厂连续加热炉的操作、维护、检修及事故处理为例加以介绍。

8.5.1　炉子的干燥和烘炉

炉子一般均在低温下砌筑，在高温下工作，新建成或经大、中、小修的炉子竣工后其耐火砌体内含有大量的水分和潮气，不能直接进入高温状态下工作。否则，会因为潮气和水分蒸发过快及砌体剧烈膨胀而使炉体遭到破坏。因此，加热炉在投产前必须进行烘干与烘炉。

8.5.1.1　*炉子的干燥及养护*

加热炉的绝大部分都是由耐火材料砌体或耐火混凝土等构筑而成。耐火材料在储运与砌筑过程中将渗入或吸收大量水分和潮气。因此，在开炉前必须使炉子耐火砌体内的这些水分与潮气缓慢蒸发出去，这个过程就是炉子的干燥。

加热炉的干燥一般都采用自然干燥方法，在炉子干燥过程中，应将所有炉门、观察孔及烟道闸板打开，使空气能更好的在炉内流通，以增加干燥速度。炉子的干燥时间应依修炉季节、炉子的大小、砌体的干燥程度等具体情况而定。一般为 24～48h 或更长。

在加热炉进行热修时，往往由于炉内温度较高，砌体内的水分与潮气在修炉过程中就已蒸发掉，这时就不再需要特殊的干燥过程。采用耐火混凝土构筑的炉子，当现场捣固成型

后，必须按养护制度进行养护。耐火混凝土的养护制度见表 8-3。

表 8-3　耐火混凝土的养护制度

种　类	养护环境	养护温度/℃	最少养护时间/d
磷酸耐火混凝土	自然养护	＞20	3～7
矾土泥耐火混凝土	水中或潮湿养护	15～25	3
水玻璃耐火混凝土	自然养护	15～25	7～14
硅酸盐水泥	水中或潮湿养护	15～25	7

8.5.1.2　烘炉

新建或检修竣工后的炉子，为避免炉体开裂及损坏，使炉温缓慢均匀提升到工作温度，并在一定的温度水平上进行保温，以避免耐火砌体剧烈膨胀及耐火材料晶型转变引起体积变化造成耐火砌体损坏的过程，称为烘炉。烘炉是加热炉顺利投入生产关键的第一步。

A　烘炉燃料

烘炉燃料可以用木柴、煤、重油、焦油及煤气。如果采用木柴烘炉，应在炉底适当的地点放置木柴火堆，使炉子各部分砌体均匀受热，同时应关闭所有炉门，炉子的温升应按烘炉曲线进行。当炉温提高到加热炉所用燃料着火点后，改用炉子正常生产时所用燃料继续烘炉至烘炉结束投入生产。

若用液体燃料或煤气烘炉时，必须有特殊设备，以确保安全。以煤气为燃料的加热炉应采用煤气烘炉。煤气烘炉烧嘴可用 ϕ50～60mm 的管子一端堵死，在管子上打一排小孔，煤气经小孔喷出后燃烧，一般烘到炉温不能上升时再点炉子的烧嘴，继续烘炉到工作温度。

B　烘炉顺序

烘炉时，如果烟道与烟囱是新建的或冷的，则应先烘烟道与烟囱，再烘炉膛。最简单的方法是用木柴烘烤，将烟囱烘到 200～300℃，这时烟囱才具有一定的抽力，如果采用煤气烘烤，事先应接好并校准测温热电偶。煤气烧嘴应安置在烟囱断面中心，使烟囱四周均匀受热；烘烤时火焰要稳定，采用双烟道的炉子及两座炉子共用一个烟囱时，两边烟道的火力应平衡，温升速度控制在 5℃/h，并作好记录，当温度不再上升时开始烘炉。在烘炉与烘烟囱的全过程中都必须随时检查烟囱表面，若发现表面开裂应及时调整温升速度。

C　烘炉制度

连续式加热炉烘炉制度根据炉子类型、结构尺寸及筑炉材料等具体情况制订。即使类型相同，尺寸相差不多的炉子，因筑炉材料及筑炉工艺等的不同，各厂采用的烘炉曲线也不尽相同。在烘炉操作过程中应按烘炉曲线的要求控制炉子温升和保温时间，严禁超速。凉炉两天以内者，按照热修进行烘炉，并可采用上烧嘴烘炉，在炉温低于 300℃时，温升速度不得超过 100℃/h；炉温低于 700℃时，温升速度不得超过 200℃/h；炉温在 700℃以上可不受限制。凉炉两天以上至五天者，按小修烘炉；长期停炉后按中修或大修烘炉，图 8-23 为某中板厂连续式加热炉的小修、中修、大修烘炉时的烘炉曲线。

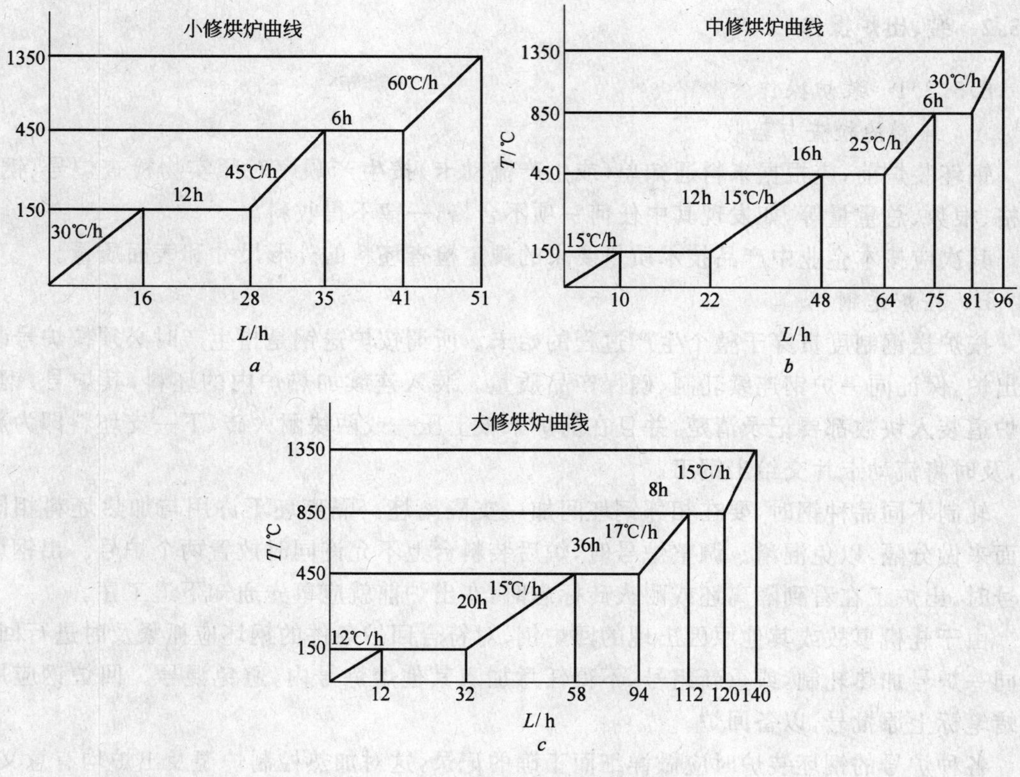

图 8-23　烘炉曲线

D　注意事项

(1)烘炉开始,原则上应在150℃保温一段时间以排除泥浆中的水分;在350～400℃缓慢升温以使结晶水分解;在600～650℃时应保温一段时间,以确保黏土砖中游离 SiO_2 晶型转变时不使炉子砌体遭到破坏。在1100～1200℃时要注意黏土砖的残存收缩。一般新建炉烘炉时间大约5～6天(大型炉可达10天),中修烘炉约需3～4天,小修烘炉需1～2天。

(2)采用硅砖砌筑炉体或炉顶,烘炉时应按烘炉曲线要求严格控制温升及保温时间,不允许炉温突然升降。特别在200～300℃之间及573℃左右,因硅砖中 SiO_2 的晶型转变,体积骤然膨胀,产生较大应力,故在600℃以下应缓慢升温。采用硅砖砌筑的炉顶,烘炉时应随时检查炉顶各部位的膨胀情况,并事先在炉顶中心线上放置几块标准砖做标志,发现膨胀不均匀应立即调整火焰。

(3)连续加热炉烘炉时应关上炉门,炉温低于700℃时采用微负压操作,炉温达到700℃后转入微正压操作。烘炉过程中不允许长时间或经常打开炉门。以煤气为燃料的加热炉,用简易煤气管烘炉到温度不能上升时,应按先后顺序分别点燃上部和下部烧嘴。

(4)烘炉过程应采用较大空气量,严禁燃料不完全燃烧,并随时观察炉内火焰,以防熄火,以避免可燃成分在换热器与烟道等处积存,造成爆炸事故。

(5)烘炉开始应采用手动操作,炉温达900℃后方能转入自动。

(6)烘炉过程中应经常巡回检查炉子各部分情况,发现砌体漏火及时灌灰并及时记录炉体膨胀及金属构件的变形情况。

8.5.2 装、出炉操作

8.5.2.1 装炉操作

A 坯料的检查与验收

钢坯装炉前，应根据来料通知单(或生产流动卡)按生产顺序对照实物检查炉号、钢号、规格、根数、总重量等，如发现其中任何一项不合格，一律不得收料。

其次应按本企业中产品技术质量要求的规定检查坯料的外形尺寸和表面质量。

B 按炉送钢

按炉送钢制度贯穿于整个生产过程的始末。所谓按炉送钢是指生产时必须按炉号装炉和出炉，保证同一炉钢连续轧制、确保产品质量。装入连续加热炉内的坯料，其炉号、钢号、各炉道装入块数都要记录清楚，并且在前炉末根上压一或两块耐火砖，下一支坯料即为新炉号，及时将流动卡片交给出钢工。

轧制不同品种钢时，要在相邻钢坯间加一支隔离坯。隔离坯不许用与加热坯料相同的断面来做分隔，以免混淆。调整炉号时，炉后装料台上不允许同时放置两个炉号。出钢调换炉号时，出炉工在看到隔离坯或耐火砖标志时，在出炉前就应事先通知下道工序。

由于轧机事故或其他原因出现的回炉钢，对符合回炉条件的钢坯应抓紧及时进行回炉，随同一炉号加热轧制，或重新组号，不得任意加入其他熔炼号内，避免混号。回炉钢应用高温蜡笔标上原批号，以备回炉。

各种炉号的钢坯装炉时应做详细而正确的记录，这对加热控制炉温及出炉均有意义，混钢种、混钢号是重大的责任事故。

C 装炉排钢规则

坯料装入连续式加热炉时，坯料在装料台上排钢要整齐规则，有剪口的坯料应根据情况将坯料翻转保证前后坯料接触，防止推钢时拱钢；为防止卡钢及卡炉墙，装炉时坯料与炉墙间距不得小于200～300mm；采用双排料加热时，坯料之间距离不应小于200mm。

生产过程中要随时观察炉内原料运行状况，发现钢坯跑偏要及时用推钢机头找正。

钢坯装炉后，推进要顺直，不允许落道和刮炉墙。凡炉内发生刮墙、崩钢等事故时，严禁硬行推钢，待事故消除后，才能继续推进，由于事故甩出的钢坯要及时分清炉(批)号，并做好记录与标记。

装钢工与出钢工要密切联系，机头顶实后，发给出钢工出钢信号。

开停炉或交接班都要校对炉内钢料批号。

8.5.2.2 出炉操作

出炉又称出钢，坯料加热好了，便决定出钢。连续加热炉的装炉与出炉操作紧密相关，在端进端出的推钢式加热炉中，正常生产的情况下，原则上是炉尾推进一块料，炉头出炉一块料；在端进侧出的推钢式炉及端进端出并采用端出料机出料的推钢式炉上，装炉与出炉可分别进行；在机械化炉底的步进炉及环形炉上，装炉与出炉可分别进行，必要时可将整炉钢出尽，而推钢式炉则不能。出钢操作要严格遵守按炉送钢制度，按轧制节奏均匀出钢；在推钢操作时应做到稳、准、快、不推过头、不出低温钢。

正常情况下出钢时应注意以下几点：

(1)准确记录出钢的炉批号、根数，并与装钢记录校对。

(2)出钢过程中应以批号为序。在品种钢、普碳钢交接时，上一批最后一支进轧机，下一批钢的第一支方可从炉内推出。

(3)观察出钢温度，钢温过低或过高，均要告诉看火工采取措施。

(4)正常轧制时保证单根送往轧机，辊道放钢不超过两条。

(5)不允许辊道上放冷钢或低温钢，如果出现立即吊走。

(6)甩出的钢要通知检验人员填写回炉卡片，及时送至炉后配坯，一般不超过24h处理完。

(7)因检修或其原因需将钢坯从炉内拉出时，要按原批号堆放。

(8)根据轧机需要和钢温情况，按轧制节奏均匀出钢，不出温度过低的钢，以免造成设备事故。在一个炉号出完后，必须给下道工序发出换号信号，然后再出下一炉号钢。

(9)要时常清理炉前辊道上的钢号分界砖头。

非正常情况主要是指炉内水管上的钢坯拉偏、刮墙、卡住、崩钢等情况。在非正常情况下要执行非正常条件下的出钢操作。

(1)钢坯走偏。钢坯走偏时要与装钢工配合操作。在密切注意炉内原料偏移的同时，炉前主令操作要听从观察人员的指挥，装钢操作人员要用推钢机头找正，要缓慢出钢，以防止刮墙接火，甚至落道等事故发生。

(2)刮墙。炉内钢料刮墙时，要进行处理，将刮墙的钢料处理顺直后才允许出钢。

(3)崩钢。崩钢造成炉内原料堆起，在进料口附近应掏出，摆好后重新推入，若不能掏出，其高度不影响炉子各段压下的炉顶可继续出钢，但当钢堆推至炉前滑道时，要缓慢推钢，发现有钢料滚落时，主令操作器立即打向零位，以防止顶坏炉子出料端墙。

(4)卡死。钢料卡住炉内的水管时，禁止出钢操作，待做出处理后才能正常出钢，严防顶坏水管造成大事故。

8.5.2.3 装炉推钢事故的防止与处理

在连续加热炉的装炉推钢操作中易发生以下事故：卡炉墙及卡炉筋管、翻炉或拱钢。

A 卡炉墙及卡炉筋管

钢坯卡炉墙及炉筋管是连续加热炉严重的生产事故，会导致生产不正常甚至被迫停产。造成卡炉墙事故的原因有：

(1)装料时坯料端部距炉墙太近(装偏)。

(2)个别坯料太长。

(3)有斜度的坯料没有成对地装炉与推料。

(4)坯料弯度太大，从而使推钢机两侧推力不均使坯料推歪。

(5)炉底不平，使坯料向一侧歪斜。

(6)步进炉的步进机构不同时动作使坯料在炉内歪斜。

为防止卡炉墙事故发生，装炉时应严格按装炉排钢规则进行，加热过程中应经常检查坯料在炉内的移动情况，发现歪料时应在推钢机推头加不同厚度的垫铁加以纠正。加强对炉底机械的检修与炉底的清理。

在卡炉墙的同时，歪斜坯料的另一端也可能卡炉筋管，使推钢无法进行。强行推钢会使炉墙损坏，炉筋管顶弯，因此，在发现坯料歪斜时应及时纠正，当发生卡炉墙及卡炉筋管时应立即通过观察孔将突出部位坯料纠正。

B　拱钢与翻炉

拱钢与翻炉往往发生在推钢或炉子的装料位置，这是由于装料口处坯料所承受的推力最大，钢坯易产生拱起现象，严重时使坯料堆积，形成翻炉，造成混钢，使炉子无法正常生产并造成炉体损坏。

造成拱钢与翻炉事故的主要原因有：

(1)坯料断面不规整、弯曲、扭曲、带有耳子、剪面过分突出等。

(2)坯料断面过小，炉子推钢比过大。

(3)不同断面坯料混装。特别是在前面装大断面坯料，后面装小断面坯料时，易造成拱钢与翻炉。

(4)炉底不平滑、推钢不稳。

为防止此类事故发生，首先要加强坯料的验收与检查，不合格坯料严禁装炉。其次需要加强装、出炉操作，避免不同断面坯料混装。发生拱钢与翻炉时，应将该部分坯料重装并将不合格坯料挑出。

8.5.3　燃气加热炉的加热操作步骤及其安全注意事项

8.5.3.1　加热操作步骤

炉子的供热操作是保证炉子产量与加热质量的关键。供热操作以加热制度为基础，确保温度制度的实现。对于双面加热的炉子，由于热气体的自然上浮及炉筋管对下部炉膛的冷却与遮蔽作用，造成下部炉膛温度偏低，使钢在加热过程中易产生加热"黑印"及阴阳面。为此必须强化下部炉膛加热，即供入下部炉膛较多的燃料量。目前加热炉燃料采用气体燃料较多，下面就介绍气体燃料的供热操作。

A　送煤气前的准备

(1)送煤气之前本班工长、看火工及有关人员到达现场。

(2)检查煤气系统和各种阀门、管件及法兰处的严密性，检查冷凝水排出口是否正常安全，排出口处冒气泡为正常。

(3)检查蒸汽吹扫阀门(注意冬季不得冻结)是否完好，蒸汽压力是否满足吹扫要求(压力≥0.2MPa)。

(4)准备好氧气呼吸器、火把(冷炉点火)、取样筒等。

(5)通知与点火无关人员远离加热炉现场及上空。

(6)通知调度、煤气加压站，均得到允许后方可送煤气。

(7)通知仪表工、汽化站及电、钳工。

B　送煤气操作

(1)在各项准备工作完成，各种设备运转正常，并通知煤气加压站后，才允许送煤气。

(2)送煤气前必须报厂有关部门批准，切实做好安全预防工作。

(3)送煤气必须遵守煤气安全操作规程。

(4)了解煤气混合站煤气压力情况，如果煤气压力低于7840Pa时，不得送煤气。

(5)关上炉门，打开烟道闸板，依靠烟囱抽力及时排除泄入炉内的煤气，以避免炉内煤气积存发生爆炸。

(6)打开所有放散管，关闭所有烧嘴开闭器。

(7)确认全部开闭器已关好后通入蒸汽(或氮气),将残余空气吹净,待放散管冒出蒸汽(或氮气)3~5min后,然后关闭蒸汽(或氮气),打开放水阀门,放出煤气管道内冷凝水,关闭放水阀门。

(8)打开煤气总开关,同时打开仪表导管,送煤气至烧嘴前,放散20min左右。

(9)煤气送到烧嘴开闭器前时,必须保护炉内均热段,加热段有明火,使泄漏到炉内的煤气及时燃烧,以杜绝点火时发生爆炸事故。

(10)在均热段煤气管末端取样作爆发实验。经3次试验合格后,方可点火。送煤气时,无关人员必须远离工作区。

C 爆发试验操作

(1)通入煤气必须放散20min左右。

(2)在风向不定时,放散管周围不得点火,在风向稳定时,风头以下半径40m及30°角的扇形面积内不得有人和火源。

(3)爆发试验人员必须配戴防毒面具,取样地点不得有火苗。

(4)爆发试验筒应灵活好使,加盖后必须严密。

(5)煤气管道末端用爆发试验筒取出煤气样。取样时要把筒的放散口打开,以便将筒内原有空气排净。

(6)取样后将筒内煤气进行燃烧试验,点火试验时,人应站在上风头,准备好火种后再打开爆发试验筒盖子。如果试验筒内的煤气样在筒内平稳燃烧并一直烧到筒底才熄灭,说明管道内煤气纯净;连续三次试验均合格,即可点炉。煤气样点燃后有爆音或燃烧不稳定烧不到筒底,应继续放散,查明原因并解决以后,再做爆发试验。

D 点火操作

(1)爆发试验合格后,关闭所有放散管,即可点炉。

(2)适量开启闸板,使炉内呈微负压。

(3)点火应从出料端第一排烧嘴开始向装料端方向的顺序逐个点燃。

(4)点火时应三人进行,一人负责指挥,一人将火苗旺盛的火把,从侧门伸进炉内放置在预点烧嘴前100~150mm,另一人按先开煤气,待点着后再开空气的顺序,迅速将烧嘴开闭器打开,煤气应平静而迅速的燃烧,若点不着火或着火后又熄灭,应立即关闭煤气阀门,向炉内送风10~20min,排尽炉内混合气体后再按规定程序重新点燃。以免炉膛内可燃气体浓度大而引起爆炸。无论煤气阀还是风阀均都徐徐开启,如果火焰过长而火苗呈黄色则是煤气不完全燃烧现象,应及时增加空气量或适当减少煤气量;如果火焰过短而有刺耳噪声则是空气量过多现象,应及时增加煤气量或减少空气量。

(5)点燃后按合适比例加大煤气量和风量,直到燃烧正常。然后按炉温需要点燃其他烧嘴;最后调节烟道闸门,使炉膛压力正常。

(6)若炉膛温度超过900℃时,可不点火直接送煤气,但应严格监视其是否燃烧。

E 正常状态下的煤气操作

(1)接班后借助"煤气报警器"对煤气系统,尤其是嘴前煤气阀门、法兰连接处等认真巡视检查,如发现煤气泄漏等现象,立即报告上级有关单位或人员,并采取紧急措施。煤气系统检查严禁单人进行,操作人员应站在上风处。

(2)仪表室内与煤气厂煤气加压站的直通电话应保持良好工作状态,发现故障立即通知厂调度室。

(3)看火工应按规定认真填写岗位记录。

(4)当煤气压力低于2000Pa时,应关闭部分烧嘴,当煤气低压报警(1000Pa)时,应立即通知调度和加压站,并做好煤气保压准备。

(5)发现烧嘴与烧嘴砖接缝处有漏火现象,应立即用耐火隔热材料封堵严实,发现烧嘴回火,不得用水浇,应迅速关闭烧嘴,查明原因,处理后再开启使用。

(6)看火工必须根据煤气发热量情况,对煤气量和风量进行调节。

(7)在加热过程中,加热工应经常检查炉内加热情况及热工仪表的测量结果,严格按加热制度要求控制炉温。在需增加燃料量时,应本着先增下加热,后增上加热;先增炉头,后增炉尾的原则进行,在需减燃料操作时,则与之相反。

(8)每班接班后,必须排水一次。

F 停炉操作

(1)停煤气前,首先与调度、煤气站联系,说明停煤气原因及时间,并通知仪表工。

(2)停煤气前应由生产调度组织协调好吹扫煤气管道用蒸汽(或氮气),蒸汽压力不得低于0.2MPa。

(3)停煤气前加热班工长、看火工及有关人员必须到达现场,从指挥到操作分配好各自职责。专职或兼职安全员应携带"煤气报警器"做好现场监督。负责操作的人员备好氧气呼吸器。

(4)按先关烧嘴前煤气阀门,后关空气阀门顺序逐个关闭全部烧嘴。(注意:风阀不得关死,应保持少量空气送入,防止烧坏烧嘴。)

(5)随后将主煤气管道上的闸阀切断,关闭严密。

(6)关闭仪表导管,打开所有放散管。

(7)如炉子进入停炉状态则应打开烟道闸板。

(8)打开蒸汽主阀门及吹扫阀门将煤气管道系统吹扫干净。

(9)如停煤气属于炉前系统检修或炉子大、中、小修。凡抽堵盲板由调度通知有关单位。

(10)操作人员进炉内必须确信炉内没煤气,并携带煤气报警器二人以上工作。

此外,当煤气压力迅速下降,低于烧嘴安全工作压力时,应尽快关闭炉子上所有的烧嘴,以防空气进入煤气管道引起爆炸。当供给烧嘴的空气突然停止时,会造成炉内积聚未燃烧的煤气而引起爆炸,故此时必须立即关闭煤气总管道的开闭器,然后再关闭各烧嘴的煤气开关与空气开关,并完全打开烟道闸板,排除炉内积存的煤气。

8.5.3.2 煤气的安全使用

A 严密性试验

新建和改建的管道和设备在投产前要进行严密性试验。

B 爆发试验

煤气在点火以前要进行爆发试验。爆发试验是预防煤气爆炸的措施之一。煤气管道在没有送煤气前是充满空气的,通煤气后产生煤气和空气的混合物,如果混合物放散不净,恰好在爆炸范围内时,向炉内送煤气点火就必然发生严重的爆炸事故。为了判断管道内的空气是否排净,就要进行爆发试验。虽然在送煤气之前已用蒸汽驱赶了空气,为确保空气被吹扫干净,还必须做爆发试验。

C　防止煤气中毒

(1)发生煤气中毒的原因。煤气中使人中毒的成分有CO、C_2H_4和一些重碳氢化合物、苯酚等，其中以CO的毒性最大，CO能与血液中的红血球相结合，使人失去吸收氧气的能力，从而使人中毒和死亡，中毒的症状是头痛、头晕等。为了预防中毒，做到安全生产，在操作时应特别注意。

CO的密度同空气相近，一旦扩散就能在空气中长时间不升不降，随空气流动。由于它是一种无色无味的气体，人的感官很难发现，所以往往使人在不知不觉中中毒。

(2)煤气中毒事故的预防。新建、改建、大修后的加热炉煤气系统，在投产前必须经过煤气防护部门的检查验收。煤气操作注意事项如下：

1)对煤气的设备要定期检查，如管道、阀门、放散管、排水器等。

2)凡在煤气区作业必须到防护站办理作业票，防护站到现场检查发现问题及时处理。

3)利用风向。在上风头工作不允许时，可根据现场CO浓度决定工作的时间长短。国标规定CO浓度及工作时间如表8-4。

表8-4　CO浓度与对应的允许工作时间

CO浓度/$mg \cdot m^{-3}$	允许工作时间	CO浓度/$mg \cdot m^{-3}$	允许工作时间
30(即24×10^{-6})	可以长期工作	50(即40×10^{-6})	可以工作1h
100(即80×10^{-6})	可以工作0.5h	200(即160×10^{-6})	可以工作15～20min，但间隔时间2h

4)到炉子上工作时至少2人以上，点火时至少3人以上操作，并且必须佩戴煤气报警器。

5)所有报警器每班使用前校对一次。

6)新建或改建大修后的设备要进行严密性试验，符合标准才能使用。

7)凡进行煤气放散前，要通知调度室，并由调度室通知汽化人员，严禁自行放散。

8)煤气设备检修时应有可靠的切断煤气源装置。

9)扫线时胶管与阀门连接处捆绑铁丝不得少于两圈。开阀门时应侧身缓慢进行。扫线完毕拆胶管时应缓慢进行，把管内残气排净，方可拆掉，以免蒸汽烫伤人。

10)带氧气呼吸器工作，应检查是否好用，有足够氧气。

11)煤气作业区常通风，CO含量应合格。

(3)煤气中毒事故的处理

发生煤气中毒事故时应立即用电话报告煤气防护站到现场急救，并指派专人接救护车。同时将中毒者迅速救出煤气危险区域，安置在上风侧空气新鲜处，并立即通知附近卫生所医生到现场急救。检查中毒者的呼吸、心脏跳动及瞳孔等情况，确定煤气中毒者的中毒程度，采取相应救护措施。

必须注意，当中毒者处于煤气严重污染区域时，必须戴好防毒面具才能进行抢救，不可冒险从事，扩大事故。

对轻微中毒者，如只是头痛、恶心、脑晕、呕吐等，可直接送附近卫生所或医院治疗。

对较重中毒者，如有意识模糊、呼吸微弱、大小便失禁、口吐白沫等症状，应立即在现场补给氧气，待中毒者恢复知觉，呼吸正常后，送医院治疗。

对意识完全丧失、呼吸停止的严重中毒者，应立即在现场施行人工呼吸，中毒者未恢复知觉前，不准用车送往医院治疗。未经医务人员允许，不得中断对中毒者的一切急救措施。

为了便于抢救，应解开中毒者的领扣、衣扣、腰带，同时注意冬季的保暖，防止患者着凉。

发生煤气中毒事故后，必须查明原因，并立即处理和消除，避免重复发生同类事故。

D 防止煤气着火

(1)煤气着火事故的预防。在冶金企业中，发生煤气着火事故是比较常见的，这方面的教训是深刻的，经济损失也比较严重。

发生煤气着火事故必须具备一定的条件，一是要有氧气或空气；二是有明火、电火或达到煤气燃点以上的高温热源。大多数的煤气着火事故都是由于煤气泄漏或带煤气作业时，附近有火源或高温热源而产生的，因此，防止煤气着火事故的根本办法就是严防煤气泄漏和带煤气作业时杜绝一切火源，严格执行煤气安全技术规程。

在带煤气作业中要使用铜质工具，无铜质工具时，应在工具上涂油而且使用时十分小心慎重。抽、堵盲板作业前，要在盲板作业处法兰两侧管道上各刷石灰液 1～2m，并用导线将法兰两侧连接起来，使其电阻为零，以防止作业产生火花。

在加热煤气设备上不准架设非煤气设备专用电线。

带煤气作业处附近的裸露高温管道应进行保温，必须防止天车、蒸汽机车及运输炽热钢坯的其他车辆，通过煤气作业区域。

在煤气设备上及其附近动火，必须按规定办理动火手续，并可靠地切断煤气来源，处理净残余煤气，做好防火灭火的准备。在煤气管道上动火焊接时，必须通入蒸汽，趁此时进行割、焊。

(2)煤气着火事故的处理。凡发生煤气着火事故应立即用电话报告煤气防护站和消防队到现场急救。

当直径为 100mm 以下的煤气管道着火时，可直接关闭闸阀止火。

当直径在 100mm 以上的煤气管道着火时，应停止所有单位煤气的使用，并逐渐关闭阀门降低煤气压力，使火势减小后再向管内通入大量蒸汽灭火；煤气压力最低不得小于 50～100Pa；严禁完全关闭煤气或封水封，以防回火爆炸。

如果煤气管道内部着火应封闭人孔，关闭所有放散管，向管道内通入蒸汽灭火。

当煤气设备烧红时，不得用水骤然冷却，以防管道变形或断裂。

E 防止煤气爆炸

空气内混入煤气或煤气内混入了空气，达到了爆炸范围，遇到明火、电火花或煤气燃点以上的高温物体，就会发生爆炸。煤气爆炸可使煤气设施、炉窑、厂房遭破坏，人员伤亡，因此必须采取一切积极措施，严防煤气爆炸事故的发生。各种煤气的爆炸浓度及爆炸温度见表 8-5。

表 8-5 部分煤气的爆炸浓度和爆炸温度

气体名称	气体在混合物中的体积含量/%		爆炸温度/℃
	下限	上限	
高炉煤气	40	70	530
焦炉煤气	6	30	300
发生炉煤气	40	70	

(1)产生煤气爆炸事故的主要原因有：

1)送煤气时违章点火，即先送煤气后点火，或一次点火失败接着进行第二次点火，不做爆发试验冒险点火，造成爆炸。

2)烧嘴未关或关闭不严，煤气在点火前进入炉内，点火时发生爆炸。

3)强制通风的炉子，发生突然停电事故，煤气倒灌入空气管道中造成爆炸。

4)煤气管道及设备动火，未切断或未处理净煤气，动火时造成爆炸。

5)煤气设备检修时无统一指挥，盲目操作，造成爆炸。

6)长期闲置的煤气设备，未经处理与检测冒险动火，造成事故等。

应当指出：煤气爆炸的地点是煤气易于淤积的角落，如空煤气管道、炉膛及烟道和通风不良的炉底操作空间等，其中炉窑点火时发生爆炸的可能性最大。

(2)煤气爆炸事故的预防。既然加热炉点火时最易发生爆炸事故，那么预防爆炸事故首先就要做好点火操作的安全防护工作。

点火作业前应打开炉门，打开烟道闸门，通风排净炉内残气，并仔细检查烧嘴前煤气开闭器是否闭严，炉内有无煤气泄漏，如炉内有煤气必须找到泄漏点，处理完毕并排净炉内残气，确认炉内、烟道内无爆炸性气体后，方可进行点火作业。

点火作业应先点火，后给煤气；第一次点火失败，应在放散净炉内气体后重新点火，点火时所有炉门都应打开，门口不得站人。

在加热炉内或煤气管道上动火，必须处理净煤气，并在动火处取样做含氧量分析；含氧量达到20.5%以上时，才允许进行动火作业，管道动火应通蒸汽动火，作业中始终不准断汽。

在带煤气作业时，作业区域禁止无关人员行走和进行其他作业，周围30m内(下风侧40m)严禁一切火源和热碴罐、机车头、红坯等高温热源及天车通过，要设专人进行监护。

在煤气压力低或待轧、烧嘴热负荷过低以及烘炉煤气压力过大时，要特别注意防止回火和脱火，酿成爆炸事故。切不可因非生产状态而产生麻痹思想。

如果遇有风机突然停运及煤气低压或中断时，应立即同时关闭空气、煤气快速切断阀及烧嘴前煤气、空气开闭器，要特别注意首先要关闭煤气开闭器，切断煤气来源，止火完成后，通知有关部门，查明原因，消除隐患后，才可点火生产。

(3)煤气爆炸事故的处理。发生煤气爆炸事故时，一般都伴随着设备损坏而发生煤气中毒和着火事故，或者产生第二次爆炸。因此，在发生煤气爆炸事故时，必须立即报告煤气防护站及消防保卫部门；切断煤气来源，迅速处理净煤气，组织人力，抢救伤员。煤气爆炸后引起煤气中毒或煤气切断煤气来源，迅速处理净煤气；组织人力，抢救伤员。煤气爆炸后引起的煤气中毒或煤气着火事故，应按相应的事故处理方法进行妥善的处理。

F　预防回火

生产时，还应注意燃烧器的回火现象，回火就是煤气和空气的可燃混合物回到燃烧器内燃烧的现象。

回火的产生是由于煤气与空气的混合物从喷嘴喷头喷出的速度小于火焰传播速度。根据理论分析和现场操作实践总结出以下情况容易发生回火：

(1)煤气的压力突然大幅度降低。

(2)烧嘴的热负荷太小，混合可燃气体的喷出速度过低。

(3)烧嘴混合管内壁不光洁，混合可燃气体产生较大的涡流。

(4)关闭煤气的操作不当时，例如在关闭煤气时没有及时关闭风阀，空气就将窜入煤气管道中造成回火。

(5)混合气体喷出速度分布不均匀(在喷出口断面上)也容易引起回火,这是因为回火是在喷出速度小于燃烧速度(即火焰传播速度)的情况下发生的,而喷出速度不是指该处的平均速度,而是指最小速度,因此在流速分布不均匀时,虽然混合气体的平均喷出速度大于燃烧速度,但其最小速度有时可能小于燃烧速度而造成回火。

(6)焦油及灰尘的沉析,也容易引起回火。特别是对使用发生炉煤气的炉子上,这种现象是相当严重的,一般发生炉煤气中的焦油在270℃以上就大量析出炭黑,它不但经常使喷嘴堵塞,并且它还成为点燃物,从而使煤气过早自燃而引起回火,为此,有的单位将空气预热温度控制在300℃以下,以防止回火现象。

当烧嘴回火时,要关闭烧嘴,检查处理。如果烧嘴回火时间较长,已将烧嘴混合管烧红,应冷却混合管后再点燃。在实际操作中,要掌握煤气压力过低时不能送煤气这一点。

在实际操作中只要保证混合气体的喷出速度在30~50m/s就可以了,过大的喷出速度将使燃烧不稳定,火焰断续喘气,甚至熄火。这就是说在一定条件下,除考虑防止回火问题外,还必须注意"灭火"问题。

8.5.4 烧钢操作的优化

优化烧钢操作是以最小的消耗满足轧机的要求所进行的操作。影响加热炉生产和消耗的因素很多,归纳起来,操作上的因素不外乎热负荷、燃料燃烧情况、炉子热工制度等几个方面,而优化操作也应从这些方面着手。

8.5.4.1 正确的组织燃料燃烧

正确地组织燃料燃烧就是保持炉内燃料完全燃烧。燃料入炉后如能立即完全燃烧,将有效地提高炉温,并能增加炉子生产率,降低燃料单耗,这对满足增产节能两方面的要求,有非常重要的意义。

从操作上来讲,正确地组织燃料的燃烧,有很多工作要做,如以前所述对燃料使用性能的了解;对风温、风压的控制都是十分重要的问题;燃烧器的安装、使用、维护保养对燃料燃烧的好坏都有很大的影响。在以上因素合理控制的基础上,燃料与空气的配比是影响燃烧和燃料节约的主要问题。

从节约燃料的观点出发,在保证燃料完全燃烧的条件下,在炉子操作中应尽可能地降低空气消耗系数。以前,用给定空气消耗系数来维持空、燃比例,但往往由于燃料热值的波动破坏正常的空、燃比例,实现低氧燃烧是困难的。近年来发展用氧化锆连续测定烟气中的氧含量作为自动控制燃烧的信号,来控制燃料与空气的供给量。而且还可以进行分段控制,用每段各自分析测定烟气中的氧含量为信号,来控制各段的空燃比。如果在操作中对空气消耗系数的大小,心中无数,完全靠观察,靠经验进行调节,会出现不完全燃烧。在操作中也常常出现只调燃料不调空气,或只调空气而不调燃料的错误操作。这些都是造成燃料浪费的原因,应该及时改进。

8.5.4.2 合理控制热负荷

在加热操作时,应根据炉子生产变化情况调节热负荷,使其控制在最佳的单耗水平,这样对加热质量、炉体寿命、能源消耗均有利。

冶金部《关于轧钢加热炉节约燃料的若干规定》中规定"操作规程中应规定加热不同品

种规格坯料和不同轧机产量的经济热负荷制度，做到不往炉内供入多余的燃料”。

目前，加热炉的热耗比较高，主要是在低产或不正常生产时没有严格控制好往炉内供入的燃料所造成的。在低产或不正常生产时还必须充分注意调节好炉子各段的燃料分配。理想的温度制度是三段式温度制度（即预热、加热、均热），均热段比加热段炉温低，能使钢坯断面温差缩小到允许范围之内，使钢坯具有良好的加热质量；适当提高加热段的温度，实行快速加热，允许钢坯有较大的温差，提高炉子生产率；预热段不供热，温度较低，充分利用炉气预热钢坯，降低出炉烟气温度，提高炉子热效率。三段式加热制度对产量的波动有较大的适应性和灵活性。当炉子在设计产量下工作时，炉子可按三段制度进行操作，随着炉子产量的降低，可逐渐减少加热段的供热，从炉尾向炉头逐渐关闭喷嘴，当炉子产量低于设计产量很多时，可完全停止加热段的供热，均热段变成了加热段，加热段变成了预热段，预热段等于延长，出炉烟气温度也降低，炉子变成了二段制操作，能实现这样的温度变化；随着炉子产量的波动，不向炉内供入多余燃料，出炉烟气带走的热量可以保持在一个最佳数值上，炉子单耗就可以降低。

在生产过程中，炉子待轧时间是不可避免的，研究制定待轧时的保温、降温和开轧前的升温制度，千方百计地降低待轧时的燃料消耗是个极其重要的问题。必须发挥热工操作人员的积极性才能收到较好的效果。

炉子在待轧时必须按待轧热工制度减少燃料和助燃空气的供给量，适当调节燃料和空气的配比，使炉子具有弱还原性气氛；调节炉膛压力要比正常生产时稍高些；还要关闭装出料口的炉门及所有侧炉门；要主动与轧钢工段联系；了解故障情况，分析预测需要停车时间的长短，决定炉子保温和降温制度。掌握准确的开轧时间，适时增加热负荷，以便在开轧时把炉温恢复到正常生产的温度。表 8-6 的待轧保温制度可作参考。

表 8-6 待轧降温表

待轧时间/h	降温温度/℃	注 意 事 项
≤30min	基本不变	待轧期间减少燃料，同时要适当减少风量
≤1	50～100	
≤2	100～200	关闭所有炉门及观察孔
≤3	200～250	关闭烟道闸门，保持炉内成正压，避免吸入冷风
≤4	250～350	待轧 4h 以上，炉温降至 700～800℃

8.5.4.3 合理控制钢温

按加热温度制度要求，正确控制钢的加热温度，同时还要保证钢坯沿长度和断面上温差小，温度均匀。过高的钢温，增加单位热耗，造成能源浪费，氧化烧损增加，容易造成加热缺陷和粘钢，但钢温过低，也会增加轧制电力消耗，容易造成轧制设备事故，因此应合理控制钢温。

在加热段末端与均热段，钢温与炉温的温度一般来说相差 50～100℃，怎样正确地控制钢温以满足轧制的需要呢？

对于不同的钢种，加热有其自身的特点，对于普碳钢来讲，轧制时钢温的要求不太严格，由于普碳钢的热塑性较好，轧制温度的范围较宽，生产中即使遇到了钢温不均或钢温较低的情况，也可继续轧制，但对于合金钢来说，有的合金钢轧制温度范围很窄，所以就需要有较好的钢温来保障，不同种类的钢应掌握不同的温度，正确地确定钢的加热温度，对于保证质量和产量有着密切的关系。

8.5.4.4 合理地控制、调整炉温

在加热炉的操作中，合理地控制加热炉的温度，并且随生产的变化及时地进行调整是加热工必须掌握的一种技巧。一般加热炉的炉温制度是根据坯料的参数、坯料的材质来制定的，而炉膛内的温度分布，预热段、加热段和均热段的温度，又是根据钢的加热特性来制定的；加热时间是根据坯料的规格、炉膛温度的分布情况来确定的。一般对于含碳量较低的加热性能较好的钢种，加热温度就比较高，但随着钢的含碳量的增长，钢对温度的敏感性也增强，钢的加热温度也就越来越低。如何合理对钢料进行加热，怎样组织火焰，并且能使燃料的消耗降低，就是一个技巧上的问题。

炉温过高，供给炉子的燃料过多，炉体的散热损失增加，同时废气的温度也会增加，出炉烟气的热损失增大、热效率降低、单位热耗增高。炉温过高炉子的寿命受到影响，同时也容易造成钢的过热、过烧、脱碳等加热缺陷和烧损的增加，还容易把钢烧化，侵蚀炉体，增加清渣的困难，或引起粘钢事故。

对于一个三段连续式加热炉来说，经验的温度控制一般遵循如下的规定：预热段温度≤780℃；加热段最高温度≤1350℃；均热段温度≤1200℃。

炉温控制是与燃料燃烧操作最为密切的，也就是说炉温控制是以增减燃料燃烧量来达到的，当炉温偏高时应减少燃料的供应量，而炉温偏低时又应加大燃料供应量，多数加热炉虽然安装有热工仪表，但测温计所指示的温度只是炉内几个点的情况。因此，用肉眼观察炉温仍是非常重要的。

同时，要掌握轧机轧制节奏来调节炉温以适应加热速度。轧机高产时，必须提高炉子的温度，而轧机产量低时，必须降低炉子的温度。这样可以避免炉温过高产生过烧、熔化及粘钢，而炉温过低出现低温钢等现象。

连续式加热炉同时加热不同钢种的钢坯时，炉温应按加热温度低的加热制度来控制，在加热温度低的钢坯出完后，再按加热温度高的加热制度来控制。当然在装炉原则上，应该尽量避免这种混装现象。

在有下加热的连续式加热炉上，应尽量发挥下加热的作用，这样既能增加产量又能提高加热质量。

8.5.4.5 炉压控制

炉压的控制是很重要的。炉压大小及分布对炉内火焰形状、温度分布以及炉内气氛等均有影响。炉压制度也是影响钢坯加热速度和加热质量以至燃料利用好坏的重要因素。例如某些炉子加热时由于炉压过高造成烧嘴回火，而不能正常使用。

当炉内为负压时，会从炉门及各种孔洞吸入大量的冷空气，这部分冷空气相当于增加了空气消耗系数，导致烟气量的增加，更为严重的是由于冷空气紧贴在钢坯表面严重恶化了炉气、炉壁对钢的传热条件，降低了钢温和炉温，延长加热时间，同时也大大增加了燃料消耗。据计算，当炉温为 1300℃，炉膛压力为－10Pa 时，直径为 100mm 的孔吸入的冷风可造成 130000kJ/h 的热损失。

当炉内为正压时，将有大量高温气流逸出炉外。这样不仅恶化了劳动环境，使操作困难，而且缩短了炉子寿命，并造成了燃料的大量浪费。当炉压为＋10Pa 时，100mm 直径的孔洞逸气热损失为 380000kJ/h。

加热炉是个不严密的设备，吸风、逸气很难避免，但正确的操作可以把这些损失降低到最低程度。为了准确及时掌握和正确控制炉压，现在加热炉上都安装了测压装置，加热工在仪表室内可以随时观察炉压，并根据需要人工或自动调节烟道闸门的开启度，保证炉子在正常压力下工作。

一般连续加热炉吸冷风严重的地方是出料门处，特别是端出料的炉子。因为端出料的炉子炉门位置低，炉门大，加上端部烧嘴的射流作用，大量冷风从此处吸入炉内。

在操作中应以出料端炉底水管上表面为基准面，并确保此处获得 0～10Pa 的压力，这样就可以使钢坯处于炉气包围之中，保证加热质量，减少烧损和节约燃料。此时炉膛压力约在 10～30Pa，这就是所谓的微正压操作。在保证炉头正压的前提下，应尽量不使炉尾吸冷风或冒火。

当做较大的热负荷调整时，炉膛压力往往会发生变化，这时亦及时进行炉压的调整。增大热负荷时炉压升高，应适当开启烟道闸门；减少热负荷时，废气量减少，炉压下降，则应关闭烟道闸门。

当炉子待轧熄火时，烟道闸门应完全关闭，以保证炉温不会很快降低。

在正确控制炉膛压力的同时，还应特别重视炉体的严密性，特别是下加热炉门。由于炉子的下加热侧炉门及扒渣门是炉膛的最低点，负压最大，吸风量也最多。因此，当下加热炉门不严密或敞开时，会破坏下加热的燃烧。在实际生产中，有些加热炉把所有的侧炉门都假砌死，这对减少吸冷风起到了积极作用。

在生产中往往有一些炉子炉膛压力无法控制，致使整个炉子成正压或负压。究其原因，前者是由于烟道积水或积渣，换热器堵塞严重，有较大有漏风点，造成烟温低，烟道流通面积过小，吸力下降；而后者则是由于烟囱抽力太大之故。对于炉压过大的情况要查明原因，及时清除铁皮、钢渣和排出积水，并采取防火措施，堵塞漏风点，而对于炉压过小的情况，可设法缩小烟道截面积，增加烟道阻力。

8.5.4.6 *采用正确的操作方法*

正确的操作是实现加热炉高产、优质、低耗的重要条件。在多年生产实践中，人们总结出了不少好的操作经验。“三勤”操作法就是比较成熟的操作方法。一个优秀的加热工应该十分认真地执行三勤操作法。所谓“三勤”就是勤检查、勤联系、勤调整。

勤检查就是要经常检查炉内钢坯运行情况，注意观察燃料发热量波动情况，燃烧状况以及各段炉温和炉膛压力变化，正确判断炉内供热量及其分配是否合理，判断钢坯在各段内的加热程度；经常检查冷却水的水压、水量、水温及水质变化，掌握生产情况，并及早发现未来可能影响生产的一切征兆，以便对症采取措施。

勤联系就是经常与有关方面联系，搞好与其他各生产工序或岗位的配合衔接。

要经常与轧钢或调度室联系，了解轧制钢材的规格、速度、待轧时间及换辊、处理事故时间等，做到心中有数。

当煤气发热量及压力发生较明显的波动时，应立即通过调度室与煤气加压混合站取得联系，问明情况，以便做出相应的调整。

要经常与质量检查人员取得联系，掌握加热质量情况。

当检查发现入炉冷却水水质污浊，有明显的杂质，如木块、破布等物以及水压低于

0.2MPa或水温过高(入炉水温超过35℃)时,应及时通过调度向给水部门反映,要求立即给予调整。

当检查发现重大设备隐患及安全隐患时,应及时向主管部门汇报,以便及早决策,制订和采取措施,消除隐患。

勤调整就是根据检查和了解到的情况,勤调节炉况,使之适应不断变化着的生产要求。当轧机轧制节奏、加热钢种、规格发生变化时,要掌握适当的时机改变热负荷,在保证合适的钢的加热温度前提下,尽可能降低炉温,以低限热负荷满足生产。当加热断面尺寸小的钢坯时,可不开或少开加热段烧嘴,当加热较大钢坯时,轧制速度快,加热时间短,则应加大加热段的供热量,以强化加热,增加炉子加热能力。在调整热负荷的同时切记还要调整好空燃比和炉膛压力,否则,仅仅采用调热负荷的做法很可能达不到预期的调节效果和目的。

在一些较先进的炉子上一般都有燃烧的自动比例调节装置,如模拟量调节器,单、多回路调节器等,特别是形成闭环控制的单回路调节系统,自动化程度很高,操作很容易,只要改变设定值就行了。在这种情况下,人们往往产生依赖思想。应该强调指出,即使在这种情况下,"三勤"操作法还是非常重要而且是必不可少的。因为,只有根据轧制情况经常改变设定值才能烧好钢。

8.5.5 炉况的分析判断

炉子工作正常与否,可以通过分析某些现象来判断。掌握分析判断的方法,对热工操作是十分有益的。

8.5.5.1 煤气燃烧情况的判断

煤气燃烧状况可以用以下方法判断:从炉尾或侧炉门观察火焰,如果火焰长度短而明亮,或看不到明显的火焰,炉内能见度很好,说明空燃比适中,燃料燃烧正常;如火焰暗红无力,火焰拉向炉尾,炉内气氛混浊,甚至冒黑烟,火焰在烟道中还在燃烧,说明严重缺乏空气,燃料处于不完全燃烧状态;如果火焰相当明亮,噪音过大,可能是空气量过大,但对喷射式烧嘴不能以此判断。

煤气燃烧正常与否还可以通过观察仪表进行分析判断。当燃烧较充分完全时,空气与煤气流量比例大致稳定在一数值,这一数值因燃料发热量不同而不同。

有一些加热炉上已安装了氧化锆装置以检测烟气含氧量,这就使燃烧情况的判断变得更简单了。当烟气中含氧量在1%~3%时,燃烧正常;含氧量超过3%为过氧燃烧,即供入空气量过多;含氧量小于1%为氧化锆"中毒"反映时,说明空气量不足,是欠氧燃烧。当然,氧化锆安装位置不当,取样点不具有代表性,所测得的数据不能作为判断依据。

8.5.5.2 加热过程中钢坯温度的判断

准确地判断钢坯加热温度,对于及时调节炉子加热制度提高烧钢质量,是十分重要的,一般可以通过仪表测量出炉钢温及炉温,但仪表所指示的温度一般是炉内几个检测点的炉气温度,它有一定的局限性,所以,加热工如果想正确地控制钢温,必须学会用肉眼观察钢的加热温度,以便结合仪表的测量,更正确地调节炉温。钢坯在高温下温度与火色关系见表8-7。在有其他光源照射的情况下,目测钢温时,应该注意遮挡,最好是在黑暗处进行目测,这样目测的误差会相对小些。

表 8-7 钢坯在高温下火色与温度的关系

钢坯火色	温度/℃	钢坯火色	温度/℃
暗棕色	530～580	亮红色	830～880
棕红色	580～650	桔黄色	880～1050
暗红色	650～730	暗黄色	1050～1150
暗樱桃色	730～770	亮黄色	1150～1250
樱桃色	770～800	白色	1250～1320
亮樱桃色	800～830		

通过观察钢的颜色，就能够知道钢温，但被加热的钢料在断面上的温度差的判断又是一个问题，所以看火工在判断出钢温以后，第二要做的就是要观察钢料是否烧透。一般钢料中间段的温度与钢料两端的温度相同时，说明钢料本身的温度已比较均匀，若端部温度高于中间部分温度，说明钢料尚未烧透，需继续加热；若中间段的温度高于端部的温度，则说明炉温有所降低，此时便要警惕发生粘钢现象。有时钢温与炉子的状况有着直接的联系，如有时料的端头温度过高，多是因为炉子两边温度过高，坯料短尺交错排料时，两头受热面大，加热速度快或炉子下加热负荷过大，下部热量上流，冲刷端头引起的。钢长度方向温度不均，轧制延伸不一致、轧制不好调整，也影响产品质量。端头温度低，轧制进头率低，容易产生设备事故，影响生产，增加燃料、电力消耗。

钢加热下表面温度低或严重的水管"黑印"，轧制时上下延伸不匀容易造成钢的弯曲，同时也影响产品质量。下加热温度低的原因，是下加热供热不足，炉筋水管热损失太大，水管绝热不良，下加热炉门吸入冷风太多或均热时间不够。此时就应采取如下措施：提高下加热的供热量；检查下加热炉门密封情况；观察炉内水管的绝热情况，如有脱落现象发生，在停炉时间进行绝热保护施工，以保证炉筋管的绝热效果。有些加热操作烧"急火"，钢在出炉以前的均热段加热过于集中，炉子是二段制的操作方法，均热段变成了加热段，加热段变成了预热段或热负荷较低的加热。这样，容易造成均热段炉温过高，损坏炉墙炉顶，烧损增加；均热时间短，黑印严重或外软里硬的"硬心"。烧"急火"的原因，是因为产量过高或待轧降温、升温操作不合理，轧机要求高产时，由于加热制度操作不合理没有提前加热，为了满足出钢温度要求或加热因滑道水管造成的黑印，在均热段集中供热，或者因待轧时温度调整过低，开车时为赶快出钢，在出钢前集中供热，使局部温度过高，钢坯透热时间不够，钢坯表面温度高，内部温度偏低，影响轧机生产，使消耗增加。

8.5.5.3 *炉膛温度达不到工艺要求的原因分析*

在加热生产中，经常可能遇到因炉温低而待热烧钢的现象。是什么原因使炉温下降，以致不能满足轧机的要求呢？大致可从以下几方面分析：

(1)煤气发热量偏低。

(2)空气换热器烧坏，烟气漏入空气管道。

(3)空气消耗系数过大或过小。

(4)煤气喷嘴被焦油堵塞，致使气流量减少。

(5)煤气换热器堵塞，致使煤气压力下降。

(6)炉前煤气管道积水,致使煤气压力下降。

(7)炉膛内出现负压力。

(8)烧嘴配置能力偏小。

(9)炉内水冷管带走热量大,或炉衬损坏,致使局部热损失大。

(10)煤气或空气预热温度偏低。

8.5.5.4 炉膛压力的判断

均热段第一个侧炉门下缘微微有些冒火时,炉膛压力为正合适。如果从炉头、炉尾或侧炉门、扒渣门及孔洞都往外冒火,则说明炉膛压力过大。当看不见火焰时,可点燃一小片纸片放在炉门下缘,观察火焰的飘向,即可判断炉压的概况,合适的炉压应使火苗不吸入炉内或微向外飘。

炉压过大的原因可从以下几方面分析:

(1)烟道闸门关得过小。

(2)煤气流量过大。

(3)烟道堵塞或有水。

(4)烟道截面积偏小。

(5)烧嘴位置布置不合理,火焰受阻后折向炉门,烧嘴角度不合适,火焰相互干扰。

8.5.5.5 燃料燃烧不稳定的原因

燃料燃烧不稳定的原因可从以下几方面分析:

(1)煤气中水分太多。

(2)煤气压力不稳定经常波动。

(3)烧嘴喷头内表面不够清洁或烧坏。

(4)烧嘴砖选择不当。

(5)冷炉点火,煤气量少。

8.5.5.6 换热器烧坏的原因

换热器烧坏的原因可从以下几方面分析:

(1)煤气不完全燃烧,高温烟气在换热器中燃烧。

(2)换热器焊缝处烧裂,大量煤气逸出,并在换热器内遇空气燃烧。

(3)空气换热器严重漏气。

(4)换热器安装位置不当。

(5)停炉时换热器关风过早。

8.5.5.7 空气或煤气供应突然中断的判断

生产中有时会由于多种原因造成燃料及助燃空气的供应中断,在这种情况下,及早做出正确的判断,对防止发生安全事故是极其重要的。

当煤气中断供应时,仪表室及外部的低压警报器首先会发出报警声、光信号,烧嘴燃烧噪音迅速衰减。煤气中断时,只有风机送风声音,炉内无任何火焰,仪表室各煤气流量表、压力表指向零位,温度呈线性迅速下降。

当空气供应中断时,室内外风机断电报警铃同时报警,烧嘴燃烧噪音迅速降低,炉内火焰拉得很长,四散喷出,而且火焰光色发暗,轻飘无力。当系统总的供电网出现故障时,还会造成全厂停电,仪表停转,警报失灵。

8.5.5.8 炉底水管故障的判断

炉底水管故障常见的有水管堵塞,漏水及断裂三种。这些故障处理不及时就可能造成长时间停产的大事故。因此要给予足够的重视。

(1)水管堵塞。原因主要是冷却水没有很好过滤,水质不良。另外,安装时不慎将焊条或破布等杂物掉进管内没有清除。

水管堵塞的现象是出口水温高,水量少,有时甚至冒蒸汽。

(2)水管漏水。原因有以下几种:一是安装时未焊好,或短焊条留在水管(立管)中将水管磨漏。二是冷却水杂质多,水温高,结垢严重,影响管壁向冷却水传导热量,管壁温度过高而氧化烧漏。在这种情况下,水管绝热砖的脱落对烧漏水管起到一定促进作用。水管漏水往往都发生在靠墙绝热包扎砖容易脱落部位水管的下边。当炉膛内水管漏水时,可以看到喷出的水流和被浇黑的炉墙或铁渣。当水管在砌体内漏水时,可以观察到砌体变黑的现象。严重漏水时,出水口能检查到水流小、温度高的情况。

(3)水管断裂。一般都发生在纵水管上。由于卡钢或水管断水变形等原因,可能造成纵水管被拉裂的事故。当水管断裂时,大量冷却水涌入炉内,会造成炉温不明原因的突然下降,冷却水大量汽化和溢出炉外,回水管可能断水或冒汽。

必须特别指出,当检查发现上述水冷系统故障时,应立即停炉降温进行处理。对于漏水的情况,在炉温未降到200℃以下时,不能停水,以免整个滑道被钢坯压弯变形。

8.5.6 加热炉的维护、检修、管理与节能

8.5.6.1 加热炉的维护

加热炉日常维护的主要项目是炉底、炉底机械、炉筋管及水冷设施、炉子的构件等。加强炉子日常维护,对提高炉子使用寿命与作业率,确保设备安全运行具有重要作用。

A 炉底的维护

钢在炉内加热时,不可避免要产生氧化,氧化铁皮脱落将造成炉底积渣,引起炉底上涨。积渣的快慢与钢的加热温度、火焰性质以及钢的性质有密切关系。钢的加热温度高,火焰氧化性强时,钢的氧化加剧,积渣速度就快。特别是在炉温波动大时,氧化铁皮容易脱落,更易造成炉底上涨。炉底积渣过多时对钢的加热和炉子的操作都有不良影响,因此必须及时清理炉底,排除积渣。

避免炉内积渣过快最根本的方法是加热炉的正确操作。严格按加热制度控制炉温、不烧化氧化铁皮。因为烧化了的钢渣凝固后很坚硬,不容易用铁钎打掉。严格控制炉压,并防止炉温波动,以避免炉内吸入冷空气而增加氧化烧损,减少氧化铁皮的脱落,以防炉底过快积渣造成炉底上涨。

B 炉底及炉底机械的日常维护

采用双面加热的炉子,除了要加强对实心炉底的清理与维护外,还应加强对架空炉底,即炉筋管、横向支撑水管及支柱水管的维护,以防止在高温下长期使用失去应有的结构强度和稳定性而造成炉膛塌陷,其维护要点如下:

(1)开炉前必须有压炉料,否则炉筋管等容易烧弯、烧坏。

(2)在装、出料时,要防止歪斜、弯曲坯料卡炉筋管。

(3)经常检查炉内各炉筋管、横向支撑水管及支柱水管绝热包扎层,并及时将损坏的地

方加以修补。

(4)确保冷却水的连续供给,严格控制出口水温。

(5)炉筋管、横向支撑水管及支柱管经过一定的使用期后,在炉子检修时必须更换,勉强使用易造成事故。

对于机械化炉底加热炉而言,炉底机械等的正常运行是加热炉顺利生产的前提条件,因此必须加强对炉子装、出炉设备和炉底机械的日常维护和检修。否则,一旦发生事故将被迫停产。对炉底机械等的维护应从以下几个方面着手:

(1)经常检查各机械设备的运行情况。发现隐患,应利用一切非生产时间及时加以检修,防止设备带病工作。对于易损部件,应有足够的备品备件,以便能及时更换。

(2)加强对设备的润滑,对需要润滑的部位,应定期检查、加油。

(3)对炉底机械要采取隔热降温措施,需冷却的部件,必须保证冷却水的连续供给。

(4)加强对液压系统的检查与检修。在机械化炉底的加热炉中,许多炉底机械是采用液压系统控制的,如步进炉炉底的步进梁。液压系统能否正常工作,将直接影响炉底机械的正常运行,必须加以重视。

C　水冷设施的维护

加热炉中的许多金属构件及设备需要冷却,如果不能保证冷却水的连续供给,加热炉是不能投入生产的。为此应加强对炉子水冷设施的维护工作。炉子的冷却方式主要分为水冷和汽化冷却两种。对于炉门、炉门框、水冷梁等金属构件或机械设备等,一般均直接采用水冷;对于炉筋管、横向支撑水管及支柱水管,一般采用汽化冷却方式。

(1)水冷设施的维护包括以下几点:

1)经常检查水泵运行情况及管路状况,保证管路上各调节阀严密、灵活。

2)防止管路系统,特别是冷却部件或设备漏水。

3)严格控制出口水温,及时调节冷却水流量。

4)水冷系统尽可能形成闭环,循环使用,以节约用水。

(2)汽化冷却系统的维护包括以下几点:

1)经常检查循环泵及循环系统所有管路的运行情况。

2)严格控制汽包水位、压力及温度。

3)经常检查管路上各种阀门,如安全阀、调节阀、放散阀、排污阀和压力表、水位计等是否正常,应确保其严密性、灵活性、准确性。

4)保证软化水的质量,并定期对水管过滤器进行清洗。

对加热炉除了要加强对上述重点项目进行维护外,同时还要加强对金属构架、炉门、观察孔、换热器等的维护。煤气管道上的各种开闭器和调节阀要经常涂油,以确保其严密性、灵活性。

8.5.6.2　加热炉的检修

炉子的检修分为定期检修(冷修)和临时补修(热修)两种。

A　炉子的热修

热修是在不停炉状态下,炉温仍然相当高时对炉子个别部分进行修补,一般属事故性检修。如对连续加热炉炉墙和炉顶的热修。

当炉墙或炉顶等处耐火砌体损坏形成缺口,需进行抢修时,应先减少燃料供给量,降低炉膛压力，以减少由缺口喷出的火焰；对于拱顶，如果掉的砖数不多，可用与缺口掉落相同块数、同样规格的楔形砖，用铁丝捆在一起塞在缺口上，当缺口较大时，应按缺口长度预制拱顶，用吊车吊起将缺口堵塞。用预制块的炉顶烧穿时，可用大块耐火砖或钢板封堵，再将搅拌好的浇注料敷盖，面积可大些，不能形成堆，浇注料不易加水过多(黏稠状即可)，修炉顶时，严禁站在炉顶上工作。对吊顶的补修，亦可按此法进行。

B 炉子的冷修

停炉并将炉子冷却后进行的检修叫冷修。冷修一般是有计划进行的，炉子工作一定时期后，应按计划进行检修，以消除炉子所存在的缺陷或隐患，根据工作量不同，冷修可分为小修、中修、大修。

(1)炉子大修。连续加热炉大修是全部拆除。包括预热段砌体、部分烟道、换热器、炉底水管及钢结构等，同时对附属设备进行修理或更换。对于机械化炉底加热炉，炉底机械作为重点项目检修。大修一般2～4年进行一次，每次检修需10～30天。其进度安排大致如下：拆炉、砌炉底、砌纵墙、砌前后端墙、砌炉顶、装炉门框等。检查验收合格，清理完毕后烘炉。

(2)炉子中修。连续加热炉的中修主要指将高温区进行拆修。包括高温段炉顶、炉墙及炉底大部分更换，均热段滑道、部分水管及水管绝热层的更换。中修一般1～2年进行一次，每次检修需3～10天，其进度安排基本同大修。

(3)炉子小修。连续加热炉的小修一般指局部修理。如高温段的炉门拱、炉顶、侧墙、均热床、烧嘴砖、燃烧室部分修理或更换及水管补漏等，小修一般2～3个月进行一次，每次检修需1～3天。

炉子检修是比较复杂的多工种配合的工作，各项工作均应密切配合，并严格按照工种进度和检修要求进行，确保检修质量。检修结束后，必须对所有工作进行详细检查、验收，并及时组织力量消除检查时所发现的缺陷，在发现的所有缺陷完全消除后方能进行烘炉。

8.5.6.3 加热炉的组织管理与节能

加热炉的能耗约占轧钢生产能耗的70%。加强加热炉本身的热管理对降低轧钢能耗起主导作用，炉子的单位热耗与操作水平关系极为密切。

炉子本身的热管理分为：技术管理与组织管理。技术管理包括：炉体及其附属装置的改进、制定炉子的热耗定额、制定合理的操作规程以及对炉子进行定期的热平衡测定，并据此找出节能途径。组织管理包括：提高工人技术操作水平、总结推广先进的操作方法、采纳合理化建议、开展劳动竞赛及其他行之有效的方法等。

这些是加热炉小范围的技术管理和组织管理，对发展生产的节约能源是十分重要的。

但从整个轧钢生产来讲，生产组织管理和生产工艺改进关系到节能的全局，这些工作的好坏对节能的影响是单靠加热炉设备和操作无法扭转的，其关系的重大越来越突出。

首先明确的应该是广义的节能，不单节约了燃料算是节能，其他各种能源和非能源消耗也都与节能密切相关，最终要求得到的是经济效益。下面仅就与加热炉节能有关的几个工艺改进、生产组织管理问题加以简单叙述。

A 提高作业率

有许多厂轧机作业率低，轧机停停轧轧，炉子时断时续，许多燃料浪费在空烧和升温上。

炉子经常空烧，轧机没有产量，或者不能做到均衡生产，产量忽高忽低，虽然纯生产时间单位燃耗指标不高，月综合平均或年综合平均单位燃耗却很高。由此可见，加强企业技术管理，合理组织生产，减少各种事故，提高轧机作业率，做到稳产、高产，是降低单位燃料消耗非常重要的措施。对生产任务不饱满的工厂，应采取集中生产、集中停炉的办法来提高轧机作业率。

统一原料尺寸，统一品种规格，把一种尺寸的原料，同一品种规格的轧制任务，尽量安排在同一车间和加热炉上生产；尽量集中大批量安排生产，也会提高加热和轧制效率。同时减少准备时间和换辊换孔的次数，也能提高轧机的作业率。这都应该说是生产计划安排问题。

有计划地安排轧机检修，严格要求检修质量，机械设备的检修与炉子检修的配合和统一，也可以减少停车次数和检修时间，提高轧机的作业率。

B 延长炉体寿命

延长炉体寿命有技术问题也有组织管理问题。炉体寿命的长短，不仅与炉子结构、筑炉材质、供热制度、热工操作有密切关系，同时与很多因素有关。

目前国内加热炉的寿命太短，这不仅消耗大量筑炉材料，浪费了人力和资金，同时严重地影响了生产，也浪费了大量能源。

对筑炉质量要求验收，烘炉、维护、检修计划安排不周，生产任务的安排不周都会影响加热炉的寿命。例如，有的工厂没有耐火材料库房，耐火砖露天存放日晒雨淋；因抢抓生产任务，缩短烘炉时间，不按烘炉制度烘炉；因检修时间紧，大大缩短筑炉工期，使筑炉质量很差。因生产任务紧张，生产计划安排不按修炉计划修炉等等，都是组织管理问题。

C 改革工艺制度，降低出钢温度

这是一项节能措施，因为它不单纯是加热炉的问题，而是和整个轧钢工艺和设备相联系的。

从国内情况看，有些轧钢要求的钢坯出炉温度不尽合理。首先应该重新审定轧钢工艺对出钢温度要求的是否合理，要求太高的应该降下来。

加热温度与成品质量是有密切关系的，只要保证包括尺寸公差、表面缺陷、终轧温度等质量要求，只要在包括轧机电动机容量、轧机强度等设备及轧制能力允许的限度内，降低出钢温度是有利的。

综合起来看，燃料的降低与电耗的上升，总的效果还是有利的。出钢温度降低 50℃，可降低单耗 92MJ/t。

可以降低出钢温度的各种措施：

(1)减少滑道黑印(采用热滑轨或半热滑轨)。

(2)减少轧制过程中的温度降。

(3)热送热装。

随着轧钢技术的进一步发展，目前在很多轧钢厂，已成功实现钢坯的热装热送，即从转炉铸出的钢坯直接经过运输辊道送到轧钢车间，进入加热炉加热，钢坯入炉温度达 900℃以上，这样的钢坯经过加热到轧制温度，需要的热量和时间很短，提高了炉子的产量，同时降低了加热炉的能耗。热装与工艺布局、各生产环节的紧密配合和科学的生产组织管理有关。

这些都是冶金轧钢系统有巨大节能潜力的问题，应加大开展研究工作。

8.6 热工仪表及计算机自动控制

8.6.1 热工仪表

一座现代化的加热炉，为了达到增加产量，提高质量，降低消耗的目的，一般都要安装大量的热工仪表，对与加热过程有关的所有热工参数进行监测。目前，使用的热工仪表广泛采用单元组合仪表，一般由传感器、变送器、显示装置及信号传输通道等构成。

这里主要对加热炉常用的温度、压力、流量检测仪表在使用过程中的注意事项做简单介绍。

8.6.1.1 *测温仪表——热电偶高温计*

连接热电偶测温回路时应注意：

(1)正确选择与热电偶匹配的补偿导线，且正、负极不能接反。

(2)保证两接入点温度相同。

为提高测量准确度，减少测量误差，在热电偶使用过程中，除要经常校对外，安装时还应特别注意：

(1)安装热电偶要注意检查测点附近的炉墙及热电偶元件的安装孔是否严密，以防漏风，不应将测点布置在炉膛或烟道的死角处。

(2)测量流体温度时应将热电偶插到流速最大的地方。

(3)应避免或尽量减少热量沿着热电极及保护管等元件的传导损失。

(4)要避免或尽量减少热电偶元件与周围器壁或管束等的辐射传热。

(5)热电偶插入炉内的长度应适当，且不能被挡住。

8.6.1.2 *测压仪表——管弹簧压力计*

在选择与使用弹簧压力计时，应特别注意以下几点：

(1)正确选择仪表量程和精度等级。为了确保管弹簧在弹性范围内可靠地工作，在选择压力计量程时要留有足够的余量。通常情况下，在压力稳定时，最大压力值不应超过满量程的3/4；在压力波动较大时，不超过满量程的1/2。为了保证测量精度，最小压力不应低于仪表满量程的1/3为宜。在满足测量要求的前提下尽可能选择低级仪表，不盲目追求过高的灵敏度，否则仪表指针不稳，读数困难。

(2)对仪表采用防腐、隔热及防冻措施。

(3)安装仪表的取压导管上必须加装开闭器，以备更换或校验仪表时能取下，而不影响生产。

(4)定期校验。

8.6.1.3 *流量仪表——节流式差压流量计*

节流式差压流量计，即用节流装置测流量，其原理为：在管道内装设有截面变化的节流装置(元件)，当液体流经节流装置时，由于流束收缩，其流速发生变化而在节流装置前后产生静压差，称为差压。利用此差压与流量的关系达到检测流量的目的，流量检测仪表广泛采用单元组合仪表测量流量，在安装节流装置时，应严格按仪表说明书的安装规程进行。

8.6.1.4　仪表使用过程中遇到的问题

A　一般情况下，操作过程中常会遇到下面几种情况：

(1)仪表系统正常，炉况正常，煤气流量一定，仪表显示工艺参数有变化，某段温度有缓慢下降趋势，这可能是由于轧制节奏加快，炉子生产率提高，使投料量增加，钢坯在炉内吸热增多引起，属于生产过程中的正常现象，只要适当调整煤气量供风量就可以使温度缓慢上升，恢复正常。

(2)仪表系统正常，生产率较稳定，燃料发热量不变，煤气量、供风量一定，但仪表显示各段温度缓慢下降。通常这可能是由于煤气压力突然下降造成的；反之则是煤气压力升高引起的(在加热炉运行过程中，煤气压力很重要，它直接关系到加热炉各段温度的稳定性)。这时应调整煤气阀门的开启度。

(3)加热炉炉况正常，生产率在某一范围内稳定不动，煤气压力正常，风、煤气给定值都能满足生产率的要求，炉温缓慢下降。这时应观察风、煤气量显示值之比是否在规定范围之内，或者观察氧量分析仪显示参数(正常时含氧量应为1%～3%左右)。如果风、煤气比偏大或含氧量偏高，温度低是燃料热值降低而造成，这时应根据实际情况适当降低供风量，增大煤气量；反之增大供风量，减少煤气量，直至空燃比适宜或氧含量参数显示正常时为止。

(4)加热炉正常运行过程中，煤气压力、煤气量、风量等均按正常操作给定。燃料热值一定，生产率变化不大，下加热或下均热段温度有下降的趋势，这时含氧量正常，同时，从炉子里出来的钢坯阴阳面大。这时应立刻检查炉内火焰情况，如果某处火焰颜色呈红色、橘红色或暗红色并且分布在纵、横水管周围，这很可能是炉底水管漏水造成。应马上将该段压火进一步检查，同时通知有关人员处理。

B　当加热炉运行正常时仪表系统出现异常的一些现象以及判断和解决方法。

(1)某段温度突然上升或下降，变化幅度超过100℃且不再恢复正常。该现象一般是热电偶损坏或变送器故障所引起。这时应凭借以往的操作经验，借助该段瞬时流量参数进行调整，同时通知有关人员进行处理。一般而言，当炉型和炉体结构固定不变时，供热量与温度之间都有一定的规律，遵循这个规律，短时间盲调不影响正常生产。

(2)对新建、改建或停炉检修后，经过点火、烘炉过程投入生产的炉子，当其外部条件都正常，煤气量、供风量按先前的规律给定，这时加热炉该段温度应达到某一温度范围。但实际显示没有达到。这一般是由于测温热电偶插入深度不正确所致。一般来说，平顶炉插入深度应为80～120mm左右，拱顶炉则在120～150mm之间。插入太少仪表显示温度偏低，不能真实反映炉温，而且过多消耗燃料，容易造成粘钢。插入太深，反映的温度可能是火焰温度，这也失去了意义，而实际钢温将偏低，直接影响加热质量。所以，如显示温度差距较大，多半是因为热电偶插入深度不正确引起，但也可能是温度显示仪表出现故障，这时应及时通知有关部门处理。

(3)仪表显示各工艺参数正常。由于轧制节奏改变引起生产率变化，伴随发生炉温的升降，这时操作者必然要调整风、煤气量，可是当操作器给定值已调整了50%～80%的范围时，煤气或风的流量计的瞬时值还在原位停滞不动，一般这是执行器失灵造成。

(4)与第三种现象相反，当操作器给定值刚刚微动了很小的调整范围，流量计显示变化量特别大，观察炉内火焰情况没有大起大落现象，一般这可能是执行器阀位线性化不好所致。对于(3)、(4)两种情况，都需要仪表管理部门处理。

8.6.2 加热炉的计算机自动控制

对加热炉进行热工参数检测的目的，就是为了便于炉子的操作，使炉子的工作状态符合钢的加热工艺要求，实现优质、低耗、高产。当炉子的工作状态(如炉温)与加热工艺要求产生偏差时，就必须对其进行调节(控制)。加热炉热工参数的控制方式可分为手动调节、自动调节及计算机自动控制。

8.6.2.1 手动调节、自动调节及计算机自动控制

热工参数的自动调节是手动调节的发展，它是利用检测仪表与调节仪表模拟人的眼、脑、手的部分功能，代替人的工作而达到调节的作用。

手动调节时，先由操作人员用眼观察显示仪表上温度的数值或直接用眼凭经验判断炉温高低，确定操作方向，用手调节供给燃料阀门的开启度，改变燃料流量，调节炉温使其稳定的规定的数值上。显然手动调节劳动强度大，特别是对某些变化迅速，条件要求较高的调节过程很难适应，有时还会因人的失误而造成事故。

自动调节时，热电偶感受到炉温变化经变送器送入调节器与给定值相比较(判别与规定数值的偏差)按一定的调节规律(事先选定好)输出调节信号驱动执行器，改变燃料流量，维持炉温恒定。可以看出，热电偶及变送器代替了人的眼睛，调节器代替了人脑的部分功能；执行器代替了人的手。在调节过程中没有人的直接参与，显然大大减轻了操作人员的劳动强度，调节质量也有明显提高。当然，自动调节仍离不开人的智能作用，如给定值的设定，调节规律的选择，各环节的联系与配合丝毫离不开人智能作用。

加热炉的计算机控制是在自动控制(调节)的基础上发展起来的。采用计算机控制，不仅可以实现全部自动调节的功能，而且可以将设备或工艺过程控制在最佳状态下运行。如对加热炉采用计算机控制时，通过对诸热工参数(如温度、压力、流量、烟气成分等)的系统控制，可将炉子工作状态控制在燃耗最低、热效率最高、生产率最大的最佳状态，而手动调节很难做到这一点。随着计算机技术的发展，其控制对象已从单一的设备或工艺流程扩展到企业生产全过程的管理与控制，并逐步实现信息自动化与过程控制相结合的分级分布式计算机控制，创造大规模的工业自动化系统。

8.6.2.2 计算机控制的一般原理

A 计算机控制系统的基本组成。

简单自动调节系统原理框图见图 8-24。测量元件对调节对象的被调参数(如温度、压力等)进行测量，变送器将被调参数转换成电压(或电流)信号，通过与给定值比较，将偏差信号反馈给调节器，调节器产生调节信号驱动执行机构工作，使被调参数值达到预定要求。由图 8-24 可以看出，自动控制系统的基本功能是信号传递、加工和比较。这些功能是由测量元件、变送器、调节器和执行机构来完成的。调节器是控制系统中最重要的部分，它决定了控制系统的性能和应用范围。

如果将图 8-24 中的调节器用计算机代替，这样就构成了一个最基本的计算机控制系统，控制系统框图如图 8-25 所示。在自动控制系统中，只要运用各种指令，就能编出符合某种控制规律的程序，计算机执行这样的程序，就能实现对被控参数的控制。

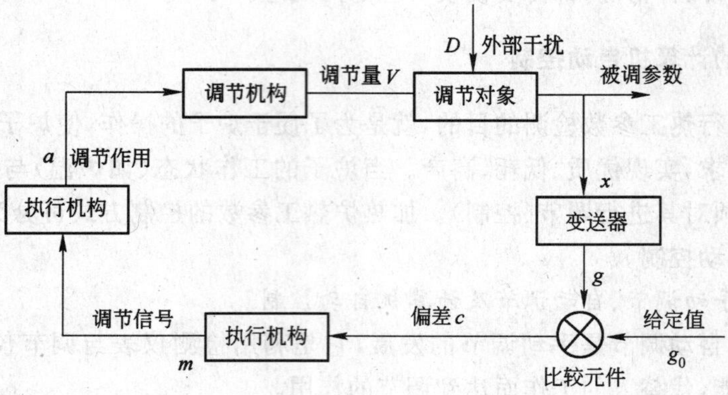

图 8-24　简单自动调节系统原理框图

g_0—给定值；x—检测值；m—调节器输出（调节信号）；D—扰动

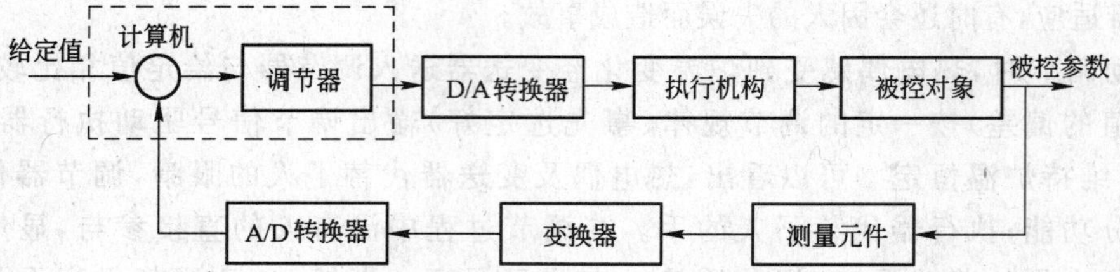

图 8-25　自动控制系统框图

在自动控制系统中，由于计算机的输入和输出信号都是数字信号，因此在控制系统中需要有将模拟信号转换为数字信号的A/D转换器，也有将数字信号转换为模拟信号的D/A转换器。

加热炉生产过程是连续进行的，应用于生产控制的计算机系统通常是一个实时控制系统，它包括硬件和软件两部分：

(1)硬件组成。计算机控制系统的硬件一般由计算机、外部设备、输入输出通道和操作台等部分组成。

1)计算机。计算机是控制系统的核心，完成程序存贮程序执行，进行必要的数值计算，逻辑判断和数据处理等工作。

2)外部设备。实现计算机与外界交换信息的功能的设备称为外部设备。主要包括人-机通信设备，输入/输出和外存贮器等。

输入设备主要用来输入数据、程序，常用的输入设备有键盘、鼠标、光电输入等。

输出设备主要用来把各种信息和数据提供给操作人员，以便及时了解控制过程的情况。常用的输出设备有打印机、记录仪表、显示器、纸带穿孔机等。

外存贮器主要用于存贮系统程序和数据，如磁带装置、磁盘装置等，同时兼有输入、输出功能。

3)输入、输出通道。输入、输出通道是计算机和生产过程之间设置的信息传递和变换的连接通道。它的作用有：一方面将控制对象的生产过程参数取出，经过转换，变换成计算机能够接受和识别的代码。另一方面将计算机输出的控制命令和数据，经过变换后作为操作执行机构的控制代码，以实现对生产过程的控制。

4)操作台。操作台是操作人员用来与计算机控制系统进行“对话”的，其组成有：

①显示装置。如显示屏幕或荧光数码显示器，以显示操作人员要求显示的内容或报警信号。

②一组或几组功能板键。板键旁有标明其作用的标志或字符，扳动板键，计算机就执行该标志所标明的动作。

③一组或几组送入数字的板键。用来送入某些数据或修改控制系统的某些参数。

④操作人员即使操作错误，应能自动防止造成严重后果。

(2)计算机控制系统软件

软件通常分为两类：一类是系统软件，另一类是应用软件。

系统软件包括程序设计系统、诊断程序、操作系统以及与计算机密切相关的程序，带有一定的通用性，由计算机制造厂提供。

应用软件是根据要解决的实际问题而编制的各种程序。在自动控制系统中，每个控制对象或控制任务都配有相应的控制程序，用这些控制程序来完成对各个控制对象的不同控制要求。这种为控制目的而编制的程序，通常称为应用程序。这些程序的编制涉及生产工艺、生产设备、控制工具等，首先应建立符合实际的数据模型，确定控制算法和控制功能，然后将其编制成相应的程序。

B 计算机控制系统的控制过程

计算机控制系统的控制过程简单地分，可归结为以下两个步骤：

(1)数据的采集。对被控参数的瞬时值进行检测，并输出计算机。

(2)控制。对采集到的表征被控参数状态的测量值进行分析，并按已定的控制规律，决定控制过程，适时地对控制机构发出控制信号。

上述过程不断重复，使整个系统按照一定的品质指标进行工作，并且对被控参数和设备出现的异常状态及时监督并迅速处理。

复习思考题

8-1 简述连续式加热炉特点及各段的作用。

8-2 简述连续式加热炉炉型特点。

8-3 简述连续式加热炉节能途径。

8-4 与连续式加热炉相比，环形炉和步进炉有何特点？

8-5 连续式加热炉炉膛尺寸如何确定？

8-6 蓄热式炉子的特点是什么，简述其工作过程。

8-7 有哪几种型式的蓄热式加热炉，各有何特点？

8-8 什么是按炉送钢制度，装炉事故有哪些，如何防止？

8-9 对装炉有哪些要求，装炉前要做好哪些准备工作？

8-10 炉子为什么要进行干燥？

8-11 烘炉的目的是什么？

8-12 烘炉前应做哪些检查？

8-13 烘炉曲线上常有几个温度点是比较关键的，是哪几个温度点，为什么？

8-14 在什么情况下易出现回火？

8-15 送煤气时为什么要进行扫线？

8-16 为什么点不着或着火后又熄灭，应立即关闭煤气阀门，向炉内送风10～20min？

8-17 煤气对人体会造成哪些伤害？

8-18 煤气使人中毒的成分是什么，预防煤气中毒有哪些方法，发生煤气中毒时如何抢救？

8-19 简述国标规定CO浓度及对应的允许工作时间。

8-20 煤气发生爆炸的条件是什么，防止爆炸的具体措施是什么？

8-21 防止煤气着火的具体措施是什么，发生煤气着火后如何处理？

8-22 不完全燃烧和空气过多，怎样判断？

8-23 对煤气设备检修有哪些要求？

8-24 如何合理控制加热炉温度？

8-25 如何用肉眼观察钢的加热温度？

8-26 炉压为负值时有哪些害处，炉压过大有什么缺点？

8-27 如何控制炉压？

8-28 什么是“三勤”操作法？

8-29 换热器操作注意事项有哪些？

8-30 加热炉某段温度突然上升或下降，可能是什么原因造成的？

8-31 热电偶插入深度对测炉温有何影响？

9　电加热炉

利用电能进行加热的炉子称为电加热炉。与火焰炉相比，电加热炉的温度容易准确控制，炉膛温度分布均匀，炉内气氛较易控制，热效率高，容易实现生产过程的机械化和电气化。

根据电能转化成热能原理的不同，电加热炉分为电阻加热炉和感应加热炉两种类型。其中电阻加热炉又根据加热电流是否直接通过物料本身分为间接加热电阻炉（箱式炉、井式炉等）和直接加热电阻炉（如电接触炉等）。本章对各类电加热炉作简单介绍。

9.1　电阻加热炉

9.1.1　箱式电阻炉

箱式电阻炉按使用温度的不同分为高温炉（＞1000℃）、中温炉（1000～600℃）及低温炉（＜600℃）。

高温箱式电阻炉一般以碳化硅棒为电热元件，其最高工作温度为1350℃。碳化硅棒垂直布置在炉膛的左右两侧，或水平布置在炉顶和炉底。为了减少热损失，高温炉的炉墙较厚，炉门口较深。炉墙由三层组成：内层为高铝砖砌的耐火层，中间为轻质黏土砖，外层为硅藻土粉、蛭石粉或纤维制品等高效保温填料。由于高温炉主要靠辐射传热，碳化硅棒一般直接布置在炉膛内。高温箱式电阻炉的电热元件还有金属电热元件和二硅化钼两种。前者的最高工作温度为1200℃，后者最高工作温度可达1600℃。由于二硅化钼性脆，故一般隐装在炉墙的凹挡中，以免被碰坏，同时这种电热元件高温下工作后有蠕变伸长的倾向，因此其底端与炉底间要保持一定的距离。

金属工件在高温箱式电阻炉中加热时，氧化脱碳比较明显，如果没有保护性气体或其他保护措施，对工件的表面加热质量会有较大的影响。此外，高温箱式电阻炉的生产率和热效率均较低，因此，在金属加工企业中使用不多，该炉型多被高温盐浴炉等炉型所代替。

图9-1为一中温箱式电阻炉的结构简图，由炉壳、炉衬、加热元件以及配套电气系统等组成。炉壳由角钢及钢板焊接而成，炉衬由轻质耐火砖和硅酸铝耐火纤维等轻质耐火、保温材料砌成，炉壳和炉衬之间充填有保温用的蛭石粉。由高电阻合金丝绕成的加热元件安置在炉膛两侧以及炉底的搁砖上。炉门和炉门框用生铁铸成，内砌轻质耐火砖或填以生熟耐火黏土粉和石英砂的混合物。为了便于观察炉内的加热情况，炉门中央开有观察小孔。炉门的升降采用脚踏传动机构或手摇链轮装置。若用手摇链轮装置，炉门左侧设有平衡重锤筒，用以平衡炉门的重量。测温用的热电偶从炉顶小孔处插入炉膛中。为防止温度自动控制仪表失灵，有的中温电阻炉炉顶上还装有金属丝熔断器，此熔断器串联在控制盘的中间继电器线路上，当炉内温度超过1000℃时，金属丝即被熔化，中间继电器触头立即跳开，电阻丝电源即被切断。为了操作安全，炉门上面设有安全行程开关，该装置与炉门升降动作联锁，当炉门打开时，电炉的电源自动切断，以保证操作者的安全。电热元件的接线柱均穿过

后墙，集中布置在后墙的接线盒里。此外，为防止触电，炉子外壳还必须很好的接地。

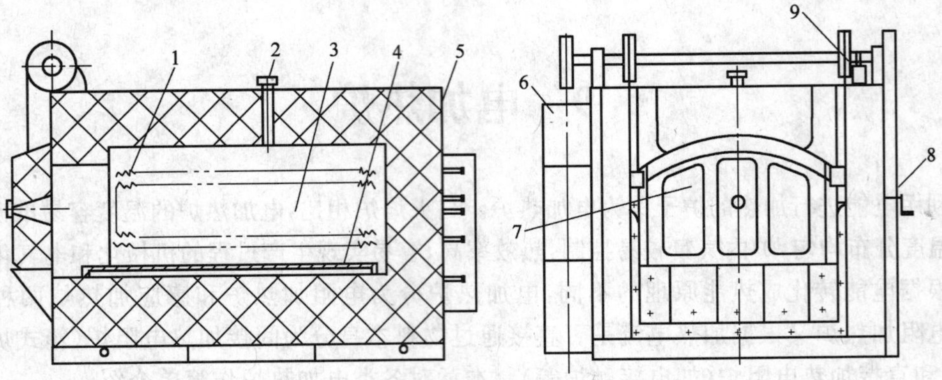

图 9-1　中温箱式电阻炉结构简图

1—电热元件；2—热电偶孔；3—工作室；4—炉底板；5—外壳；
6—配重重锤筒；7—炉门；8—手摇链轮；9—行程开关

图 9-2 所示为一分离式低温箱式电阻炉结构简图，这种炉子主要用于铝合金及轻金属铸件的淬火时效处理及轻金属型材在轧、挤、锻压前的加热和均匀化处理。炉子的炉壳由钢板、角钢焊接成型，炉膛内全部构件用不锈钢加工制成。由于低温炉内的热量传递以对流为主，在炉中装有导风装置，在加热时，旋转的风扇强制炉内气流按导向进行循环，因而炉内气温均匀性很好。料车也由不锈钢制成，底部装有辊轮，便于工件出炉。炉门的启闭、料车的进出等全部由液压机构来完成，操作时由手动液压阀进行控制。电热元件和工件之间放有遮板（如装料筐等），可使工件避免因受到电热元件的直接辐射而造成局部过热。

箱式电阻加热炉已经实现系列化，其型号以 RX×-□□-△表示，其中：R 表示电阻炉；X 表示箱式；数字×代表设计序列号，□□和△分别表示炉子的功率及最高工作温度，如RX3 - 75 - 9 表示炉子功率为 75kW，最高使用温度为 950℃的经过第三次改进设计的节能型箱式电阻加热炉。

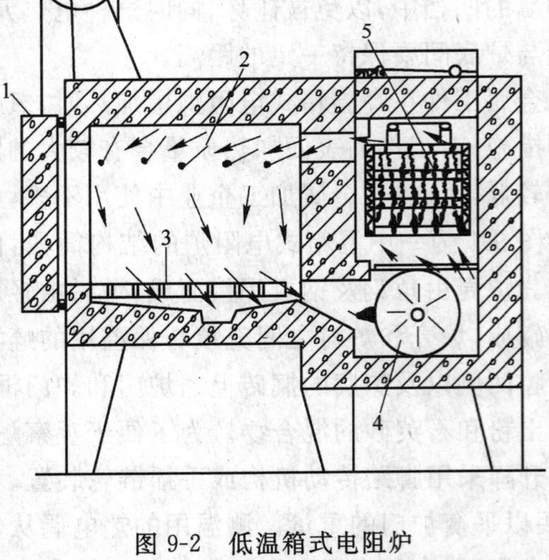

图 9-2　低温箱式电阻炉

1—炉门；2—导流板；3—隔板；4—通风板；5—电热元件

箱式电阻炉的主要缺点是冷炉升温慢，炉内温差大，工件容易产生氧化和脱碳，操作不方便，特别是大型箱式炉，操作时劳动强度较大。近年来，为了改善其性能，对箱式电阻炉作了很多改进，如采用超轻质耐火砖及更好的保温材料作炉衬，甚至采用全纤维炉衬，既减轻了炉子重量，又减少了热损失；适当加大炉子功率，提高升温速度，提高炉子的生产率；改进电热元件在炉内的布置，在炉门处放置电热元件；大型电阻炉电热元件多面布置，分多个加热区实施分区控制，以增进炉内温度的均匀性；采取滚动炉底、台车式炉底、台车翻转式炉底、升降式等新型炉底，以减轻劳动强度，扩大使用范围等。

9.1.2 井式电阻炉

井式电阻炉主要用来加热细长工件，因为这类工件在吊挂状态下加热可以避免产生弯曲变形。

井式电阻炉的炉膛横断面有圆形、正方形及长方形等几种，其炉口通常开在顶面，故可利用车间的起重设备垂直装卸工件，操作方便，同时也提高了炉子的利用率。井式电阻加热炉占地面积小，井盖密封性好，热损失较小。这种炉子炉体较高，为方便操作，安装时一般均放于地坑中，只露出地面 600～700mm。井式电阻炉的炉膛较深，上下区域的散热条件很不一样，为保证整个炉膛上下温度均匀，减少炉膛上下的温度差，多采用分区温度控制，各段的电热体单独供电，每段均有一热电偶作为测温元件控制其温度。目前，大型井式电阻炉的功率已发展到 1000kW，炉膛深度 20～30m。

井式电阻炉按其工作温度不同，分为高温井式电阻炉、中温井式电阻炉及低温井式电阻炉。图 9-3 是中温井式电阻炉的结构简图。炉壳由钢板和角钢焊接而成，炉衬由隔热耐火层和保温层组成。隔热耐火层采用体积密度为 600kg/m^3 的轻质耐火砖，保温层用珍珠岩制品组成。炉口采用体积密度为 1200kg/m^3 的轻质高铝异型砖砌成，并用耐热钢螺栓固定在炉盖面板上。深度较大的电阻炉的底部设有清渣口。电热元件绕成型后安放在炉膛的扇

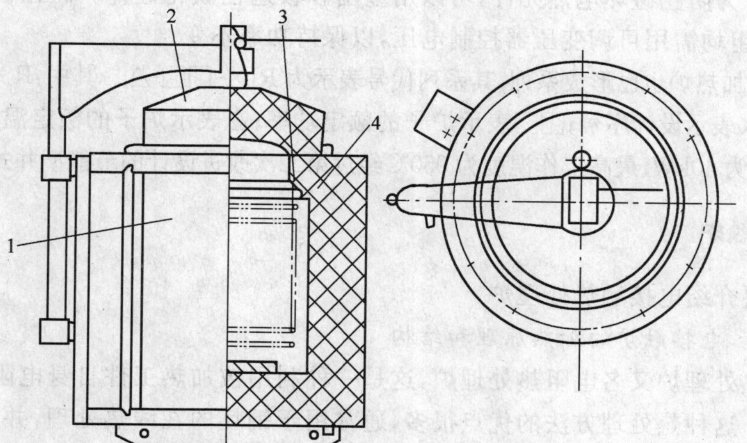

图 9-3 中温井式电阻炉

1—炉壳；2—炉盖；3—电热元件；4—炉衬

形搁砖上。此种炉子的炉盖有整体或对开式两种，采用手动或电动启闭，一般直径较小的炉子，手动启闭炉盖，而直径较大的炉子则采用电动启闭。为确保操作人员的安全，设有炉盖启闭联锁开关，此开关与控制柜电源联锁。当炉门开启时，电热炉的加热电源自动断开。

低温井式电阻炉的结构和中温井式电阻炉类似。炉体由轻质砖砌成，炉壳与轻质砖之间填有保温粉，炉盖的启闭为液压或杠杆式操纵，小型零件放在料筐中加热。低温井式电阻炉的最高工作温度为 650℃。由于低温炉主要靠对流传热，所以在炉盖上安装有立式电动机带动的风扇，以促使炉气均匀循环流动（图 9-4）。用于成批加热小型零件时，炉子装料量

较多，装出料方便，生产率高，并且由于风扇的带动，可以使炉气均匀循环流动。这种炉子的炉内温度分布比较均匀。

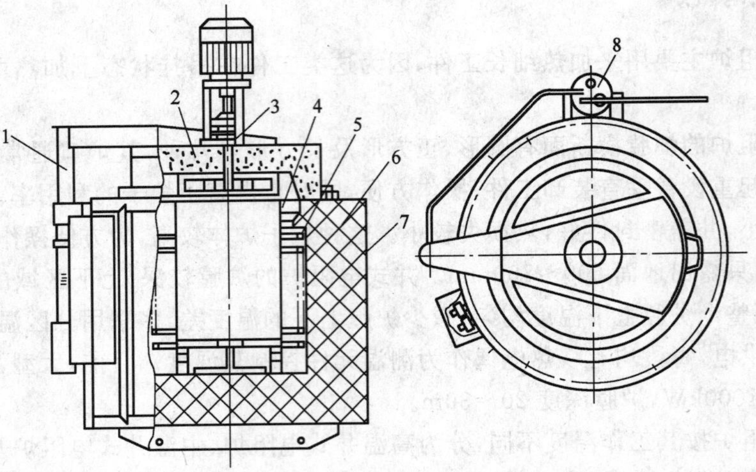

图 9-4 低温井式电阻炉

1—升降机构；2—炉盖；3—通风机构；4—装料筐；5—电热元件；6—炉衬；7—外壳；8—油泵

高温井式电阻炉以碳化硅棒作为电热元件，电热元件水平放置在炉膛的四壁，或者垂直沿圆周布置。为防止碰坏电热元件，可以用金刚砂板遮住碳化硅棒。碳化硅棒分成两组或三组布置，各组均需用可调变压器控制电压，以保持功率不变。

井式电阻加热炉也已形成系列，其系列代号表示为 RJ×-□□-△。其中：R 表示电阻炉；J 表示井式；数字×表示设计序号；□□表示炉子的额定功率；△表示炉子的额定温度。如 RJ2-40-9 代表额定功率为 40kW、最高工作温度为 950℃经过第二次改进设计的节能型井式电阻炉。

9.1.3 电接触炉

这里主要介绍电接触热处理炉。

9.1.3.1 电接触炉的加热原理和结构

电接触热处理炉又名电阻热处理炉，这是一种利用被加热工件自身电阻进行电阻加热的热处理炉。这种热处理方法的优点很多，通常用于钢坯的在线热处理，并可与酸洗、涂层等工序衔接，组成流水作业线。

A 电接触炉的加热原理

(1)金属的电阻发热。金属既能导电，又能阻碍电流的流动，这种阻力叫做电阻。由于电阻的作用，所以金属通电后会发热。电阻愈大发热量愈大。不同金属的电阻系数不同，低碳钢 20℃时的电阻系数是 0.13Ω · mm^2/m，比铜铝要大几倍。但镍铬丝的电阻却比钢大 8 倍左右，因此镍铬丝是良好的发热体。

(2)影响钢丝电阻发热的因素：

1)温度。电阻随着温度而变化，以低碳钢为例，当它的温度达到 800℃时，其电阻系数比 0℃时约增 7 倍。因此钢丝在电接触炉加热时，温度低加热速度就慢，温度高加热速度就快，接近高温时，加热速度就剧烈地增加。钢丝进入加热段以前，要经过熔铅预热，比原来冷钢丝的电阻系数成倍地增加。但如果预热温度不稳定，电阻系数随之波动，以致加热温度忽高忽低，就会影响热处理的质量。因此要重视预热温度的均匀性。

2)电流与电压。电流愈大，加热速度愈快，电流强弱与发热量成平方关系，因此电流大可以增加产量。但电压的增加应该有一定的限度，电压过高就不能保证安全。一般以40～55V为宜。

3)钢丝的截面与长度。钢丝截面愈粗，电阻愈小，两者成反比。所以粗钢丝的热处理需要延长加热时间和增大电流。钢丝的长度和电阻的大小成正比，钢丝愈长，电阻愈大。在实际生产中，就常利用这个道理来调节加热段(指大小铅锅间的距离)，以增加或减少加热时间。另外，钢丝的收线速度也会影响加热效果，如果收线速度快慢不均，使钢丝受热时间忽长忽短，也会使电阻系数波动，影响加热效果。

B 电接触炉的结构

普通的电接触热处理炉简单实用、投资小、上马快，适宜中小型钢丝加工厂生产中碳钢丝及弹簧钢丝之用。其结构主要有预热铅锅、铅淬锅、收线机三个主要部分。如图9-5所示。

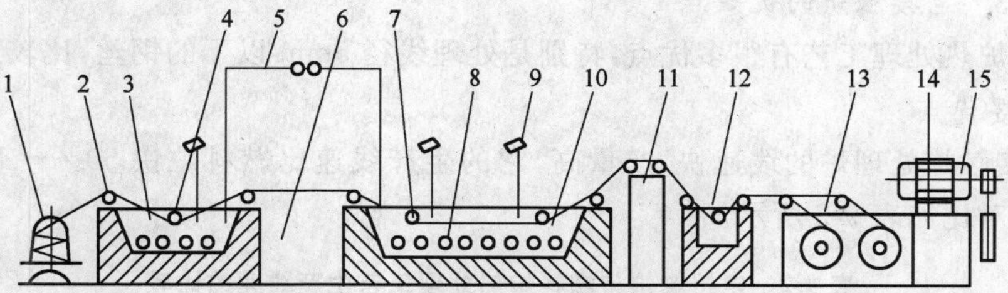

图9-5 普通电接触热处理炉结构

1—放线架；2—导轮；3—预热铅锅；4、7—压辊；5—低压电源线；6—加热段；8—电热元件；9—热电偶；10—铅淬锅；11—桥架；12—水冷池；13—收线机；14—减速箱；15—变速电机

电接触热处理炉的炉型可按铅锅的宽度分类，如表9-1所示。

表9-1 普通电接触热处理炉的类型

类　型	铅锅内宽/mm	调压器功率/kW	中粗钢丝产量/t·月$^{-1}$
大	1600	200	250～400
中	1200	160	200～300
小	750	80	60～120

电接触热处理炉的生产流程为：钢丝→铅锅预热→加热段加热→铅浴等温转变→收线。

9.1.3.2 电接触炉的加热计算

A 金属发热量的计算

决定金属发热量大小的因素除电阻外，还有时间和电流。即

$$Q=I^2Rt \tag{9-1}$$

式中 Q——热量，J；

I——电流，A；

R——电阻，Ω；

t——时间，s。

B　电接触炉耗电功率的计算

电接触炉的耗电功率的计算要根据每小时的产量来确定。

$$N = Gc(t_1 - t_0)/3600 \quad (9\text{-}2)$$

式中　N——所需功率，kW；

G——每小时产量，kg/h；

c——钢丝的热容，kJ/(kg·℃)；

t_1——钢丝加热温度，℃；

t_0——钢丝进入铅锅前的预热温度，℃。

式中，t_1 数值取 1000℃，c 的数值取 0.71kJ/(kg·℃)，t_0 考虑到钢丝在预热铅锅停留时间极短，取 300℃。

因钢丝加热过程中的热损失相当多，特别是冬季，还有低压电源与铅锅线路的巨大压降损失等都会使理论计算的结果与实际生产相差较大，也都必须加以考虑。

9.1.3.3　电接触炉的优缺点

电接触炉热处理工艺有很多优点，特别是处理线径 5mm 以下的钢丝，比较适宜。

A　主要优点

(1)电接触热处理炉的线速快，产量高，它的生产线速比燃料炉快 50%～100%。两者实际速度的对比如表 9-2 所示。

表 9-2　电接触炉与燃料炉热处理工艺生产线速的比较

钢丝直径/mm	燃料热处理线速/m·min^{-1}	电接触热处理炉线速	
		根数	m/min
6.5	2.7	6	4.9
6.0	3.0	6	6.0
5.2	3.5	8	5.8
4.7	4.4	8	7.0
4.0	6.0	10	7.8
3.5	7.1	10	10.0

(2)经过电接触炉热处理的钢丝，组织中只有极少的游离铁素体，并且晶粒度细，与相同条件的铅浴燃料炉相比，强度偏高，拉拔性能较好，成品的扭转值明显比燃料炉要高，如表 9-3 所示。同时钢丝表面的氧化层很薄，可大大减少酸洗的时间，因此有条件建立连续酸洗流水作业线。此外脱碳的程度也比燃料炉轻。

(3)电接触炉由于是电阻加热，电能利用率高。比使用电热元件辐射的加热炉节约 30%左右的电能。

表 9-3　电接触炉与燃料炉铅浴钢丝性能比较

项　目	电接触热处理炉	燃料热处理炉
线温/℃	960	940
铅温/℃	530	520
线速/m·min^{-1}	20.13	10.09
强度/kg·mm^{-2}	114.3	114.0

续表 9-3

项　目	电接触热处理炉	燃料热处理炉
扭转/次	89	45
弯曲/次	13	12
伸长率/%	9.6	9.9
组　织	索氏体＋微量分散铁素体	索氏体＋微量铁素体＋少量珠光体

注:表中的钢丝直径为2mm,含碳量0.65%。

(4)加热部分全长仅5m,占地少,而燃料炉的加热部分却长达15m左右。同时由于不用燃料,操作环境清洁。此外,电接触炉基本上不要检修,而燃料炉因马弗砖的炉眼经常堵塞或损坏,每年至少要修理1~2次。

B　主要缺点

(1)穿头比较麻烦。因为预热铅锅中多了一只压棍,钢丝就多弯曲一次,尤其是处理粗钢丝时劳动强度高。同时钢丝在铅锅内运行时容易互相缠绕,引起线温波动,严重时甚至断头。

(2)交流低压电源加热时,电压不能超过55V,如果过高,则不安全。

9.1.4　连续作业式电阻加热炉

箱式炉和井式炉都属于周期性作业炉,这种炉子用在连续作业线上有一定的困难,不适应连续大生产的需要。

连续作业炉的炉膛通常是直通式的,有两个炉门,一个进料门,一个出料门。工作时,被加热工件从进料门进入炉膛,沿着炉长方向移动,在移动中逐渐被加热,加热完毕后从出料门出炉。根据工艺要求,连续作业炉的炉膛通常分为几个加热段(区),实行分段控温。连续作业电阻炉的生产能力较大,炉子的自动化和机械化程度较高,可以节省人力、提高产品质量、提高热效率节省能源。连续作业电炉的结构一般均比较复杂,炉内和炉外设有复杂的运输工件的机构,根据机构的不同,连续电阻炉又衍生出多种类型,以适应各种产品的专业化需要。

9.2　电热元件

9.2.1　电热元件的材料

9.2.1.1　电热元件应具有的性能

电热元件分金属和非金属两大类。电热元件的材料应具备以下性能:

(1)高的电阻系数。在电热元件的端电压一定时,为了获得必须的功率,电热元件应具有较高的电阻系数。同时,由于电热材料的电阻系数较高,才允许采用长度较短、截面较大的电热元件,这将节约材料并使电热元件的寿命延长。

(2)小的电阻温度系数。电阻温度系数是指电阻随温度升高所增大或减少的数值。电阻温度系数较小的电热元件,可保持比较稳定的功率,对炉温影响较小。

(3)足够的耐热性与高温强度。电热元件的工作温度一般要比炉温高出很多,要使其在高温下能正常工作,就必须具有良好的耐热性和高温强度,即在高温下长时间工作时不会发生氧化、变形、熔化、断裂和倒塌。

(4)小的线膨胀系数。电热元件的线膨胀系数大,则温度升高时电热元件就要增长,这就可能造成短路等问题。因此，对于长时间工作时长度会增加很多的电热元件，安装时必须留出膨胀余地。

(5)良好的加工性能。所谓加工性，主要指电热元件成形加工、绕制、焊接和返修的难易程度。

(6)成本要低。电热元件材料及材料的加工安装，均要求成本较低。

9.2.1.2 常用电热元件材料及其性能

A 金属电热元件

金属电热元件有合金和纯金属材料两种。合金电热元件常用的是铁铬铝合金与镍铬合金两种。其中铁铬铝合金是我国使用最广泛的电热元件，它的电阻率较大，电阻温度系数较小，功率稳定，耐热性也较好，还有较强的抗渗碳、耐硫、耐各种碳氢气体侵蚀的能力，成本低。

铁铬铝合金常用的牌号有 1Cr13Al4、0Cr17Al5、0Cr27Al7Mo2 等，其中 1Cr13Al4 用于中、低温电阻炉，0Cr13Al6Mo2 及 0Cr25Al5 用于高、中温电阻炉。近年来我国又研制成功多种高温铁铬铝合金，如 0Cr27Al7Mo2，Cr23Al6CoZr 及 Cr21Al7Nb 等，使用温度可达 1300℃，可以代替碳化硅棒，用于高温电阻炉。

使用铁铬铝电热元件时，应注意以下问题：

(1)铁铬铝合金塑性较差，拉丝、绕制及弯曲成型比较困难，特别是截面粗的材料。

(2)铁铬铝合金经高温加热后，晶粒容易长大，材质变脆，故修理时要轻拿轻放。如需拉直和绕制，可加热至暗红色再行操作。另外可焊性较差，焊接时应尽量缩短时间，防止热影响区的扩大。

(3)铁铬铝合金膨胀系数较大，安装时应留有余地。

(4)铁铬铝合金抗氟、氯、氮、氨及其化合物腐蚀的能力较差，应避免与氰化物和碱土金属接触。在电阻炉中，这种合金电热体一般均放置在高铝搁砖上。

镍铬合金常用的牌号有 Cr20Ni80 和 Cr15Ni60 两种。这种合金的塑性好，拉拔与绕制均容易，经高温加热也不脆化，便于返修与焊接。镍铬合金具有较好的抗氮气能力，可用于含氮气氛的电阻炉中。与铁铬铝合金相比，镍铬合金的电阻率较小，电阻温度系数大，密度也较大，使用温度比铁铬铝合金低。另外，其抗渗碳能力不如铁铬铝合金。镍铬合金价格较贵，限制了它的大量使用。

纯金属电热元件主要是高熔点金属，如钼、钨、钽、铂等。这些金属的电阻率较小，但电阻温度系数很大，所以在升温过程中，电热元件的功率变化较大，使用时必须安设调压器。纯金属电热元件价格昂贵，一般在高温与特殊介质中才使用。

B 非金属电热元件

非金属电热元件包括碳化硅棒、二硅化钼及碳质电热元件三种。它们的耐热性能均超过金属电热元件，主要用于高温电阻炉，其中以碳化硅棒电热元件应用最广。

(1)碳化硅棒。碳化硅棒电热元件主要成分是碳化硅，其含量在 94.4%～99%以上，碳化硅含量愈高，其工作温度愈高，最高工作温度可达 1500℃，正常工作温度在 1250～1400℃。碳化硅棒在加热过程中电阻变化很大，升温开始时电阻随温度升高而减少，在 800～850℃以上，随温度升高电阻反而增加，因此，在 850℃以下电压不能过高，升温不能太快，否则会影响电热元件与炉子砌体的寿命。碳化硅棒在使用 60～80h 后会因电阻值逐渐增加而产生“老化”，使炉子功率降低。为了维持炉子的工作，故需设立多级调压变压器，以随时调整电炉的输入电压，稳定炉子功率。

碳化硅棒的材质很脆，强度低，容易折断，故在安装、更换元件及工作过程中，要严加注意，不要碰撞。它的抗热震性也比较差，故加热、冷却速度不能太快。

碳化硅棒使用时须防止碱、碱土金属、金属氧化物、硅酸、氢气和水蒸气的腐蚀。

(2)碳质电热元件。碳质电热元件包括石墨、碳和碳粒。石墨常用来做高温真空炉中的电热元件，其最高使用温度可达3000℃。石墨具有耐高温、抗热震性好、电阻系数高、线膨胀系数小、加工性好、价格低廉等优点，但石墨高温易氧化，所以应在还原性气氛或真空中使用。

炭粒电热元件成本低，使用温度高，电阻系数大，但更易氧化，其电阻温度系数为负值，故当温度升高时，电阻减小，电流加大，容易被烧坏。

(3)二硅化钼电热元件。二硅化钼电热元件主要是以硅粉和钼粉作原料，用粉末冶金的方法压制烧结而成的。与碳化硅棒相比，硅钼棒使用温度更高，在空气、水蒸气、二氧化氮及二氧化碳气氛中，最高工作温度可达1700℃，而且寿命较长。在一氧化碳、氨分解气和碳氢化合物气氛中也有相当的抗腐蚀能力。但二硅化钼在400～700℃之间存在一个易发生低温氧化的区域，所以硅钼棒应避免在此温度区内长期工作。二硅化钼应避免与酸类接触。

硅钼棒电阻温度系数很大，使用中也须配备调压器，但其电阻并不因使用而增大，因此，新旧棒可以混合使用。另外，室温下硬而脆的硅钼棒，在高于1350℃时会变软并有一定的延展性，故一般在炉中垂直安装使用。

常用电热元件在不同气氛中的最高工作温度见表9-4。

表9-4 常用电热元件在不同气氛中的最高使用温度(℃)

气氛 \ 材料	0Cr13Al6Mo2 0Cr25Al5	0Cr27Al7Mo2	Cr20Ni80	碳化硅棒
空 气	1300	1400	1150	1500
氢 气	1300	1400	1150	1200
分解氨	1150	1250	1150	1200
渗碳及碳氮共渗	1150	1100	—	1400
含硫氧化型	1150	1100	—	1400
真 空	1000	1000	1150	—

9.2.2 电热元件的寿命与表面负荷

电热元件的寿命指电热元件能正常使用的时间。但对不同的电热元件有不同的概念，如对一般金属电热元件指的是在使用过程中逐渐老化，电阻不断增大，功率随着下降，直到比额定功率减少15%～20%时所需的时间；而碳化硅电热元件则指电阻值增大到原来电阻的4倍所需要的时间。影响电热元件寿命的因素很多，如工作温度、气氛、传热条件、加热与冷却速度等，其中工作温度是最主要的影响因素。超过规定的工作温度，电热元件的寿命会急剧下降。

电热元件的工作温度与寿命的关系通常用电热元件的表面负荷来反映。所谓电热元件的表面负荷是指电热元件单位表面积上所辐射的功率(kW/m^2)。电热元件的表面负荷越高，辐射出来的热量越多，则电热元件本身的温度就越高。电热元件的表面负荷过高，将使其工作条件恶化，寿命降低。在理想情况下，若电热元件与工件之间没有屏蔽和热损失，电热元件辐射出的热量全部被工件表面吸收，则此时电热元件的表面负荷称为电热元件的理想表面负荷。但是，实际电热元件的传热条件并不是理想的，电热元件辐射出的热量受自身与炉体的遮蔽作用，不可能全部传到工件表面，而且还有炉体的散热损失。因此，电热元件的实际允许表面负荷要小于电热元件的理想表面负荷。

各电热元件的实际允许表面负荷与电热元件的理想表面负荷之间有如下关系：

$$W_{实}=\varphi W_{理} \tag{9-3}$$

式中　φ——电热元件的有效辐射系数，其值一般为 0.33～0.60。

电热元件所允许的表面负荷的大小取决于其工作环境的好坏。图 9-6 为常见合金电热元件允许的表面功率。

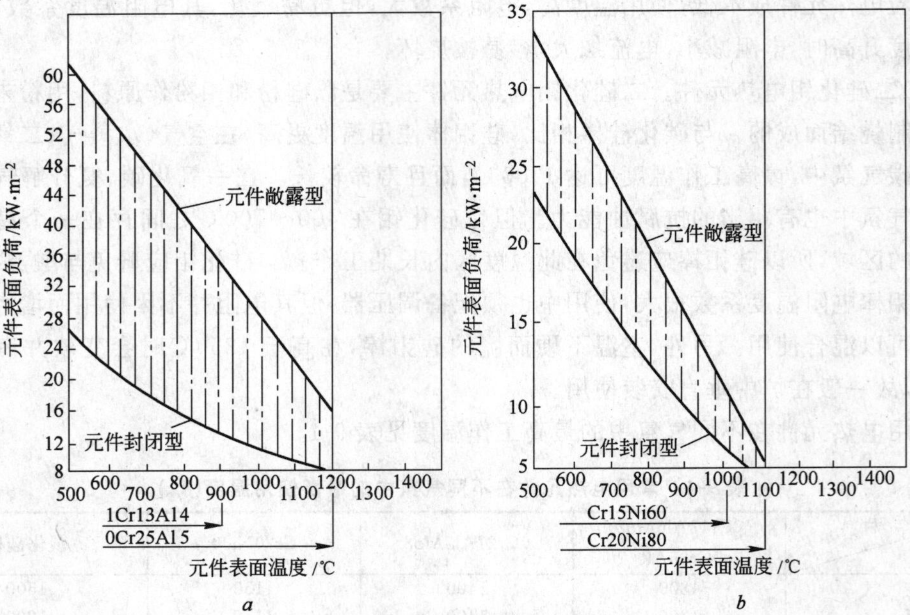

图 9-6　电热元件表面允许的功率

a—铁铬铝电热元件；*b*—镍铬电热元件

9.2.3　电热元件的结构形式

不同材料电热元件的结构形式是不同的。金属电热元件通常由线状或带状的金属材料绕制成各种形状，其中丝状电热元件常绕成螺旋形(图 9-7)，带状电热体多绕制成波纹形(图 9-8)。而各种非金属电热元件一般为棒状，图 9-9、图 9-10 是高温炉中的碳化硅棒和硅钼棒电热元件的形状。

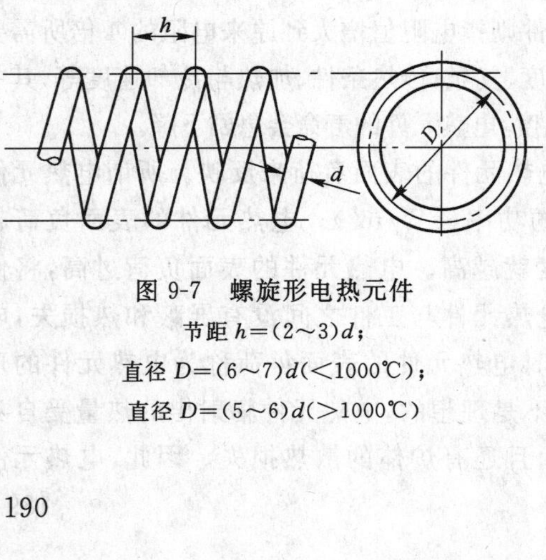

图 9-7　螺旋形电热元件

节距 $h=(2\sim3)d$；

直径 $D=(6\sim7)d(<1000℃)$；

直径 $D=(5\sim6)d(>1000℃)$

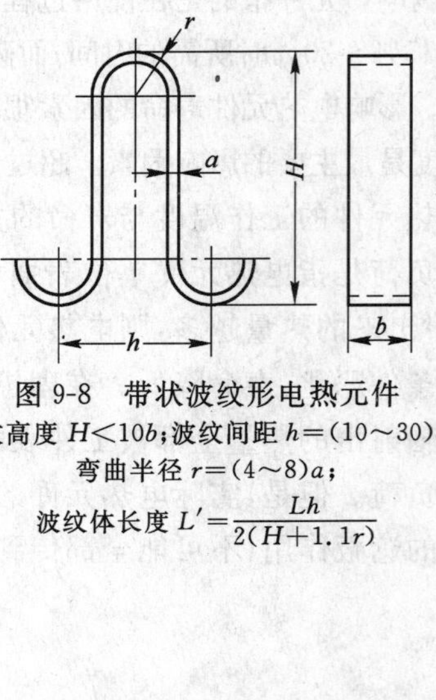

图 9-8　带状波纹形电热元件

波纹高度 $H<10b$；波纹间距 $h=(10\sim30)a$；

弯曲半径 $r=(4\sim8)a$；

波纹体长度 $L'=\dfrac{Lh}{2(H+1.1r)}$

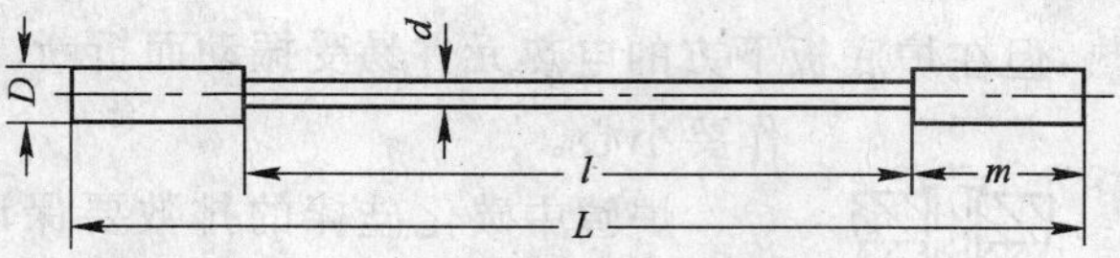

图 9-9　两端加粗的碳化硅棒

9.2.4　电热元件在炉内的布置和安装

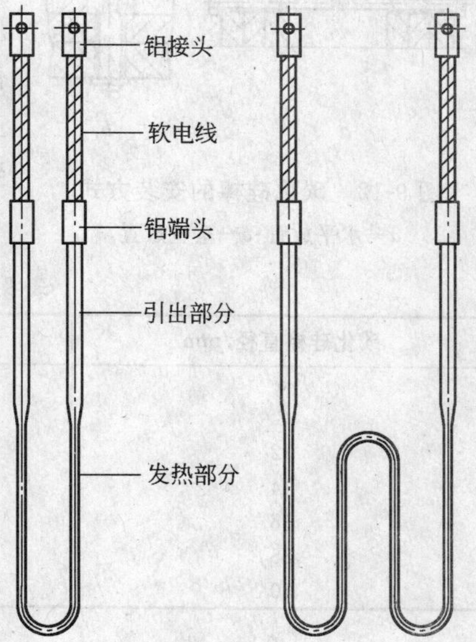

图 9-10　硅钼棒的形状

电热元件在炉内的布置主要根据炉温分布和工艺要求来决定，并考虑炉子结构、电热元件的形状以及电热元件安装和修理的方便。对于小型的箱式电阻炉，电热元件一般只布置在两侧炉墙上。对于大型箱式炉，由于电热元件只布置在侧墙上保证不了炉温的均匀性，因此，在炉底、炉门和炉顶上都要安装电热元件。对于箱式炉的后墙或井式炉的炉底，由于该处密封较好，热损失少，一般都不布置电热元件。但目前有的大型箱式电阻炉的后墙及大型井式炉的炉底也放置电热元件，以进一步改善温度的均匀性。

图 9-11 是各种金属电热元件在炉内的安装方式。电热元件的引出棒可用不锈钢、抗氧化钢或低碳钢制造。为了减少接线处的发热损失和便于接线，引出棒的截面积一般不小于电热元件截面积的 3 倍。电热元件与引出棒通常用搭焊的方式联接。

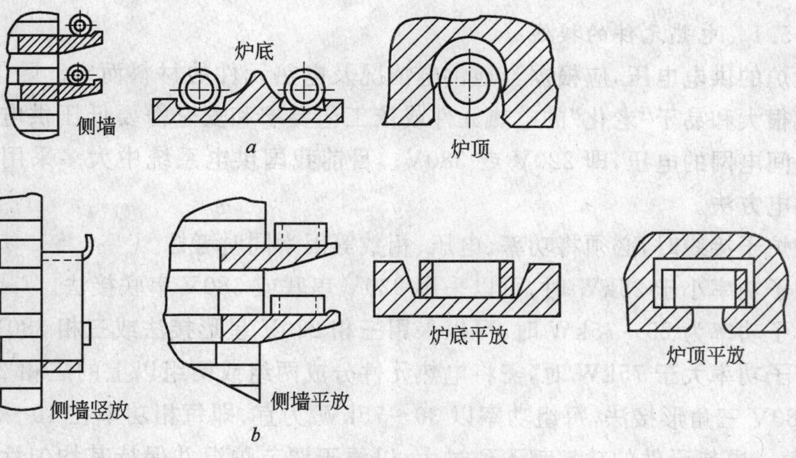

图 9-11　金属电热元件的安装方式

a—线状螺旋体电热元件；*b*—带状波纹体电热元件

碳化硅棒电热元件可以垂直或水平方向安装，如图 9-12 所示。在箱式电炉中通常多以垂直方向安置在炉子两侧墙，每侧一排，其上下冷端引出炉外，由引线夹头夹紧。也有炉子采用水平方向安置在炉顶下方及炉底板下方各一排。水平方向放置时，可以降低炉膛高度，有利于快速和均匀加热，但在炉底板下方的电热元件易受振动而折断。因此，在装出料时操作要小心。

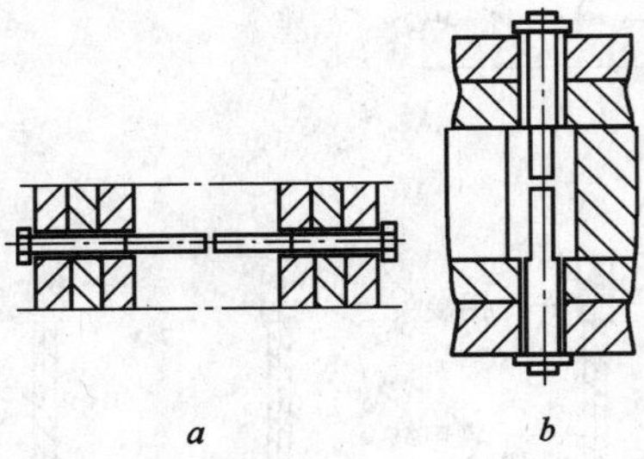

图 9-12　碳化硅棒的安装方式

a—水平放置；*b*—垂直放置

炉膛中碳化硅棒的排数要保证加热均匀和连线方便。棒的有效工作部分的长度等于配置方向（水平或垂直）的炉膛净空尺寸或稍长出 20～30mm。棒的间距不应小于两倍的元件直径，以使减少相互辐射。为了使工件加热均匀，在工件静止加热时，棒间距不超过由棒到工件距离的 1.5 倍。在工件移动加热时，棒间距可增加到 3 倍左右。碳化硅棒在炉膛内安装时的尺寸可参考表 9-5。

表 9-5　碳化硅棒的布置尺寸

碳化硅棒直径/mm	棒的中心最小距离/mm	棒与炉墙或工件间的最小距离/mm
6	25	19
8	33	25
12	50	30
14	58	44
18	75	57
25	103	79
30	124	94

布置碳化硅棒时，要考虑接线的方便与合理，避免多个元件串联，尽可能采用并联供电，这样可以避免某个棒电阻变化而影响其他棒的电流与功率。一般每组棒的数目不要超过 12 根，各棒的电阻值一样。

9.2.5　电热元件的接线和功率调节

9.2.5.1　电热元件的接线

电阻炉的供电电压，应根据当地供电情况及电热元件的材料而定。除了采用一些电阻温度系数很大和易于"老化"的电热元件或依工艺要求和安全需要低压供电的情况外，一般均采用车间电网的电压，即 220V 或 380V。目前我国供电系统中大多采用线电压为 380V 的三相供电方法。

决定炉子接线时，必须将功率、电压、相数等因素同时考虑。

当炉子功率小于 25kW 时，可以采用 220V 串联或 380V 串联接法。

当炉子功率为 25～75kW 时，可以采用三相 220V 星形接法或三相 380V 三角形接法。

当炉子功率大于 75kW 时，需将电热元件分成两组或两组以上的三相 220V 星形接法，或三相 380V 三角形接法，每组功率以 30～75kW 为宜，即每相功率在 10～25kW 之间。这样，可使每一电热元件的功率都不致过大，以便于调节炉温并保持其均匀性，而且电热元件的尺寸也比较合适，便于布置安装。

对于碳化硅棒的接线，应尽量避免多个碳化硅棒串接，而应采用并联或两个碳化硅棒串联的接线方法。这是因为各碳化硅棒的电阻值相差较大，多棒串接时，各棒分配功率不均匀，容易集中在电阻值最大的棒上，使其迅速烧毁。

电热元件的接线方法有串联、并联、串并联、并联-串联、星形、三角形、串联三角形、串联星形、并联星形，并联三角形等。

9.2.5.2　功率的调节

电阻炉的功率在使用过程中需要进行调节，如在炉子升温时应采用较大的功率，保温时可采取较小的功率。电阻炉功率调节有下列几种方法：

(1)利用变阻器调节。将变阻器与炉中的电热元件串联，调节其通过的电流。此法可均匀调节炉子功率，但这种方法电能损失大，只适用于实验室用小型电阻炉，在工业生产中很少采用。

(2)利用变压器调节。将自耦变压器或调压变压器的次级线圈与电热元件串联，借电热元件端电压的改变来调整炉子的功率。变压器的电压变动范围较大而且十分平稳，特别是当变压器有足够的电压调变分头(级序)时，炉子功率变动十分均匀。目前常用的是能够带负荷调节电压的磁性变压器和可控硅调压器。

(3)利用接线方法的改变。若电阻炉中有 n 组电热元件，则可通过改变接线方式来改变输入的功率。如利用刀形开关接触器或可控硅改变接线方法。这种方法的设备费用比较节省。

利用接线方式的改变来调节炉子功率时，电热元件的尺寸要根据最大功率的接线法来确定，否则，电热元件可能会因单位表面积功率过高被烧毁。此外，当采用多组电热元件布置时，应使各组电热元件在炉内均匀分布，以免在改变接线时，炉温的均匀性会受到影响。

9.3　电阻加热炉的性能指标

电阻炉的性能指标主要包括电热元件的电阻、额定功率、空炉升温时间、空载功率等。

9.3.1　电热元件冷态直流电阻的测定

电热元件的冷态直流电阻通常用直流双臂电桥测量。单相接线时，测量总电阻；三相接线时，测量计算各相的电阻。各相的电阻值必须相等，否则各相功率也不一样，将会影响炉温的均匀性。

9.3.2　额定功率

金属电热元件电阻炉的额定功率指在额定电压下，当炉温达到额定温度的瞬间，用功率表测出的功率。测量时，如果接线端的电压并非额定电压，应用下式换算成额定功率：

$$P=P_1\left(\frac{U}{U_1}\right)^2 \tag{9-4}$$

式中　P——额定功率，kW；

U——测量时的电压，V；

U_1——额定电压，V；

P_1——测量电压时的输入功率，kW。

非金属电热元件电阻炉的额定功率指在电阻炉达到额定温度的瞬间，用功率表测量的功率。测量额定功率时的额定电压应能调节，以便使额定功率波动在规定的允许范围之内(一般为±10%)。

9.3.3　空炉升温时间

烘干后的电阻炉，从冷态(室温)接上额定电压(使用 Fe-Cr-Al 及 Ni-Cr 电热元件)或额定功率(使用硅碳棒),其达到额定温度所经历的时间。测定时,电压的波动应在±2%内。

空炉升温时间的长短,是衡量电阻炉砌体吸热量多少的指标。炉子蓄热量愈少,升温愈快,即空炉升温时间短,愈节省电能。这点对周期式作业炉特别重要。

9.3.4 空载功率

空载功率是指电阻炉在额定温度下不装工件稳定运行时所消耗的功率。空载功率小,说明炉体保温性能好,炉子热损失少。空载功率应在烘炉后,当电阻炉处于额定温度并已达到稳定态时测量。

9.3.5 炉温均匀性

炉温均匀性的指标指的是电阻炉处于额定温度,并已达到热稳定状态下,空载时,同一时刻在规定测温区域内最高与最低炉温的差。测量时,测温点的点数和位置要按炉型确定。通常测量五次,取五次最大温差的平均值作为炉温均匀性的指标。

9.3.6 表面温升

表面温升是指电阻炉外表面温度减去环境温度的温差值。表面温升的测定应在电阻炉空载、额定温度的热稳定状态下进行。测量点的位置视具体炉型而定。

9.4 感应加热炉

自20世纪50年代以来,感应加热炉在工业上的使用愈来愈广泛。如黑色和有色金属的熔炼,钢材、铜材、铝材等压力加工前的加热,钢材热处理等,都广泛采用了感应加热的方式。感应加热具有以下特点:

(1)加热速度快。从工件内部产生热量,加热时间仅为火焰炉的十分之一。

(2)加热质量高。工件的氧化脱碳层很薄,整批工件的质量一致性好。通过自动控制加热时间和电压,可使温差在加热温度的±(0.5～1)%内波动。

(3)便于进行表面加热和局部加热。

(4)热效率高。感应加热炉的热效率可达50%～60%,远远高于电阻炉和火焰炉。

(5)劳动条件好。

感应加热炉的不足之处是设备复杂、造价较高,生产过程要消耗大量的电能。

9.4.1 感应加热的工作原理

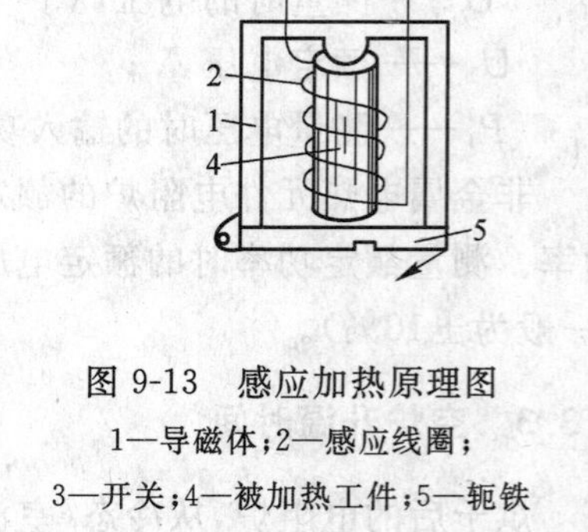

图9-13 感应加热原理图

1—导磁体;2—感应线圈;3—开关;4—被加热工件;5—轭铁

图9-13是感应加热的原理示意图。被加热的工件4置于感应器2(通称感应圈)内,当交流电源输入感应器时,在感应器中就形成了交变电磁场。交变磁场的磁通穿过被加热的金属时,由于电磁感应就在被加热物品内产生闭合的感应电流,这种电流称之为涡流。涡流的强度与感应电势的大小成正比,而与涡流回路的电抗成

反比。由于工件自身的电抗很小，涡流可达到很高的数值，因而在工件内部产生很大的热量，使工件温度快速升高。

由于交流电具有集肤效应，感应电流在金属物料截面上的分布是不均匀的，由表面向心部以指数规律递减。因此，感应加热热量主要产生于表面层内，通过传导传热逐渐向中心传递。在工程上规定，当电流密度由表面向中心逐渐减少，约减少到表面电流的 37%的那点时，此点到表面的距离 δ 称为感应电流的透入深度。

$$\delta=5030\sqrt{\frac{\rho}{\mu_2 f}} \tag{9-5}$$

式中 δ——感应电流的透入深度，cm；

ρ——被加热金属的电阻率，$\Omega\cdot$cm；

μ_2——被加热金属的相对导磁率；

f——供电频率，Hz。

由上式可见，感应加热的频率越高，被加热物体的集肤效应就越显著。

9.4.2 感应加热炉炉型

感应加热炉按其电源频率不同，有高频（10kHz 以上）、中频（150～10000Hz）、工频（50～60Hz）三种。铜、铝等有色金属由于电阻率低，多采用工频炉。按被加热物料的加热深度不同，有表面加热装置与深透加热装置，前者多用于零件的表面淬火加热，而后者用于金属锭在轧制、挤压、锻造前的加热及型材的退火，这类感应炉又称透热炉。按其作业方式还可分为间歇式和连续式。

卧式感应加热炉的炉体通常由感应器、炉衬、滑轨、导磁体、炉架等构成，图 9-14 为工频炉横截面结构示意图。感应器通常是用紫铜管绕成的线圈，一般为矩形截面的铜管，管内通水冷却。由于感应器与炉料间存在邻近效应，使电流集中于感应器内侧（靠炉料侧），故为减少有功功率损耗，内侧铜管的壁厚为透入深度 h 的 1～1.5 倍。对工频感应炉（50Hz），$h=9.5$mm，故电源为工频的情况下，线圈多采用异型铜管或内侧加厚的铜管。

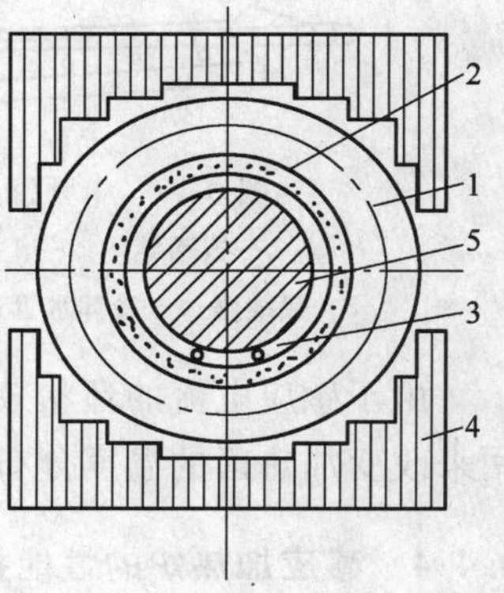

图 9-14 工频感应加热炉炉体的横截面结构

1—感应器中心线；2—耐火绝缘套；3—滑轨；4—导磁体；5—被加热工件

感应器的线圈匝数由几匝到几十匝，各匝采用浸有绝缘材料的玻璃丝或玻璃布缠绕，其厚度约 1.5～2.5mm。

感应器与炉料之间有炉衬隔热，保护感应器不受炉料辐射的影响，提高感应器的使用寿命。为保证电热效率及功率因数，炉衬应尽可能地减薄。炉衬材料视加热温度而异，铝锭加热温度在 600℃以下，采用厚约 2～4mm 的不锈钢（1Cr18Ni9Ti）外加玻璃棉隔热材料作炉衬，整个炉衬厚 10mm；铜锭加热温度在 900℃以下时，用耐火黏土烧制成炉衬；当加热钢锭温度高达 1250℃时，采用以矾土水泥为胶结剂的耐火混凝土制作炉衬。

卧式感应加热炉通常设有滑轨，用以支承被加热的金属。滑轨一般用耐热钢制成，炉温高时还需通水冷却。

在工频电流情况下，当感应器匝数一定时，为了在加热金属中感应出足够的电动势，从而产生足够的感应电流，工频炉周围设置有薄硅钢片叠成的导磁体，其导磁率远远大于空气，从而可大大减小磁阻，增加穿过金属的磁通量，同时削弱外围磁场，使钢架等的感应损失显著减少。

9.4.3 感应器

感应器是感应加热炉中的关键部件，其结构随处理工件的技术特点（形状、尺寸、技术要求）不同而不同。感应器一般由两部分组成：施感导体与汇流板。施感导体就是一般所说的感应圈，它用来产生交变磁场，使工件产生涡流而进行表面加热，其形状、尺寸与所处理工件的形状、尺寸和技术要求有关。施感导体采用紫铜管绕制而成，常用铜管的直径为 6、8、10、12、14、16 及 20mm 等，使用时拉制成矩形或方形。汇流板又称插脚，它的一端焊在施感导体上，另一端接到中、高频降压变压器的次级线圈上，以便向施感导体输入电流。汇流板一般用厚度为 2～3mm 的紫铜板制成，其间距为 1.3～3mm。图 9-15、图 9-16 为用于处理圆柱形外表面的中、高频感应器。

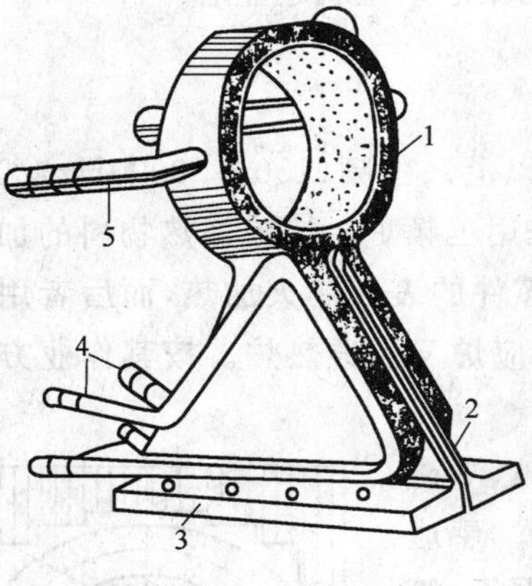

图 9-15 中频感应器

1—施感导体；2—汇流板；

3—接线座；4—冷却水管；5—喷水管

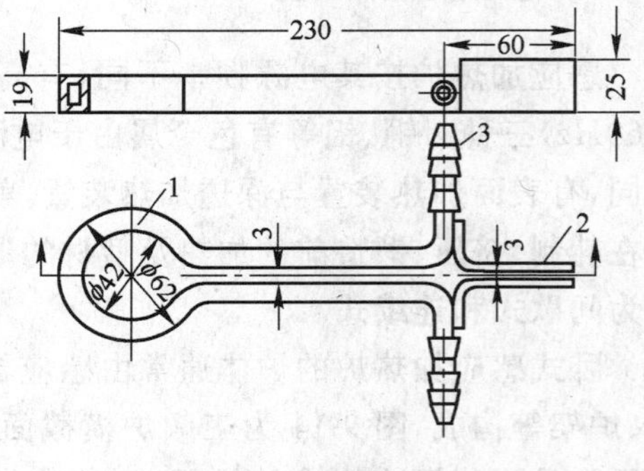

图 9-16 高频感应器

1—施感导体；2—汇流板；3—冷却水管

由于感应电流的环状效应，加热圆筒形形状零件的内表面的感应器上还设置有导磁体，用来改变加热区的温度分布，提高感应器的加热效率。

9.4.4 感应加热炉的性能指标

9.4.4.1 电效率

这里所指的电效率是炉子本身即感应器与物料系统的电效率，不包括供电系统。按电效率的定义，应等于物料吸收的有功功率与输入感应器的功率的比值，其值可由下式求出：

$$\eta_{电}=\frac{1}{1+\frac{d_1}{d_2}\sqrt{\frac{\mu_1\rho_1}{\mu_2\rho_2}}} \tag{9-6}$$

式中 $\eta_{电}$——电效率；

d_1、d_2——分别为感应器的直径与物料的直径，cm；

ρ_1、ρ_2——分别为感应线圈的电阻率与物料的电阻率，Ω·cm；

μ_1、μ_2——物料的相对导磁率。

9.4.4.2　热效率

感应加热炉的热效率指加热物料的有用功率与物料吸收的有功功率之比，即

$$\eta_{热}=\frac{P_{2用}}{P_{2有}}=1-\frac{P_{2损}}{P_{2有}} \tag{9-7}$$

式中　$P_{2有}$、$P_{2用}$、$P_{2损}$——分别代表物料的总输入有功功率、加热物料的有用功率（又称有效功率）、由于散热造成的功率损失。

为了提高感应炉的热效率，就必须尽量减少热损失。为此，应尽量减小线圈与物料之间的空气间隙和线圈的匝间缝隙；在感应器内径与物料外径的直径比不大时，散热主要是绝热层的导热损失；热效率还与物料直径 d_2 和其透入深度 δ 之比有关，因为电热转换基本上是在透入深度内完成的，在透热深度内小部分热量散失，大部分传给物料内部。d_2/δ 的值愈大，热效率愈低。当直径一定时，提高电流频率会使集肤效应加强，物料表面温度升高，热损失增大，热效率降低。

9.4.4.3　电热总效率

炉子的电热总效率是电效率与热效率的乘积，即

$$\eta=\eta_{电}\cdot\eta_{热} \tag{9-8}$$

无芯感应加热炉的热效率较高，一般在 0.9 左右，电效率不高，只有 0.7 左右。工业要求感应加热炉的电热总效率不低于 0.5。电效率与热效率并不总是统一的，二者之间存在着矛盾。如增加绝热层的厚度，有利于提高热效率，但降低了电效率，因为 d_1/d_2 增加了；提高供电频率，有利于提高电效率，但却降低了热效率。所以应分别具体情况，抓住矛盾的主要方面。例如当加热热导率大、加热温度较低、热损失相对较小，并且吸收功率能力较低（由于电阻率及导磁率小）的物料（如铝锭）时，热效率较高。欲增大电热总效率，主要应提高电效率。

9.4.4.4　感应加热的最佳频率

工件在感应加热时，由于感应加热设备的频率直接决定着电流透入深度的大小，因此应根据工件的具体技术要求来选择设备的频率。对于透热炉来说，为了保证被加热工件截面上温度的均匀性，希望选择较低的电源频率；但另一方面，电源频率过低，会导致感应加热时的电效率降低，故又不希望频率太低。电热效率随频率变化的曲线是驼峰形，其峰值就是感应加热的最佳频率，此时可以保证在尽量短的时间内能够深透加热。最佳频率的范围如式(9-9)所示：

$$\frac{3.13\times10^{8}\rho_2}{\mu_2 d_2^2}\leqslant f\leqslant\frac{6.25\times10^{8}\rho_2}{\mu_2 d_2^2} \tag{9-9}$$

式中　f——最佳频率，Hz；

ρ_2、μ_2、d_2——分别为物料的电阻率（Ω·cm）、相对导磁率和直径，cm。

表 9-6 为钢加热到 900～1200℃的锻造温度或轧制温度时加热电源频率的参考值。

表 9-6　钢加热到 900～1200℃的锻造温度或轧制温度时加热电源频率的参考值

电源频率/Hz	工件直径/mm									
	20	40	60	80	100	120	140	160	180	200
50/60									B	A
400					B	A		B		

续表 9-6

电源频率/Hz	工件直径/mm									
	20	40	60	80	100	120	140	160	180	200
1000			B		A	B				
3000	B	A		B						
10000	B	A	B							
双频	(50/60+400Hz)						A			
	(50/60+1000Hz)				A					

注：A 为最合适的频率；B 虽不是最合适，但可以选择。

复习思考题

9-1　与火焰炉相比，电加热炉有何优缺点？

9-2　中温箱式电阻炉的基本结构如何？

9-3　为保证工件受热均匀，防止工件局部过热，低温电阻炉在结构上采取了哪些措施？

9-4　间接加热电阻炉和直接加热电阻炉工作原理是否相同，有何异同点？

9-5　影响钢丝电阻发热的因素有哪些？

9-6　电接触热处理炉的生产流程及特点有哪些？

9-7　计算每月生产任务为 340t 的耗电功率是多少？

9-8　电热元件材料应具备哪些要求？

9-9　铁铬铝电热元件和镍铬电热元件在性能上各有何优缺点？

9-10　碳化硅棒和硅钼棒电热元件的性能如何，如何使用？

9-11　研究电热元件的单位表面积功率有什么实际意义？

9-12　在确定箱式炉和井式炉的功率分布时，应考虑哪些问题？

9-13　电阻炉接线应遵循哪些基本原则？

9-14　电阻炉的功率调节有哪些办法？

9-15　电热元件安装时应注意哪些问题？

9-16　感应加热炉的加热原理是什么？

9-17　金属感应加热有何特点？

9-18　工频感应加热炉的基本结构如何？

9-19　感应器一般由哪几部分组成，各部分的作用如何？

9-20　选择感应加热炉的电源频率时，应考虑哪些因素？

10 热处理燃料炉

热处理燃料炉是由燃料燃烧产生热能，以燃烧产物为传热介质在炉内进行热交换。本章将介绍连续热处理燃料炉的常用形式、主要组成部分及有关热处理炉内气氛的种类、作用等。

10.1 连续热处理燃料炉的常用形式

连续作业炉指连续或间歇进行装料出料使工件顺序通过炉膛的炉子。工件在炉内运行过程中完成了加热、保温、有时包括冷却在内的全部工艺操作，每个（或每批）工件的处理条件基本相同。因此连续作业炉具有生产率高，产品质量稳定，生产成本低等优点，但设备费用较高，不易改变工艺，适用于品种单一的大批量生产。连续作业热处理燃料炉的种类很多，从结构、热工制度等方面看，连续热处理燃料炉可按下列特征进行分类。

A 按所用燃料分类

（1）固体燃料炉。固体燃料炉通常指烧煤的炉子，这种炉子一般有较大的燃烧室，因受煤块尺寸较大和间断加煤操作的影响，煤与空气难以混合均匀，因而燃烧不完全，容易产生黑烟，热效率低，炉内温度均匀性差，且劳动条件很差，这些缺点限制了这类炉子的应用。目前，煤炉主要用于固体渗碳、铸锻件退火等技术要求不严格的热处理工艺。

（2）气体燃料炉。气体燃料炉通常称为煤气炉。气体燃料易与空气混合均匀，燃烧完全，其燃烧过程易于控制，便于保持炉温均匀稳定，可满足各种常规热处理工艺的要求。

（3）液体燃料炉。液体燃料炉主要是油炉，油需要先经雾化，其燃烧过程不如气体燃料易于控制，但只要设计和操作得当，炉温均匀性也基本上可满足常规热处理工艺的要求。

B 按传动机构分类

（1）推送式炉。这种炉子都制成直通式的结构，在其一端设一推料机，可将放在导轨上的零件（或连同料盘）间歇地推入炉内和推出炉外，炉后端根据工艺要求，可与出料架、淬火槽或后室相连，推料速度可以改变。它的特点是动作可靠，推送力大，结构比较简单，但需要较大的动力设备。

这种炉子的用途很广，可用于大、中、小型工件的淬火、正火、退火、回火和化学热处理等多种用途。由于炉内构件简单，用作高温炉更显示其优越性。炉内可通入可控气氛。如图10-1所示辐射管推送式气体渗碳炉结构。

工件由炉子侧面推入前室，再从正面推入炉内，工件被推到炉子末端后，被侧向推料机推到后室，随即进行淬火。

（2）振底式炉。这种炉子设有振动结构，使装载工件的活动炉底板在炉膛内往复振动，

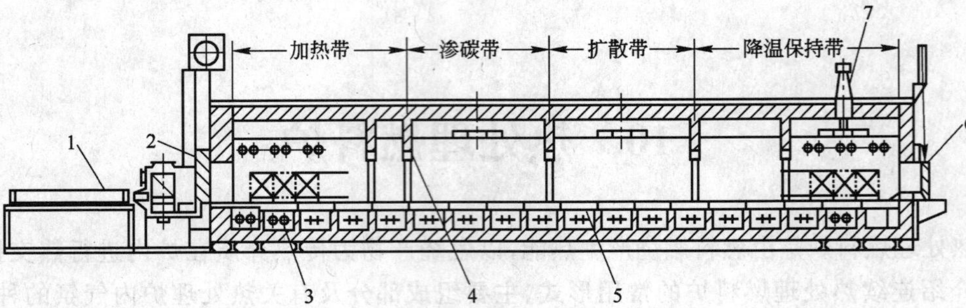

图 10-1　辐射管推送式气体渗碳炉

1—液压推料机；2—装料门；3—辐射管；4—拱门；5—导轨；6—炉门；7—循环风扇

借惯性力使工件连续向前移动。由于振动炉底板一直处在炉内，无需工夹具，故炉子热效率较高，根据振动机构的不同，振底式炉又分为气动式、机械式和电磁振动式三种。

1)气动振底式炉。小型气动振底式炉的结构如图 10-2 所示。振动底板与气缸活塞杆连接，在炉内由滚球支撑。电热元件常分布在炉子侧壁上，也有的布置在炉顶。有可能时最好在炉底安设电热元件，以便使底板两面均匀受热。因工件单层布料，所以炉膛高度应尽可能小些。落料口连接一落料管道，与淬火槽连接。为防止淬火介质蒸汽上浮进入炉膛，在落料管道上设有一冷水（或油）喷射装置，不断地喷射冷水（或油），形成薄膜以隔绝蒸汽进入炉内。

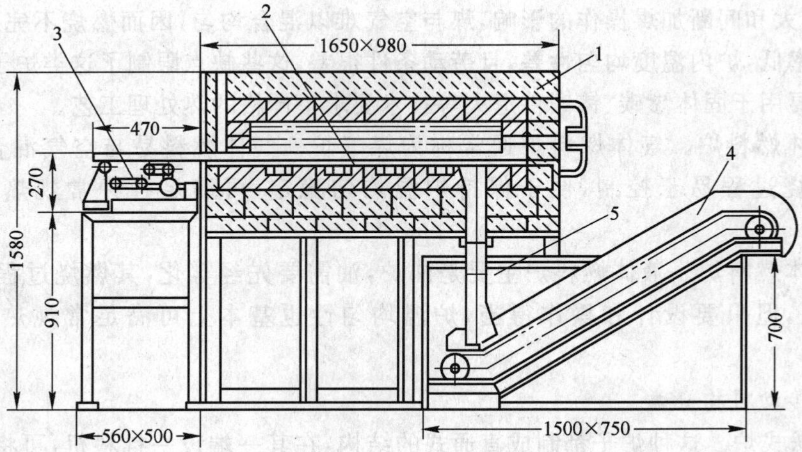

图 10-2　小型气动振底式炉

1—炉体；2—振动底板；3—气缸；4—传送带；5—喷水（油）膜装置

2)机械振底式炉。机械振底式炉的结构与气动振底式炉相近。其振动机构由凸轮机构和拉力弹簧组成，其振动过程由电机和传动系统带动凸轮旋转，推动炉底板连同工件缓慢前移，并拉伸拉力弹簧。当凸轮旋转到凹处时，放松底板，由于弹簧的拉力作用，将炉底板快速拉回。底板上的工件则在惯性力作用下基本上停留在原来位置，相对于底板即向前移动一定距离。工件加热时间可通过无级变速器改变凸轮的转速来调节。凸轮可以是圆柱凸轮、盘状凸轮等形式。

3)电磁振底式炉。如图 10-3 所示电磁振底式炉的结构。它由炉底板、电磁振动结构、底座以及联接块、支承件等组成。电磁振动机构以激振电磁铁作为振源，它与板簧相配合，产生共振，把振动传递给槽板和炉底板，实现炉底板往复振动。

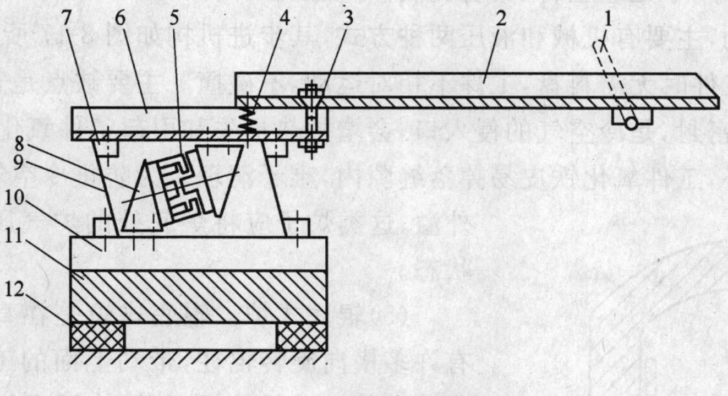

图 10-3　电磁振底式炉

1—支承吊杆；2—炉底板；3—螺栓；4—弹簧；5—电磁铁；6—槽板；7—联接块；
8—磁铁座；9—板簧；10—底座；11—平台；12—橡皮垫

激振电磁铁由频率 50Hz 的半波整流电源供电，在通电上半周时，电磁铁吸引板簧；在下半周时磁铁吸力消失，板簧弹回。板簧与槽板相连。为产生共振，板簧的固有频率应与激振电磁铁的频率基本一致。常以改变板簧厚度调整其固有频率。通常板簧长约 200mm，板簧振幅约 1～3mm。

(3)传送带式炉。在直通式炉膛中装有一传送带，连续地将放在其上的工件送入炉内并通过炉膛送出炉外，这种炉子称为传送带式炉。它的优点是工件在运送过程中，加热迅速均匀，不受冲击振动，变形量小，但因受耐热构件性能的限制，承载能力较小，使用温度较低，传送带反复加热和冷却，热损失也较大。一般只用于中、小零件的中、低温加热。如图 10-4 所示为可控气氛的传送带式炉的结构。

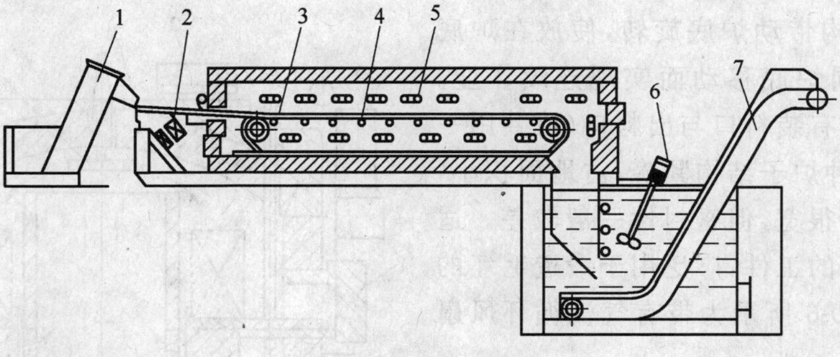

图 10-4　传送带式炉

1—上料机；2—振动送料板；3—传送带；4—支承辊轮；
5—辐射管；6—搅拌器；7—淬火槽输送带

传送带全部在炉内，另设一电磁振动送料机构，将工件送到传送带上。传送带由两个鼓轮支承，其中一个是主动轮，驱动传送带前进运动；另一个是从动轮，常通过平衡配重将传送带拉紧。

(4)步进式炉。步进式炉是在炉底纵向槽形缝隙中设有两条或几条步进梁的炉子。步进梁作反复上下前后周期运动，每一周期可将工件托起，向前运送一定距离，再放在炉底上，然后自行回复原位。步进梁反复动作，逐渐将工件移动前进。这种炉子耐热钢构件少，运送力大，动作稳定，常用于处理型材、钢管、板簧等较大型工件。

步进梁的传动，主要有机械和液压两种方式，其步进机构如图 8-17 所示。

步进梁运送工件时无需料盘，工件不相对运动，不碰撞。主要缺点是安装步进梁的缝隙与炉外相通，难以密封，是冷空气的侵入口，会增加热损失和引起工件氧化脱碳，而且不便采用可控气氛。此外，工件氧化铁皮易掉落缝隙内，难于清理。为防止冷空气侵入和炉气大量外溢，这类炉子应将炉底处的炉气压力控制为微正压状态。

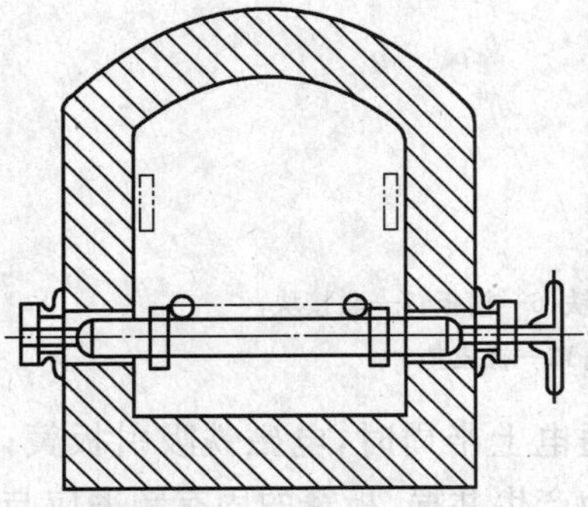

图 10-5 辊底式炉示意图

(5)辊底式炉。辊底式炉是在直通式炉膛底部设有许多横向旋转辊柱，带动上面的工件（或连同料盘）连续向前运动的炉子，其结构原理如图 10-5 所示。它常用于处理钢管、圆钢等长形零件或尺寸较大的板件等。

转辊端部伸出炉子两侧，一端由轴承固定和驱动机构驱动；另一侧的安装要留有膨胀收缩的余地。转辊材质应根据使用温度选择，1000℃以下可用耐热钢制造，1000℃以上应用陶瓷材料。转辊间隔取决于工件长度，通常为 100～1000mm。

转辊在加热状态下应一直保持旋转，以免发生弯曲变形。这种炉子主要的问题是保持转辊的圆柱度和直线度比较困难。

转辊轴承可采用水冷却或自然对流冷却。采用可控气氛时，要注意轴承部位的密封，保持炉内正压，防止空气侵入。工件在炉内的停留时间，除可改变转辊的转动速度外，也常采取反复正、反转的办法来调节。

(6)转底式炉。转底式炉具有一圆形或环形炉底，炉底与炉体分离，常以砂封或水封连接，由驱动机构带动炉底旋转，使放在炉底上的工件随同炉底移动而实现连续作业。在炉体一侧设有装料口与出料口（或共用一个炉口）。这种炉子结构紧凑，占地面积小，使用温度范围很宽，但密封性一般较差。适用于形状复杂的工件，广泛用于锻造毛坯的加热。如图 10-6 所示为带有气流循环风扇的转底式炉。

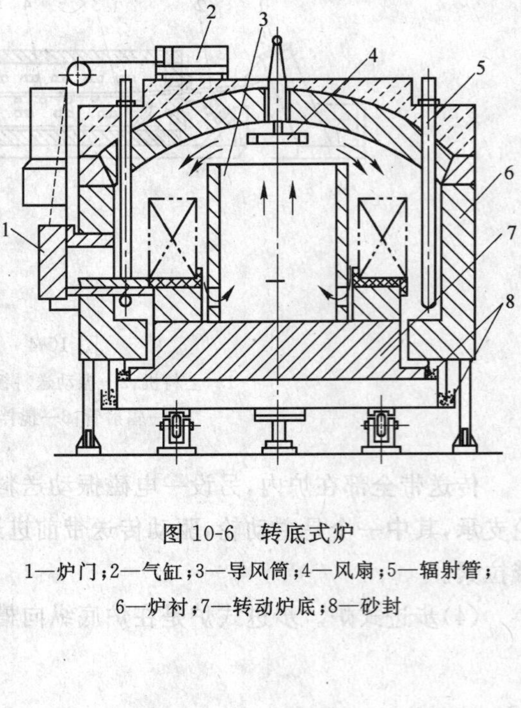

图 10-6 转底式炉

1—炉门；2—气缸；3—导风筒；4—风扇；5—辐射管；6—炉衬；7—转动炉底；8—砂封

(7)气垫式炉。气垫式炉是一种加热薄带材的炉子。带材在炉内移动时受气流作用而漂浮起来，即气流像垫子一样支撑工件，同时进行加热。气垫式炉的漂浮方式如图 10-7 所示。

通常，在箱式空气循环热处理炉中最适宜的气流速度为 10～15m/s，其对流换热系

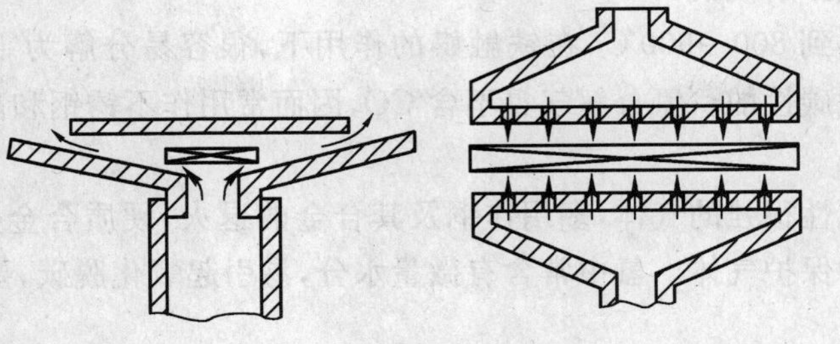

图 10-7　气垫式炉的漂浮方式

a—碟式；*b*—冲气室式

数为 4.1～47W/(m²·℃)，而在气垫式炉中，热气流以 30～50m/s 的速度从上下两面向带材表面喷射。其对流传热系数可达 105～140W/(m²·℃)，所以加热非常迅速均匀，内应力和变形都很小。

10.2　热处理炉内气氛

研究热处理炉内气氛的主要目的有两个：一是防止工件在加工过程中氧化和脱碳；二是对工件进行化学热处理。炉内气氛控制是热处理生产的重要技术问题。

10.2.1　热处理炉内气氛的种类和作用

热处理炉内的气氛指炉内的气体介质，主要有空气、真空和可控气氛等。

空气是含 78%N_2、21%O_2 和 1%的惰性气体等的天然气体；真空是空气极稀薄的空间。

可控气氛是成分和性质可适当控制的气体，有反应生成气氛、分解气氛和单元素气氛，在热处理生产中常用的有如下几种。

10.2.1.1　吸热型气氛

吸热型气氛是原料气与少于或等于理论空气需要量一半的空气不完全燃烧的产物。因反应所产生的热量不足以补偿系统的散热和吸热，不能维持反应温度，故需要借外部加热使反应进行。吸热型气氛的成分是 H_2、CO 和 N_2，H_2 和 CO 的含量占很大的比例，且两者比值较稳定。气氛含碳量约为 0.4%，对低碳钢是还原性和渗碳性的。这类气氛主要用作渗碳时的载气和中、高碳钢加热时的保护气体。因其含 CO 和 H_2 较多，故不宜作高铬钢和高强度钢的保护气氛，以免与钢中的铬形成碳化物使钢贫铬，或使高强度钢氢脆。

10.2.1.2　放热型气氛

放热型气氛是原料气与较多的空气燃烧的产物，所产生的热量足以维持反应进行。放热型气氛的主要成分为 N_2、CO 和 CO_2。为提高气氛的还原性，常再经净化处理，除去其中的 CO_2 和 H_2O。通过改变空气与燃料的比例和净化方法，可在较宽的范围内改变气氛的成分和性质，而且还可把这类气氛分为淡型、浓型和净化型三种。这类气氛可能是还原性和增碳性的，也可能是氧化性和脱碳性的，这要视气氛的成分、工件含碳量和工件温度而定。它常用于低、中碳钢保护加热，净化型气氛（主要是 N_2）再加上少量富渗碳气还可用作高碳钢的保护气和化学热处理介质。

10.2.1.3　氨分解气氛

将无水氨加热到800～900℃，在铁触媒的作用下，很容易分解为 H_2+N_2 的气体。其性质为还原性和脱碳性的。氨分解气氛不含CO，因而常用作不锈钢和高铬钢的保护气氛。

10.2.1.4　氢

氢是一种还原性很强的气体，多用作铜及其合金的退火，硬质合金烧结，不锈钢退火以及钼丝电热元件的保护气体。氢中常含有微量水分，易引起氧化脱碳，要求高纯氢时应进行脱水。

10.2.1.5　氮基气氛

氮是不活泼气体。利用液态氮可以得到露点低、纯度高的氮。近来，国内外十分重视从空气中提取氮代替以燃料作原料的可控气氛。工业氮中常含有少量氧，需除去后方能防止工件氧化。实际上纯氮常需要加入少量还原性或渗碳性气体才能适应热处理生产要求。这种混合气体称氮基气氛。

10.2.1.6　滴注式气氛

滴注式气氛是将甲醇、乙醇、煤油、甲酰胺等有机液体直接滴入热处理炉内经裂解后生成的可控气氛，其主要成分是 H_2、CO及少量的 CO_2、H_2O 和 CH_4 等。气氛性质主要取决于有机液体分子式中的C/O比。当C/O大于1时，例如乙醇(C_2H_5OH)，生成气氛是还原性和渗碳性的；当C/O小于1时，例如蚁酸(HCOOH)生成气氛则为氧化性和脱碳性的。

10.2.2　可控气氛的制备原理及流程

10.2.2.1　吸热型可控气氛的制备原理及流程

A　制备原理

制备吸热型气氛的原料气有天然气(含甲烷90%以上)、丙烷、液化石油气(主要是丙烷、丁烷)、城市煤气。原料气与空气的混合气体在反应罐内进行化学反应，以丙烷为例，其反应式为：

$$2C_3H_8+3O_2+11.28N_2=6CO+8H_2+11.28N_2+454.94J$$

由上式可知，空气与丙烷的混合比为：空气∶丙烷＝(3＋11.28)∶2＝7.14∶1。

由反应罐出来的高温气体必须快速冷却到300℃以下，以防止在700～400℃之间发生如下反应产生炭黑，引起成分改变：$2CO=C+CO_2$；$CH_4=C+2H_2$。

B　触媒

为加快反应速度，降低反应温度和缩短反应时间，吸热型可控气氛的制备常在有触媒催化条件下进行，否则，反应温度必须提高到1200℃。

制备吸热型可控气氛的触媒主要成分是NiO。为增大催化面积和便于装入取出，常使NiO附着在多孔性氧化铝泡沫砖(载体)的孔隙表面，若原料气中烯类成分较多时，还应加入适量CaO。NiO借反应罐中产生的还原性气体还原生成有催化作用的活性镍。

在工作中要注意防止触媒“中毒”，失去催化作用。所谓“中毒”，是指触媒表面受某种物理或化学的作用，而使活性降低甚至完全丧失。

如图10-8所示为吸热型气氛的制备流程。

原料气经减压阀、流量计和压力调节阀进入混合器；空气经过滤器、流量计进入混合器。原料气与空气的混合气由泵鼓入反应罐。在管路中设有安全装置，如火焰回火逆止阀等，混

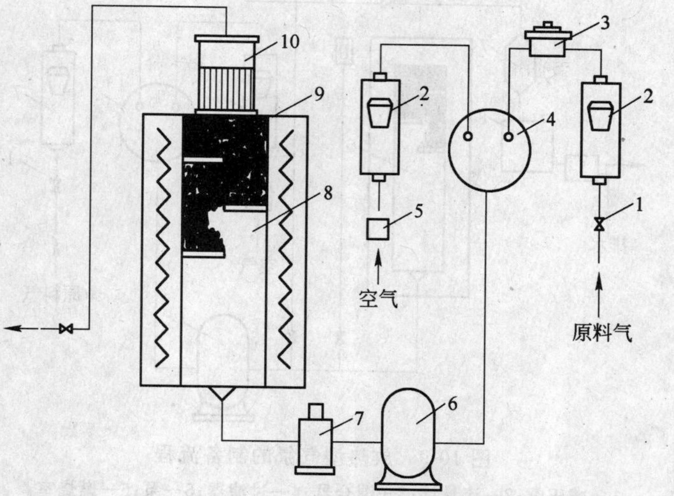

图 10-8　吸热型气氛的制备流程图

1—减压阀；2—流量计；3—压力调节阀；4—混合器；5—过滤器；6—泵；7—火焰逆止阀；8—反应罐；9—触媒；10—冷却器

合气在 1000～1050℃的反应罐内借助触媒的作用，进行化学反应，生成吸热型气氛。随即经水冷却器冷却到 300℃以下，然后通入炉内使用。

10.2.2.2　放热型可控气氛的制备原理及流程

A　制备原理

放热型可控气氛的原料气可以是液化石油气、煤气或其他气体燃料。原料气与小于理论需要量的空气进行燃烧，部分原料气完全燃烧，部分原料气不完全燃烧，以丙烷作原料为例，完全燃烧的反应式为：

$$C_3H_8 + 5O_2 + 18.8N_2 = 3CO_2 + 4H_2O + 18.8N_2$$

不完全燃烧的反应式为：

$$2C_3H_8 + 3O_2 + 11.28N_2 = 6CO + 8H_2 + 11.28N_2$$

放热型可控气氛的成分随所用空气过剩系数的大小而不同，可在很宽的范围内变动。

B　气氛的净化

放热型气氛的净化方法很多。通常用等温压缩冷却装置、硅胶、活性氧化铝、生石灰或分子筛除去气氛中的 H_2O；用分子筛、10%NaOH 水溶液或乙醇胺吸收气氛中的 CO_2。在较大规模生产中主要利用分子筛吸附 CO_2 和微量 H_2O。

常用的分子筛是具有微孔的硅铝酸盐，当气体分子直径小于微孔直径时，就会被吸附于孔内，大于微孔直径的不被吸附。分子筛有物理吸附和化学吸附作用。极性分子，如 H_2O 更易被吸附。气体在低温高压时易被吸附，而高温低压时则被解吸。因此，可用加热和真空方法使分子筛再生。

C　制备流程

制备放热型气氛的工艺流程如图 10-9 所示。

原料气与空气按一定比例混合，用罗茨泵送到烧嘴，在燃烧室内进行燃烧及裂解，未燃烧的部分原料气通过触媒完全反应。反应产物主要含 CO、H_2、N_2、CO_2、H_2O 和少

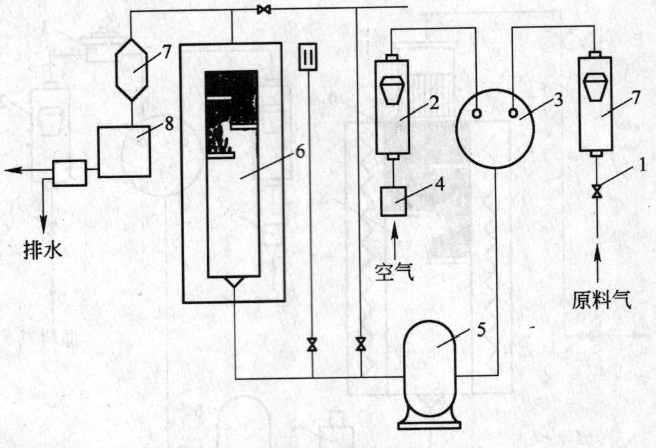

图 10-9 放热型气氛的制备流程

1—减压阀；2—流量计；3—混合器；4—过滤器；5—泵；6—燃烧室；7—净化器；8—冷凝器

量 CH_4。反应产物应通入冷凝器中，使其中的水汽冷凝成水而排除，必要时再经净化处理，这样就获得可供热处理用的放热型气氛。

气氛发生装置的管路系统主要由四部分组成：

(1)混合系统。原料气和空气混合后用罗茨泵送至烧嘴。

(2)燃烧系统。混合气由烧嘴喷入燃烧室，用点火器点燃在其中燃烧。

(3)净化系统。燃烧气经冷凝器和各种净化器等除去其中的水分及 CO_2 等。

(4)安全系统。由单向阀、灭火器、防爆器和放散阀等部件组成。

此外还有各种控制阀，压力、流量等测量仪表。

不同类型的放热型气氛的制备流程如图 10-10 所示。

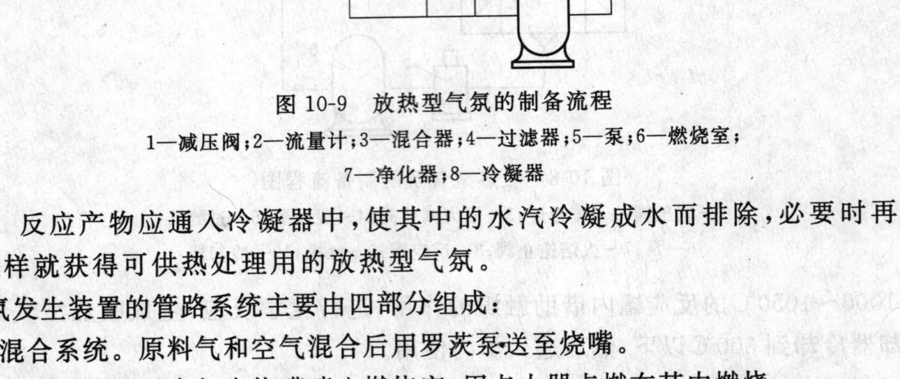

图 10-10 不同类型的放热型气氛的制备流程

冷却 1—冷水冷却；冷却 2—冷冻冷却

10.2.2.3 氨分解气氛制备原理及流程

A 制备原理

用氨制备的气氛可分为加热分解气氛（吸热型）和燃烧气氛（放热型）两类。燃烧气氛又可分为完全燃烧和不完全燃烧两种。

制备氨分解气氛的原料是液态氨。液态氨汽化后，在一定温度下发生如下反应：

$$2NH_3 = 3H_2 + N_2 - 92445J$$

上式反应是可逆的，升高温度或降低压力将有利于反应向氨分解方向进行。在600～700℃时，氨的分解率达99.88%～99.95%，但分解较缓慢。为了提高反应速度，可采用铁镍材料(废镍铬电热材料等)做触媒。

B 氨分解气氛的制备流程

氨分解气氛的制备流程如图10-11所示。

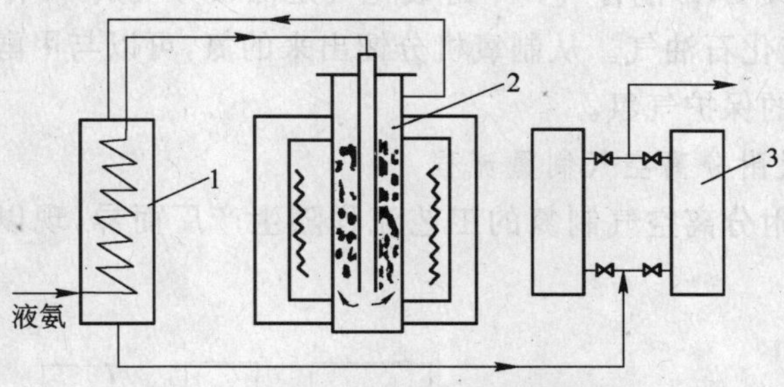

图10-11 氨分解气氛的制备流程

1—汽化器；2—反应罐；3—净化器

原料气自氨瓶流入汽化器受热汽化，在反应罐中借助高温和触媒的作用进行分解，分解产物自反应罐出来后再返回汽化器，利用其余热加热液态氨。冷却后的分解产物经过净化，除去残氨和水汽，就得到可供使用的分解氨。

10.2.2.4 氮基气氛制备原理及流程

A 制备原理

(1)从空气中提取氮。提取方法如下：

1)利用氧氮沸点不同分馏制氮。这种氮称为工业氮，目前主要是制氧的副产品。工业氮的纯度一般为99.2%～99.5%，高纯度的可达99.95%。

2)分子筛变压吸附分离空气制氮。利用空压机将空气压入吸附塔中，由碳分子筛优先吸附空气中的氧，将氮分离出来。碳分子筛是以无烟煤作原料，加入焦油等黏结剂，经碳化烧结而成的多孔性微晶结构颗粒。由于在相同温度下氧在碳分子筛表面的活化能小于氮，故优先被碳分子筛吸附，达到氧氮分离的效果。目前可用此法制得的氮纯度达98%～99.999%。

(2)工业氮除氧。氮为中性气体，没有还原能力，所以一般还不能直接用于热处理炉作保护气体。此外，工业氮含有少量氧(0.5%～5%)，会使钢件氧化和脱碳。因此，工业氮必须除氧，方可用于热处理。常用的除氧方法有以下几种：

1)甲醇法。将甲醇裂化($CH_3OH = CO + 2H_2$)与工业氮混合，通入940～960℃的反应罐内，在镍基触媒作用下，使氧和氢化合成水，再经硅胶和分子筛脱水，使露点降至－50℃以下，即可使用。

甲醇也可用触媒催化，在低温(260～320℃)下进行裂化。

2)木炭法。工业氮通过炽热的木炭层，发生如下反应：$C + O_2 = CO_2$；$CO_2 + C = 2CO$。氧即被除去。

3)加氢催化法。在触媒作用下，氢和氧作用化合成水，然后再除去水分。常用的触媒有活性氧化铜、镍铬、钯A分子筛和活性氧化铝镀钯等。

活性氧化铜价格最低，但活性也最低，用它催化除氧后的氮中的残余氧为20×10^{-6}；用活性氧化铝镀钯时为(1～3)×10^{-6}，用钯A分子筛时为(2.2～6.7)×10^{-6}。

(3)氮基混合气。在生产实际中应用的主要是混合型氮基气氛，以满足不同工艺的需要，主要有以下几种：

1)氮-氢(N_2-H_2)混合气。氢的来源可以是氢压缩气，混合后露点很低，约为-67℃。

2)氮-天然气(N_2-CH_4)混合气。天然气的主要成分为CH_4，甲烷在800℃以下极少裂解。加入2%～5%甲烷的氮基混合气可作为中性不增碳的保护气体。

3)氮-甲醇(N_2-CH_3OH)混合气。甲醇裂化气是低碳势气氛，可作渗碳的载气。为提高其碳势，可加入少量液化石油气。从制氧机分馏出来的氮，可以与甲醇和少量液化石油气一起用作中温热处理炉的保护气氛。

B　分子筛变压吸附分离空气制氮流程

以分子筛变压吸附分离空气制氮的工艺流程随生产厂而异，现以图10-12所示的流程为例加以说明。

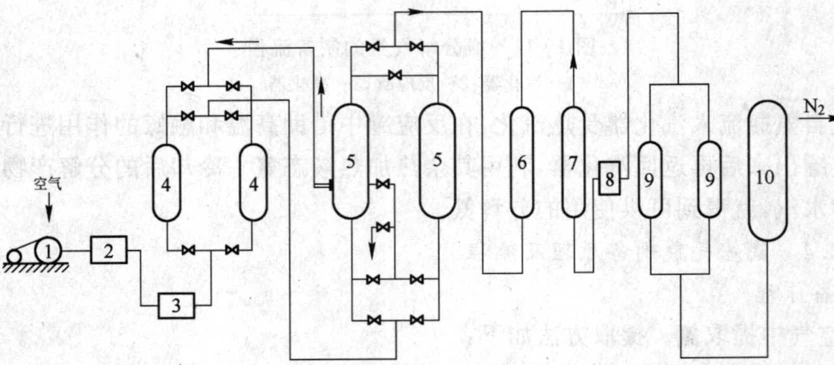

图10-12　碳分子筛变压吸附分离空气制氮的工艺流程

1—变压机；2—后冷却器；3—汽水分离器；4—干燥塔；5—吸附塔；6—产品气缓冲罐；7—催化塔；8—冷却器；9—干燥塔；10—成品气贮罐

经过滤的空气由无油压缩机1加压至0.7MPa，再由冷凝器2将压缩空气冷至约38℃，经涡流或汽水分离器3脱水和干燥塔4干燥，干燥剂用分子筛，两个干燥塔的分子筛轮换工作和常压解吸再生，也可利用吸附塔排出的尾气吹洗解吸。干燥后的压缩空气进入装有碳分子筛的吸附塔5吸附氧，分离出氮(含99.95%N_2)，两个吸附塔的分子筛周期(1～5min)工作和解吸再生，分子筛采用常压解吸和通入少量的氮进行吹洗(有的流程采用真空低压解吸)。分离出来的高氮气体，经贮气缓冲罐6稳定流量后，流入催化塔7净化除去气体中的微量氧。在塔顶气体与少量氢混合，再向下流过钯催化剂层，发生$2H_2+O_2=2H_2O$反应。再经过冷却器8和干燥塔9干燥脱水，最后得到高纯度(达99.9995%N_2)和低露点(-50～65℃)的氮，贮于成品气贮罐10中备用。

10.2.2.5　滴注式气氛

滴注式气氛是将各种有机液体直接滴入热处理炉内所产生的裂化气氛。所用有机液称为滴注剂，种类很多，常用的有以下几类：

(1)C-H系化合物。这类化合物有链式或环式化合物，其分解产物含大量CH_4，如煤油裂解气氛，CH_4含量可达7%～10%，易产生炭黑沉积，故一般不宜单独使用，常与其他物质混合用作渗碳气滴注剂。

(2)C-H-O 系化合物。这类滴注剂根据其分子式中的 C/O 比分为三类:

1)C/O=1。此类物质碳势较低,常用作稀释剂。例如甲醇裂化气,$CH_3OH=CO+2H_2$ 无触媒时甲醇在 900℃以上温度裂化才比较安全,温度低时易生成 CH_4,通常炉温升到 650℃时开始滴入炉中形成保护气氛,在 900℃时其分解气氛主要是 H_2、CO 和少量 CH_4 和 CO_2,其碳势随滴入量而变化,常在 $w_C=0.4\%\sim1.1\%$范围内。

2)C/O>1。这类有机剂应用较广,常用作渗碳剂,主要有:

乙醇　$C_2H_5OH=CO+3H_2+[C]$

丙酮　$CH_3COCH_3=CO+3H_2+2[C]$

醋酸乙酯　$CH_3COOC_2H_5=2CO+4H_2+2[C]$

异丙醇　$C_3H_7OH=CO+4H_2+2[C]$

3)C/O<1。这类物质常用作脱碳剂,例如蚁酸,$HCOOH=CO_2+H_2$。

(3)C-H-O-N 系化合物。这类化合物同时热分解出活性炭和氮,具有渗碳和渗氮能力,常用的有甲酰胺和三乙醇胺。

1)甲酰胺(在 500~900℃发生热分解)

$HCONH_2=NH_3+CO$

$2NH_3=2[N]+3H_2$

$HCONH_2=HCN+H_2O$

$2HCN=2[N]+H_2+2[C]$

2)三乙醇胺(在 500~900℃发生热分解)

$N(C_2H_4OH)_3=2CH_4+3CO+HCN+3H_2$

$CH_4=2H_2+[C]$

$2HCN=2[N]+H_2+2[C]$

10.3　铅锅结构

10.3.1　铅锅的作用

中、高碳钢丝,为取得高的或较高的强度和韧性,普遍采用铅浴淬火。铅浴淬火其实就是索氏体等温转变工艺,大多用于成品钢丝(也适用于半成品钢丝),是钢丝生产的主要热处理方法。铅锅就是钢丝铅浴淬火工艺的主要设备。

铅淬有两个过程:先将钢丝加热成为奥氏体组织,然后经过铅浴冷却、等温转变为索氏体。奥氏体的晶粒大小和组织的均匀与否,直接影响索氏体的质量;铅浴冷却直接决定钢丝等温转变后的强度和组织状态,要取得良好的铅浴质量,必须选取正确的铅浴温度,注意铅温差异、线径粗细和钢丝的含碳量等因素。

10.3.2　铅锅的结构及加热装置

10.3.2.1　结构尺寸

连续热处理炉上的铅锅,一般都用普碳钢板焊接而成,焊接质量要求很高,不准有砂眼、气泡和裂缝,否则由于铅的密度很大,极易渗入砂眼中引起渗漏。焊接后应用汽油来检验。铅锅尺寸如图 10-13 所示，钢板厚度一般为 25mm 左右，过薄容易变形，过厚则导热性较差。铅锅两端制成船形，铅锅上口的两端各安装一只金属导轮。锅口下方有两只压辊，距锅底 160～200mm。由于压辊固定不转，铅淬时极易被穿入钢丝磨出沟槽，故应定期调换，以免卡断钢丝。

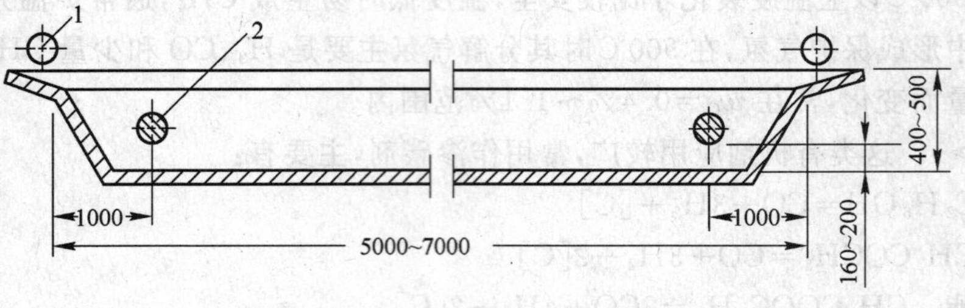

图 10-13 铅锅尺寸

1—导轮；2—压辊

10.3.2.2 加热装置

铅锅加热有燃煤、燃油和煤气以及电阻丝，管状电热元件等方式。燃煤的缺点很多，不但温度难控制，而且煤火易将锅底氧化烧坏。燃油则要有加热喷嘴和供油系统。电阻丝加热是将铁铬铝电阻线制成电热元件装在锅底。这种加热方式的优点是能够恒温控制，锅底氧化较轻，耗电也较少。

管状电热元件的加热装置是在金属管内放入螺旋形的镍铬合金电阻丝，管子的空隙中紧密地填满具有良好导热性和绝缘性的氧化物（如氧化镁等），通过电流即成为发热元件（如图 10-14 所示），电压为 220～380V，每只功率 1～4.5kW 不等。

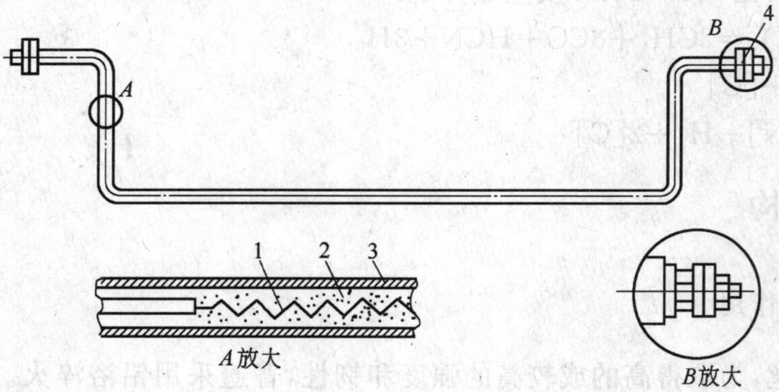

图 10-14 管状电热元件

1—电阻丝；2—导热绝缘粉剂；3—普通无缝管；4—绝缘接头

管状电热元件用于铅锅加热有很多优点，由于是内热式，电能利用率几乎可达 100%。同时铅锅不致氧化和变形，温度易于控制，安装也比较方便。元件的形状与尺寸，可根据铅锅截面的大小来设计。由于铅液没有腐蚀性，元件的管状体用一般的无缝钢管即可。

在铅锅中的管状电热元件共有三类，第一类用于冷铅的升温，一般每吨铅需配置 4kW 左右的功率，升温完毕即切断电流。第二类用于铅液保温，目的是维持作业时铅浴温度。元件的分布是否合理、均匀，直接影响钢丝的铅浴质量。为了减少铅锅头尾的温差，应尽量做到分布均匀，所以要将保温元件分为三组来控温。每组都要配置热电偶及示温仪表，并连接自控系统。第三类是备用元件，如元件损坏，不必停车更换，只须变动接线即可，铅锅三类元件的分布见图 10-15 所示。

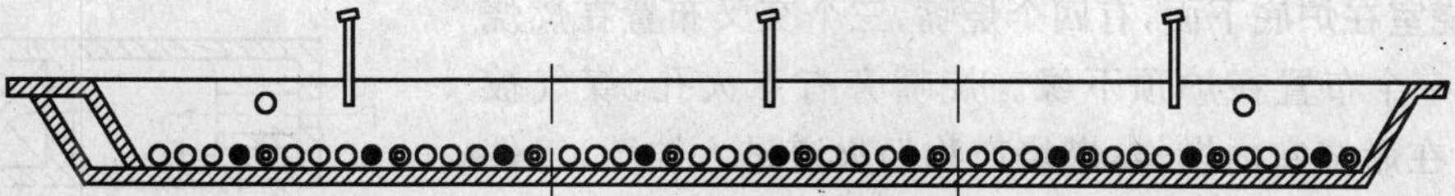

图 10-15　铅锅内电热元件的分布

○—升温元件；●—备用元件；◎—保温元件

图中的元件分三大组，每大组中升温元件与保温元件按 3 比 1 交叉排列。安装时应将元件固定于铅锅底部，否则会因铅液密度大而使元件浮出。铅锅冷却前，一般要将铅液取出，以防元件冻裂。

10.4　其他热处理炉简介

10.4.1　箱式燃料炉

A　箱式气体燃料炉

箱式气体燃料炉的结构如图 10-16 所示。

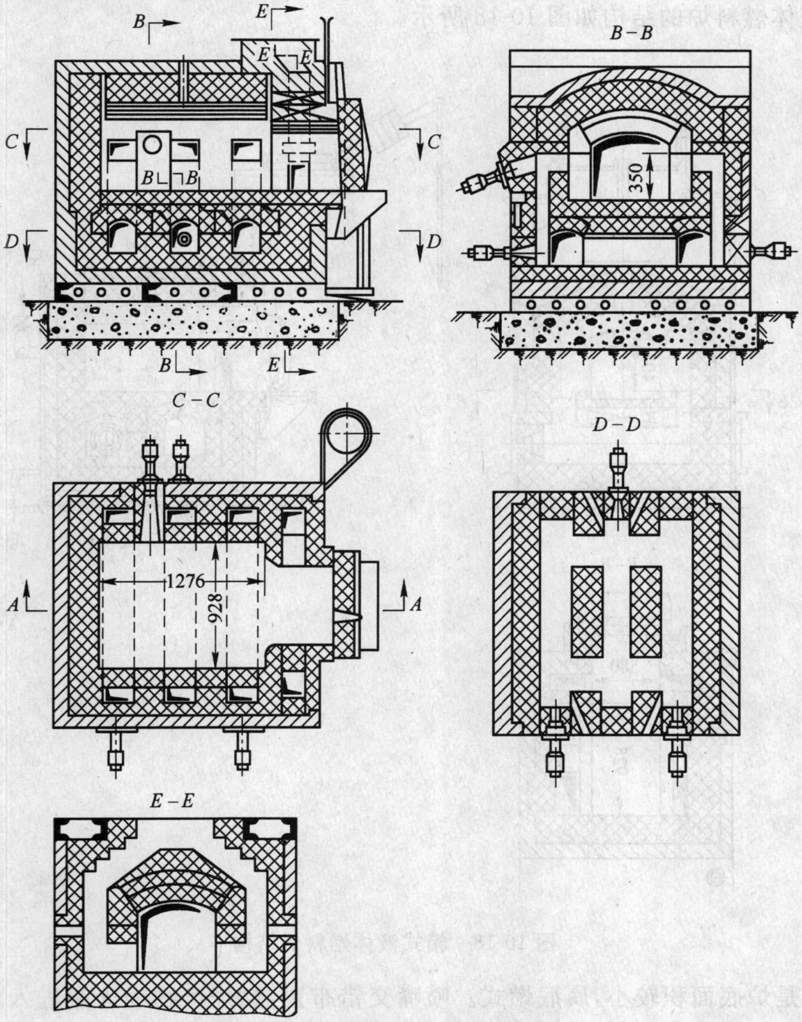

图 10-16　箱式气体燃料炉的结构

燃烧室在炉底下面，有四个烧嘴，三个交叉布置在燃烧室内，另一个布置在炉顶下缘。烧嘴旁有点火孔，煤气被点燃后，在燃烧室内燃烧，燃烧产物经火道进入炉膛，工件被加热后，废气经炉门两侧的烟道口经炉顶排出。由于烟道口设在炉门处，炉膛后面的温度可能低，为进一步提高炉膛温度，可在炉膛后面靠炉顶部位安装一个烧嘴。这种炉子用于工件的正火、退火及淬火。

B　箱式回火气体燃料炉

这种炉子除采用底燃式外，为防止工件过热并强化对流传热，还可采用图 10-17 所示的结构。

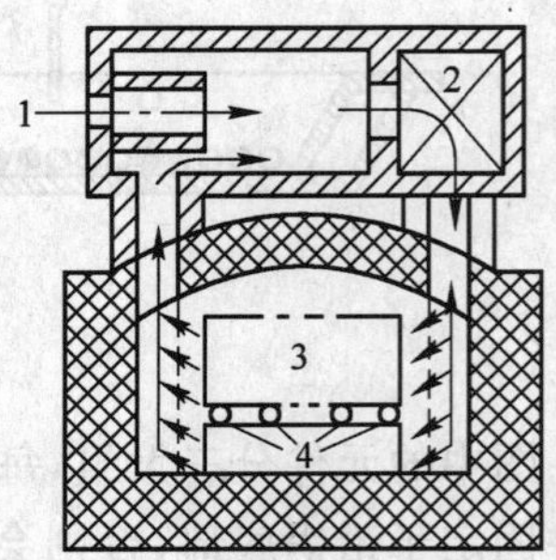

图 10 -17　箱式回火气体燃料炉的结构

1—烧嘴；2—通风机；3—工件；4—垫块

燃烧室设在炉子上部，燃烧产物在通风机的吸引下，通过风道及导流板进入炉膛。废气的一部分重新被吸入燃烧室参加再循环，另一部分从烟道口排出。

C　箱式液体燃料炉

箱式液体燃料炉的结构如图 10-18 所示。

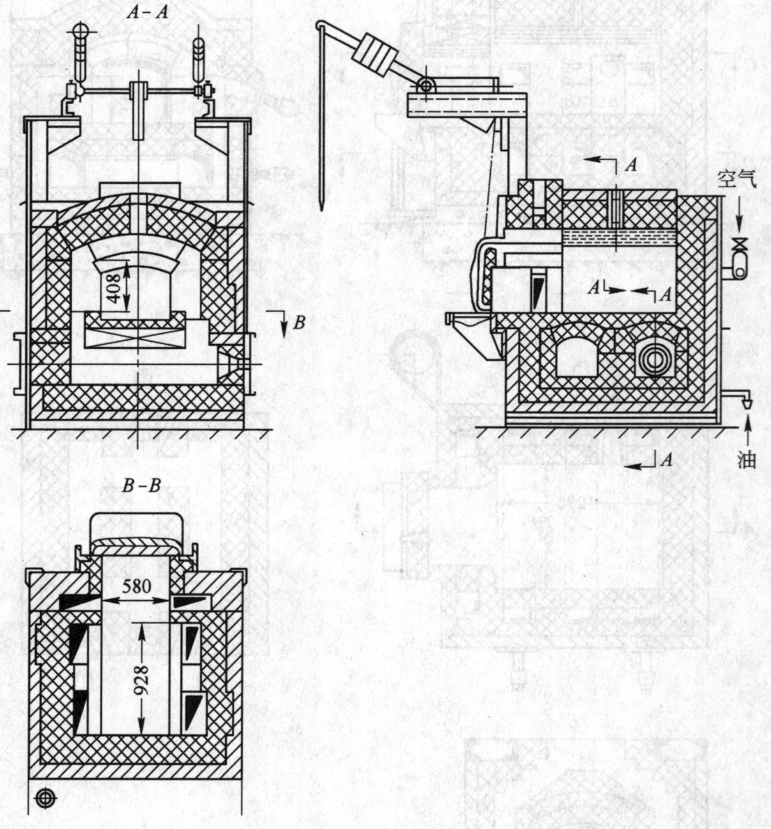

图 10-18　箱式液体燃料炉结构

其特点是炉底面积较小，属底燃式。喷嘴交错布置，燃烧产物经火道进入炉膛，废气经炉门附近的烟道口排出。

10.4.2 井式气体燃料炉简介

井式气体燃料炉的结构如图 10-19 所示。

炉墙上有多层烧嘴，每层四个，上下层交错分布并呈螺旋状，以使炉内温度均匀。烧嘴位于与炉子横断面周边成切线方向，防止工件局部过热，废气经炉底的烟道口排出，为使废气顺利排出，在炉子顶部设有辅助烟道口。这种炉子适用于长工件的正火、退火及淬火加热。

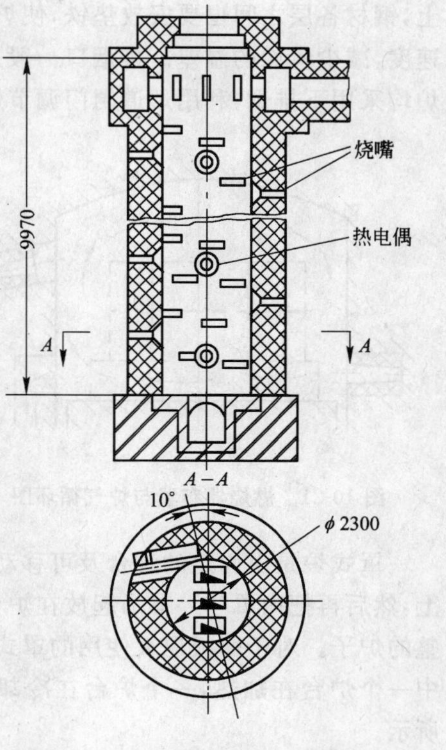

图 10-19 井式气体燃料炉的结构

10.4.3 轧钢厂常见的热处理炉

轧钢厂的产品规格很多，例如圆钢、钢板、带钢、钢丝、钢管、钢轨等，随着国民经济的不断发展，要求进行热处理钢材的也越来越多，对热处理工艺参数的控制也越来越严格。因为钢材经过适当的热处理可以显著地提高钢材的力学性能与理化性能，对于充分发挥钢材的性能潜力，节省钢材，提高产品质量和机器的寿命是十分有益的。

轧钢产品的热处理主要是退火、正火、高温回火，有时也采用淬火。使用比较广泛的炉型基本上有三种，即台车式炉、罩式炉和辊底式炉。

10.4.3.1 台车式炉

目前中小型轧钢车间所用的热处理炉主要是台车式炉。

型钢的热处理种类主要有退火、正火或高温回火，其目的是降低钢材的硬度，消除内应力，改善组织并为以后最终热处理作好组织准备。

台车式炉适合多品种成批生产。炉子结构简单，修造容易，不需要很高的厂房与大吊车。它是由固定的炉体(加热室)与活动的台车(炉底)所组成的，如图 10-20 所示。台车可沿地面上的轨道拉出炉外或推入炉内，利用车间吊车装料与卸料，操作方便。

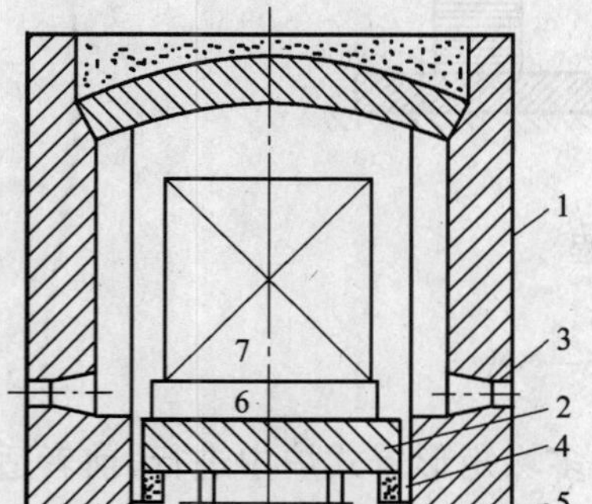

图 10-20 台车式炉示意图

1—炉体；2—台车；3—燃烧器；4—砂封；5—轨道；6—支架；7—工件

小型台车式炉的炉底面积在 8～10m^2，平均装料量在 10～20t，每平方米炉底面积的装料为 1.5～2.0t。台车的长度应尽可能满足圆钢标准的定尺长度，一般圆钢的长度为 4～5m，因而台车长度在 5～6m 比较合适，炉膛的宽度在 1.5m 左右较好。炉膛越宽，炉温越不均匀。通常大型台车式炉用于处理批量较大而工艺参数要求不很严，容易处理的钢材；小型台车式炉温度比较均匀，可用于处理批量小而且难于处理的钢材。小型炉负荷轻，台车走行机构为车轮式，而大型炉多为辊子链式。

台车式炉是冷炉底，靠近炉底处的钢材加热速度较慢，因而使料垛上下产生很大的温差。为了提高加热速度，减少料垛温差，一般情况下燃烧器均设置在靠近炉底处。当料垛很高时可再设置上部燃烧器，上部燃烧器的燃烧能力只占炉子总燃烧能力的20%～30%。由于炉门及后墙下部的散热量较多，因此在炉子前后端燃烧器的燃烧能力要比中部的大些。为了便于调节，最好采用调节比大的燃烧器或采用数量多而燃烧能力较小的燃烧器。另外还要注意到，在装炉时钢材要放在炉底上的支架(垫铁)上，钢材各层之间也要安放垫铁，使炉气在料垛下部及中间空隙中通过，这样可以提高加热速度，减少料垛的温差。排烟口一般是设在炉底附近，它与燃烧器是互相间隔排列的，大型炉均采用下排烟，利用烟道闸门调节炉膛压力。如果采用上排烟，就不必修建地下烟道及烟囱，因而减少了基建投资。图10-21所示为台车式炉的燃烧器布置与炉气的循环。

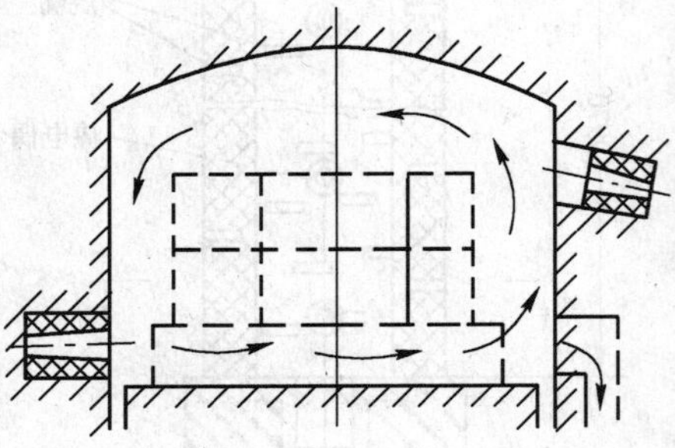

图10-21　燃烧器布置与炉气循环图

10.4.3.2　罩式炉

薄板退火广泛使用矩形罩式炉，这是因为罩式炉与台车式炉相比，它的结构简单，不用传动机构，可以节省炉用机电设备投资，另外，罩式炉的热效率高，节省燃料，生产率高。但是，使用罩式炉的车间要有较高的厂房并配备大吊车，厂房吊车轨面标高在10～12m，吊车起重能力在30～50t之间。罩式炉的炉台较多，占用的生产面积随之增加。

罩式炉是由固定的炉台及可移动的外罩与内罩所组成。利用车间吊车将钢板装在炉台上，然后再把内罩与外罩吊起放在炉台上，将炉台上的板垛罩起来，这样三者就组成一台完整的炉子。对于薄板退火使用的罩式炉，一个外罩可以配备2～3个炉台及2～3个内罩，其中一个炉台在加热，一个炉台在冷却，而另一个炉台可能在装料、卸料或修整。如图10-22所示。

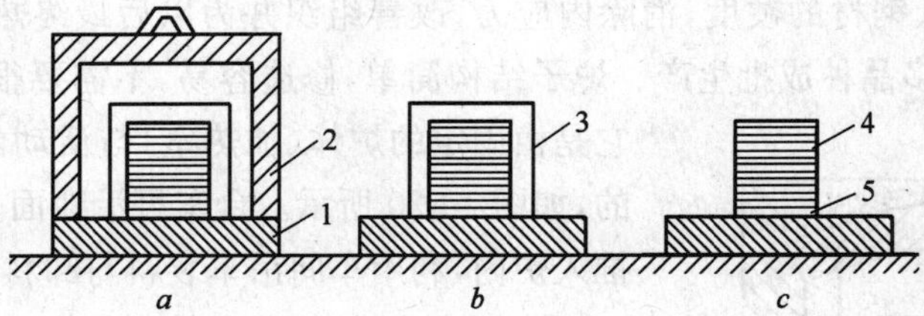

图10-22　罩式炉的工作过程

a—加热；*b*—冷却；*c*—装料

1—炉台；2—外罩；3—内罩；4—板垛；5—垫铁

带钢卷退火可以在单垛圆形罩式炉中进行，也可以在多垛矩形罩式炉中进行，前者适合多品种生产，后者适合少品种大量生产。

10.4.3.3　辊底式炉

辊底式炉的用途较广，可用于钢板、钢管、型钢和钢轨的退火、正火或淬火回火处理等。

辊底式炉是一种贯通式炉，炉子两端是进料门与出料门，在炉膛内设有炉辊，利用炉辊的转动输送被加热的工件。如图10-23所示为一厚板热处理用的辊底式炉。

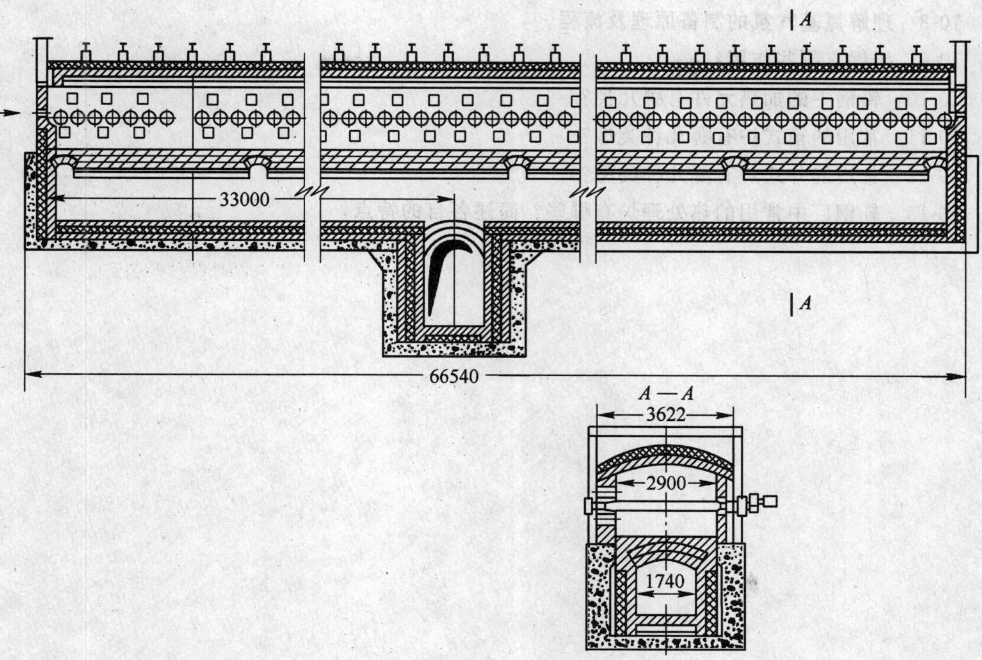

图 10-23　厚板热处理用辊底式炉

这种炉子可用于钢板正火、回火，又可与压力淬火机配合进行淬火。炉底面积为 65.45×2.9＝190m²，炉中有 120 根耐热钢制成的炉辊，辊距 500mm，单独传动。此炉可处理碳素钢与低合金钢钢板，钢板尺寸为(4～50)mm×(700～2600)mm×(2500～12000)mm。钢板的淬火或正火温度为 850～950℃，产量为 32～40t/h，回火温度为 600～720℃，可以采用双层叠放。整个炉体与下部烟道是分开的，炉体应砌在坚固的基础上，以保持砌体标高尺寸不变，防止炉体下沉而将炉辊卡住。为了便于检修与更换炉辊，特别是使用带盘炉辊，要采用可吊卸的活动炉顶。

10.4.3.4　*步进式炉*

钢管的热处理炉与圆钢的热处理炉相近似，能处理圆钢的炉子基本上也可以用来处理钢管。钢管的退火与正火一般在大型室状炉、台车式炉或罩式炉中进行，大量生产时采用连续作业炉，例如辊底式炉或步进式炉。

步进式炉一般用于较大口径钢管的正火或淬火加热。步进式炉是靠专用的步进机构使工件在炉内移动的一种机械化炉子。步进机构详见第 8 章中步进式连续加热炉。

复习思考题

10-1　连续热处理燃料炉的基本形式有哪些？

10-2　简述连续热处理燃料炉各组成部分的作用。

10-3　热处理炉内气氛的种类有哪些，分别说明各种类的作用。

10-4　制备吸热型气氛的原料主要有哪些？

10-5　简述吸热型气氛的制备流程。

10-6　理解放热型可控气氛的制备原理及流程。

10-7　简述氨分解气氛的制备原理及流程。

10-8　理解氮基气氛的制备原理及流程。

10-9　铅锅有哪些作用？

10-10　铅锅中的加热元件有哪几类？

10-11　常用的箱式炉有哪几种类型？

10-12　常用的井式炉有哪几种类型？

10-13　轧钢厂中常用的热处理炉有哪些？简述各自的特点。

附 录

附表 1 常用单位换算表

物理量名称	符号	换算关系	
		国际单位制	工程单位制
压 力	p	Pa(N/m²)	物理大气压 工程大气压(kg/mm²) 毫米水柱 毫米汞柱
		1 物理大气压=760mmHg =10332mmH_2O=101326Pa 1 工程大气压=98066.5Pa=0.968 物理大气压 1mmH_2O=9.81Pa 1mmHg=133.32Pa	
热 量	q	kJ	kcal
		1 kcal=4.1868 kJ	
比热容	c	kJ/(kg·℃)	kcal/(kg·℃)
		1 kcal/(kg·℃)=4.1868 kJ/(kg·℃)	
热流密度	q	W/m²	kcal/(m²·h)
		1 kcal/(m²·h)=1.163 W/m²	
热导率	λ	W/(m·℃)	kcal/(m·h·℃)
		1 kcal/(m·h·℃)=1.163 W/(m·℃)	
换热系数	α	W/(m²·℃)	kcal/(m²·h·℃)
		1 kcal/(m²·h·℃)=1.163 W/(m²·℃)	

附表 2 在大气压力为 101.3kPa 下烟气的物理参数

(烟气中组成的分压力 $p_{CO_2}=0.13$;$p_{H_2O}=0.11$;$p_{N_2}=0.76$)

t/℃	ρ/(kg/m³)	c_p/[kJ/(kg·℃)]	λ/[kJ /(m·h·℃)]
0	1.295	1.043	8.206
100	0.950	1.068	11.262
200	0.748	1.097	14.444
300	0.617	1.122	17.417
400	0.525	1.151	20.515
500	0.457	1.185	23.614
600	0.405	1.214	26.712
700	0.363	1.239	29.768
800	0.330	1.264	32.950
900	0.301	1.290	36.048
1000	0.275	1.306	39.230
1100	0.257	1.323	42.287
1200	0.240	1.340	45.427

附表 3　碳素钢的焓量与温度的关系(kJ/kg)

温度/℃	含碳量/%										
	0.090	0.234	0.300	0.540	0.610	0.795	0.920	0.994	1.235	1.410	1.575
100	46.48	46.48	46.89	47.31	47.73	48.15	50.24	48.57	49.41	48.57	50.24
200	95.46	95.88	95.88	95.88	96.30	96.72	100.49	99.23	100.06	98.81	100.91
300	148.22	149.89	150.73	151.57	152.83	154.50	155.76	154.50	154.92	154.50	157.01
400	205.16	206.00	206.42	208.93	209.77	210.19	213.54	211.02	213.12	210.61	213.96
500	265.46	266.71	267.54	268.39	269.22	271.32	275.92	272.16	274.25	272.16	276.76
600	339.15	339.98	340.82	343.33	343.75	344.59	349.61	346.26	347.52	345.43	351.29
700	419.12	419.54	420.79	422.89	423.72	424.56	427.29	422.89	427.91	425.40	431.27
800	531.75	542.64	550.59	547.66	542.22	550.17	550.17	544.31	548.50	544.31	553.94
900	629.31	631.40	628.05	620.09	616.75	610.88	602.93	605.02	602.93	605.86	613.81
1000	704.67	701.74	698.81	689.18	686.67	679.13	653.59	670.76	661.13	673.27	669.92
1100	780.86	772.50	768.31	760.78	757.43	749.47	724.77	741.10	732.31	744.87	720.16
1200	850.40	844.52	841.59	831.54	829.03	821.07	791.34	804.32	795.53	813.12	782.97
1250	885.55	880.11	877.60	868.80	866.29	856.24	824.84	841.59	833.21	849.54	817.72

附表 4　干空气的热物理性质(10^5 kPa)

温度/℃	ρ/(kg/m³)	c_p	$\lambda\times10^2$	
		kJ/(kg·℃)	W/(m·℃)	kJ/(m·h·℃)
0	1.293	1.005	2.44	8.792
20	1.205	1.005	2.59	9.337
40	1.128	1.005	2.76	9.923
60	1.060	1.005	2.90	10.425
80	1.000	1.009	3.05	10.969
100	0.946	1.009	3.21	11.556
120	0.898	1.009	3.34	12.016
140	0.854	1.013	3.49	12.560
160	0.815	1.017	3.64	13.105
180	0.779	1.022	3.78	13.607
200	0.674	1.026	3.93	14.151
250	0.746	1.038	4.27	15.366
300	0.615	1.047	4.60	16.580
350	0.566	1.059	4.91	17.668
400	0.524	1.068	5.21	18.757
500	0.456	1.093	5.74	20.683
600	0.404	1.114	6.22	22.399
700	0.362	1.135	6.71	24.158
800	0.329	1.156	7.18	25.833
900	0.301	1.172	7.63	27.465
1000	0.277	1.185	8.07	29.056
1100	0.257	1.197	8.50	30.606
1200	0.239	1.210	9.15	32.950

附表 5　气体的平均比热容(kJ/(m³·℃))

温度/℃	O_2	N_2	CO	H_2	CO_2	H_2O	SO_2	CH_4	C_2H_4	空气	烟气
0	1.3063	1.2937	1.2979	1.2770	1.5994	1.4947	1.7233	1.5491	1.8255	1.2979	1.4235
100	1.3188	1.2979	1.3021	1.2895	1.7082	1.5073	1.8129	1.6412	2.0641	1.3021	
200	1.3356	1.3021	1.3063	1.2979	1.7878	1.5240	1.8883	1.7585	2.2818	1.3063	1.4235
300	1.3565	1.3063	1.3147	1.3000	1.8631	1.5407	1.9552	1.8883	2.4953	1.3147	
400	1.3775	1.3147	1.3272	1.3021	1.9301	1.5659	2.0180	2.0139	2.6879	1.3272	1.4570
500	1.3984	1.3272	1.3440	1.3063	1.9887	1.5910	1.0683	2.1395	2.8638	1.3440	
600	1.4151	1.3398	1.3565	1.3105	2.0432	1.6161	2.1143	2.2609	3.0271	1.3565	1.4905
700	1.4361	1.3523	1.3733	1.3147	2.0850	1.6412	2.1520	2.3781	3.1694	1.3691	
800	1.4486	1.3649	1.3858	1.3188	2.1311	1.6664	2.1813	2.4953	3.3076	1.3816	1.5189
900	1.4654	1.3775	1.3984	1.3230	2.1688	1.6957	2.2148	2.6000	3.4322	1.3984	
1000	1.4779	1.3900	1.4151	1.3314	2.2023	1.7250	2.2358	2.7005	3.5462	1.4110	1.5449
1100	1.4905	1.4026	1.4235	1.3356	2.2358	1.7501	2.2609	2.7884	3.6551	1.4235	
1200	1.5031	1.4151	1.4361	1.3440	2.2651	1.7752	2.2776	2.8638	3.7514	1.4319	1.5659
1300	1.5114	1.4235	1.4486	1.3523	2.2902	1.8045	2.2986	2.8889	3.7514	1.4445	
1400	1.5198	1.4361	1.4570	1.3606	2.3143	1.8296	2.3195	2.9601	—	1.4528	1.5910
1500	1.5282	1.4445	1.4654	1.3691	2.3362	1.8548	2.3404	3.0312	—	1.4696	
1600	1.5366	1.4528	1.4738	1.3733	2.3572	1.8784	2.3614	—	—	1.4779	1.6161
1700	1.5449	1.4612	1.4831	1.3816	2.3739	1.9008	2.3823	—	—	1.4863	
1800	1.5533	1.4696	1.4905	1.3900	2.3907	1.9217	—	—	—	1.4947	1.6412
1900	1.5617	1.4738	1.4989	1.3984	2.4074	1.9427	—	—	—	1.4989	
2000	1.5701	1.4831	1.5031	1.4068	2.4242	1.9636	—	—	—	1.5073	1.6663

附表 6　不同温度下的饱和水蒸气量

温度/℃	饱和水蒸气分压 /Pa	每 1m³ 含水汽量 /g	温度/℃	饱和水蒸气分压 /Pa	每 1m³ 含水汽量 /g
20	2232	19.0	39	6985	59.6
21	2520	20.2	40	7371	63.1
22	2639	21.5	42	8198	70.8
23	2813	22.9	44	9104	79.3
24	2986	24.4	46	10064	88.8
25	3173	26.0	48	11157	99.5
26	3359	27.6	50	12330	111
27	3559	29.3	52	13610	125
28	3772	31.1	54	14996	140
29	4000	33.1	56	16503	156
30	4239	35.1	57	17302	166
31	4492	37.3	58	18142	175
32	4759	39.6	60	19915	197
33	5025	42.0	62	21835	221
34	5319	44.5	64	23900	248
35	5625	47.3	66	26140	280
36	5945	50.1	68	28553	315
37	6278	53.1	70	31152	357
38	6625	56.2	72	33938	405

附表 7 简单可燃气体的燃烧特性

气体名称	分子式	燃烧反应式	发热量/(kJ/m³)		理论空气需要量/(m³/m³)	理论燃烧产物生成量/(m³/m³)	理论燃烧温度/℃
			Q_{GW}^{y}	Q_{GW}^{y}			
氢	H_2	$H_2+0.5O_2=H_2O$	12749	10786	2.381	2.881	2230
一氧化碳	CO	$CO+0.5O_2=CO_2$	12628	12628	2.381	2.881	2370
甲 烷	CH_4	$CH_4+2O_2=CO_2+2H_2O$	39554	35820	9.524	10.524	2030
乙 烷	C_2H_6	$C_2H_6+3.5O_2=2CO_2+3H_2O$	69663	63751	16.667	18.167	2090
丙 烷	C_3H_8	$C_3H_8+5O_2=3CO_2+4H_2O$	99161	91256	23.810	25.810	2105
丁 烷	C_4H_{10}	$C_4H_{10}+6.5O_2=4CO_2+5H_2O$	128516	118651	30.953	33.453	2115
戊 烷	C_5H_{12}	$C_5H_{12}+8O_2=5CO_2+6H_2O$	157913	146084	38.096	41.096	2212
乙 烯	C_2H_4	$C_2H_4+3O_2=2CO_2+2H_2O$	63002	59066	14.286	15.286	2290
丙 烯	C_3H_6	$C_3H_6+4.5O_2=3CO_2+3H_2O$	91929	86005	21.429	22.929	2220
丁 烯	C_4H_8	$C_4H_8+6O_2=4CO_2+4H_2O$	121398	113514	28.572	30.572	2195
苯	C_6H_6	$C_6H_6+7.5O_2=6CO_2+3H_2O$	146302	140382	35.715	37.215	2230
乙 炔	C_2H_2	$C_2H_2+2.5O_2=2CO_2+H_2O$	58011	56043	11.905	12.405	2620
硫化氢	H_2S	$H_2S+1.5O_2=SO_2+H_2O$	25407	23384	7.143	7.643	1850

附表 8 常用钢材的热导率/W/(m·K) (kcal/(m·h·℃))

材料名称	在下列温度时的 λ						
	100	200	300	400	500	600	900
15 号钢	77.46(66.6)	66.4(57.3)		47.33(40.7)		41.05(35.3)	
20 号钢	50.59(43.5)	48.61(41.8)	46.05(39.6)	42.33(36.4)	38.96(33.5)	35.59(30.6)	
25 号钢	51.06(43.9)	48.96(42.1)	46.05(39.6)	42.80(36.8)	39.31(33.8)	35.59(30.6)	26.4(22.7)
35 号钢	75.36(64.8)	64.43(55.4)		43.96(37.8)		37.68(32.4)	
60 号钢	50.24(43.2)		41.87(36.0)			33.49(28.8)	29.3(25.2)
16 Mn	50.94(43.8)	47.57(40.9)	43.96(37.8)	39.54(34.0)	36.05(31.0)		
铸钢 2G20	50.7(43.6)	48.50(41.7)		42.33(36.4)		35.59(30.6)	
1Cr18Ni9Ti	16.28(14.0)	17.56(15.1)	18.84(16.2)	20.93(18.0)	23.83(19.8)	24.66(21.2)	

附表 9 各种不同材料的密度、热导率、比热容和导温系数

材料名称	ρ/(kg/m³)	t/℃	λ /[kJ/(m²·h·℃)]	c_p /[kJ/(kg·℃)]	$a\times10^3$/(m²/h)
铝 箔	20	50	0.1675		
石棉板	770	30	0.4187	0.8164	0.712
石 棉	470	50	0.3977	0.8164	1.04
沥 青	2110	20	2.512	2.093	0.57
混凝土	2300	20	4.605	1.130	1.77
耐火生黏土	1845	450	3.726	1.088	1.055
干 土	1500		0.4982		
湿 土	1700		2.366	2.10	0.693
煤	1400	20	0.670	1.306	0.37
绝热砖	550	100	0.5024		
建筑用砖	800～1500	20	0.837～1.047		
硅 砖	1000		2.931	0.6783	6.0
焦炭粉	449	100	0.687	1.214	0.126
锅炉水锈(水垢)		65	4.731～11.304		
干 砂	1500	20	1.172	0.7955	9.85
湿 砂	1650	20	4.061	2.093	1.77
波特兰水泥	1900	30	1.088	1.130	0.506
云 母	290		2.093	0.8792	82.0
玻 璃	2500	20	2.680	0.670	1.6

续附表 9

材料名称	ρ/(kg/m^3)	t/℃	λ /[kJ/(m^2·h·℃)]	c_p /[kJ/(kg·℃)]	$a\times10^3$/(m^2/h)
矿渣混凝土块	2150		3.349	0.8792	1.78
矿渣棉	250	100	0.2512		
铝	2670	0	733.0	0.9211	328.0
青　铜	8000	20	230.0	0.3810	75.0
黄　铜	8600	0	308.0	0.3768	95.0
铜	8800	0	1382.0	0.3810	412.0
镍	9000	20	209.0	0.4605	50.5
锡	7230	0	230.0	0.2261	141
汞(水银)	13600	0	31.40	0.1382	16.7
铅	11400	0	126.0	0.1298	85.0
银	10500	0	1650.0	0.2345	670.0
钢	7900	20	163.0	0.4605	45.0
锌	7000	20	419.0	0.3936	152.0
铸　铁(生铁)	7220	20	226.0	0.5024	62.5

附表 10　各种物体在室温时的黑度

材料名称	黑　度	材料名称	黑　度
[金属]		光面玻璃	0.94
磨光的金属	0.04～0.06	硬橡皮	0.95
旧的白铁皮	0.28	刨光的木材	0.8～0.9
钢板:		纸	0.8～0.9
无光镀镍钢板	0.11	耐火黏土砖	0.85
新压延的钢板	0.24	水、雪	0.96
镀锌钢板	0.28	湿的金属表面	0.98
生锈的钢板	0.69	灯烟	0.95
[其他材料]		抹灰砖砌体	0.94
石棉水泥板	0.96	没抹灰的砖	0.88
油毛毡	0.93	各种颜色的漆	0.8～0.9
石　膏	0.8～0.9		

附表 11　各种物体在高温下的黑度

材　料　名　称	温　　度/℃	黑　度
[金属]		
表面磨光的铝	300～600	0.04～0.057
表面磨光的铁	400～1000	0.14～0.38
氧化铁	500～1200	0.85～0.95
氧化铁	100	0.75～0.80
液体铸铁	1300	0.28
氧化铜	800～1100	0.54～0.66
氧化后的铅	200	0.63
液化铜	1200	0.15
钢	300	0.64
精密磨光的金	600	0.035
磨光的纯银	600	0.032
[其他材料]		
耐火砖	800～1000	0.8～0.9
石棉纸	400	0.95
烟　灰	250	0.95

附表 12　碳钢和合金钢在 20℃时的密度(kg/m^3)

钢　号	密　度	钢　号	密　度	钢　号	密　度
纯铁	7880	40CrSi	7753	Cr14Ni14W	8000
10	7830	50SiMn	7769	W18Cr4V	8690
20	7823	30CrNi	7869	40Mn-65Mn	7810
30	7817	30CrNi3	7830	30Cr-50Cr	7820
40	7815	18CrNiW	7940	40CrV	7810
50	7812	GCr15	7812	35-40CrSi	7140
60	7810	60Si2	7680	25-35Mn	7800
70	7810	Mn12	7975	12CrNi2	7880
T10	7810	1Cr13	7750	12CrNi3	7880
T12	7790	Cr17	7720	20CrNi3	7880
15Cr	7827	Cr25	7650	5CrNiW	7900
40Cr	7817	Cr18Ni	7960		

常用名词中英文对照表

加热炉　heating furnace
轧钢　steel rolling
冶金炉　metallurgical furnace
材料　material
炼铁　ironmaking
高炉　blast furnace
炼钢　steelmaking
转炉　converter
电炉　electrical furnace
炉型　furnace profile
燃烧器　burner
燃料　fuel material
燃烧　burning
发热量　heat productivity
固体燃料　solid fuel
液体燃料　liquid fuel
气体燃料　gas fuel
完全燃烧　complete combustion
不完全燃烧　incomplete combustion
燃烧温度　combustion temperature
燃烧过程　combustion process
有焰燃烧　flame combustion
无焰燃烧　flameless combustion
固体燃料　solid fuel
液体燃料　liquid fuel
气体燃料　gas fuel
完全燃烧　complete combustion
不完全燃烧　incomplete combustion
燃烧温度　combustion temperature
燃烧过程　combustion process
有焰燃烧　flame combustion
无焰燃烧　flameless combustion
密度　density

比容	specific volume
压力	intensity of pressure
黏性	viscosity
绝对压力	absolute pressure
表压力	gauge pressure
流速	flow velocity
流量	flow rate
重量流量	weight flow
质量流量	mass flow
体积流量	volume flow
静压头	static heat
压头损失	head loss
紊流	turbulent flow
层流	laminar flow
摩擦阻力损失	frictional resistance loss
炉门	furnace door
烟囱	chimney
风机	fan
风量	air quantity
风压	blast pressure
并联	paralleling
串联	series
传导传热	heat transfer by conduction
对流传热	heat transfer by convection
辐射传热	heat transfer by radiation
氧化	oxidation
加热温度	heating temperature
加热时间	heating time
炉气成分	furnace gas composition
脱碳	carbon elimination
过热	overheat
过烧	overburning
烧化	swealing
裂纹	cracking
预热段	preheat section
热效率	heat efficiency
生产率	furnace production rate
热平衡	heat balance
能量不灭定律	first law of thermodynamics

燃耗	burning-out
耐火材料	refractory
耐火度	refractoriness
抗热震性	thermal shock resistance
连续式加热炉	continuous reheating furnace
炉膛	furnace hearth
燃料系统	fuel system
供风系统	air supply system
排烟系统	fume exhaust system
冷却系统	cooling system
炉墙	furnace wall
炉顶	furnace roof
炉底	bottom
干燥	drying
养护	maintenance
烘炉	baker
装炉	charge
操作	operation
停炉	shut-down
炉压控制	furnace pressure control
检修	overhaul
节能	energy saving
热送热装	hot-charging and hot direct charging(HCR-HDCR)
干燥	drying
养护	maintenance
烘炉	baker
装炉	charge
停炉	shut-down
炉压控制	furnace pressure control
节能	energy saving
电加热炉	electrical heated furnace
电阻炉	resistor furnace
感应加热炉	induction-heated furnace
热处理炉	heat treating furnace
可控保护气氛	controlled protective atmosphere

参 考 文 献

1 蔡乔方主编.加热炉(第二版).北京:冶金工业出版社,1996
2 蒋光羲,吴德昭编.加热炉.北京:冶金工业出版社,1987
3 陈英明编.热轧带钢加热工艺及设备.北京:冶金工业部,1985
4 陈淑贞等编.中厚板原料加热.北京:冶金工业部,1985
5 刘孝曾主编.热处理炉及车间设备.北京:机械工业出版社,1985
6 孟繁杰,黄国靖编.热处理设备.北京:机械工业出版社,1988
7 蒋克昌编著.钢丝拉拔技术.北京:中国轻工业出版社,1982
8 臧尔寿主编.热处理炉.北京:冶金工业出版社,1983
9 陈鸿复主编.冶金炉热工与构造.北京:冶金工业出版社,1993
10 金属热加工使用手册.北京:机械工业出版社,1996
11 日本工业协会编.工业炉手册.北京:冶金工业出版社,1989
12 葛霖主编.筑炉手册.北京:冶金工业出版社,1994
13 热处理设备选用手册.北京:机械工业出版社,1989
14 王秉铨主编.工业炉设计手册.北京:机械工业出版社,1996
15 潘天明编著.工频和中频感应炉.北京:冶金工业出版社,1995
16 臧尔寿主编.热处理车间设备与设计.北京:冶金工业出版社,1995
17 南京机器制造学校编著.热处理炉及车间设备.北京:机械工业出版社,1984
18 吴光英编著.现代热处理炉.北京:机械工业出版社,1991